# ネットワーク構築の基礎

Gene [著]

マイナビ

【本書のサポートサイト】
本書に関する追加情報等について提供します。
http://book.mynavi.jp/support/pc/basic_net/

● 本書に記載された内容は情報の提供のみを目的としています。本書の制作にあたっては正確な記述に努めましたが、著者・出版社のいずれも本書の内容について何らかの保証をするものではなく、内容に関するいかなる運用結果についてもいっさいの責任を負いません。本書を用いての運用はすべて個人の責任と判断において行ってください。

● 本書に記載の記事、製品名、URL等は2009年11月現在のものです。これらは変更される可能性がありますのであらかじめご了承ください。

● Cisco、Cisco Systems、およびCisco Systemsロゴは、Cisco Systems, Inc. またはその関連会社の米国およびその他の一定の国における登録商標または商標です。

● 本書に記載されている会社名・製品名等は、一般に各社の登録商標または商標です。本文中では ⓒ、®、™ 等の表示は省略しています。

# はじめに

　ビジネスを進める上で、ネットワークは必要不可欠なものになっています。企業においては、LAN を構築しネットワーク上でさまざまなアプリケーションを用い通信を行っています。

　企業の LAN はレイヤ 2 スイッチやレイヤ 3 スイッチなどのネットワーク機器で構築され、それらの機器においてさまざまな技術・機能を組み合わせることで成り立っています。企業の LAN を理解するポイントは**「どのような機器でどのような技術・機能を利用するか」**です。

　本書は、ネットワークエンジニアの方が LAN 技術を理解し、LAN を構築するための知識を身につけていただくことを目的に全 8 章で構成されています。

　各章の概要を簡単に紹介します。
　まず、第 1 章ではネットワークの基本的な通信の仕組みについて解説しています。そして、第 2 章では企業 LAN の構成例と利用するさまざまな技術や機能について紹介しています。
　以降の章で、各技術や機能についての詳細を解説しています。
　第 3 章は、LAN の代名詞になっている**イーサネット技術**と**レイヤ 2 スイッチ**の仕組みについて解説しています。そして、第 4 章では**無線 LAN** の基本的な仕組みについて解説しています。続く、5 章および 6 章はレイヤ 2 レベルの重要な技術である **VLAN**（Virtual LAN）と**スパニングツリー**の仕組みについて解説しています。VLAN によって企業 LAN のネットワーク構成の自由度を高め、スパニングツリーで企業 LAN の信頼性を高めることができます。第 7 章は、主に**レイヤ 3 スイッチ**の機能として **VLAN 間ルーティング**と **VRRP** について解説しています。レイヤ 3 スイッチの VLAN 間ルーティングによって、LAN 内の通信を高速に処理することができます。
　最後の第 8 章では、ここまでの内容の総まとめとして **Cisco Catalyst スイッチ**での設定例について解説しました。

　本書を読まれた方が、LAN 技術の理解を深め、ネットワーク構築の参考にしていただけるならば、著者としてこれに勝る喜びはありません。

2009 年 11 月　Gene

# 目次

## 1章　TCP/IPの基礎　　　　　　　　　　　　　　　　　1

### 1.1　プロトコルとネットワークアーキテクチャ  ……………… 2
- 1.1.1　プロトコル ……………………………………………… 2
- 1.1.2　ネットワークアーキテクチャ ………………………… 2

### 1.2　TCP/IPの階層構造とプロトコル ……………………………… 4
- 1.2.1　TCP/IPの階層構造 ……………………………………… 4
- 1.2.2　プロトコルの役割 ……………………………………… 6
- 1.2.3　データの呼び方 ………………………………………… 13

### 1.3　IPアドレス ……………………………………………………… 14
- 1.3.1　IPアドレスとは ………………………………………… 14
- 1.3.2　IPアドレスの構成 ……………………………………… 18
- 1.3.3　クラスレスアドレスとは ……………………………… 24
- 1.3.4　サブネットマスク ……………………………………… 25
- 1.3.5　サブネッティング ……………………………………… 28
- 1.3.6　グローバルアドレス …………………………………… 29
- 1.3.7　プライベートアドレス ………………………………… 30
- 1.3.8　NATの概要 ……………………………………………… 31

### 1.4　IPルーティング ………………………………………………… 32
- 1.4.1　ルーティングとは ……………………………………… 32
- 1.4.2　ルータの機能 …………………………………………… 33
- 1.4.3　ルーティングテーブル ………………………………… 34
- 1.4.4　ルート情報の登録 ……………………………………… 38

### 1.5　IPv6 ……………………………………………………………… 46
- 1.5.1　IPv6の特徴 ……………………………………………… 46
- 1.5.2　IPv6アドレスの概要 …………………………………… 47
- 1.5.3　IPv6のルーティング …………………………………… 49
- 1.5.4　IPv6への移行 …………………………………………… 50

## 2章 企業 LAN の基礎　　　　　　　　　　　　　　53

### 2.1　企業 LAN を構成する機器 ……………………………54
- 2.1.1　レイヤ 2 スイッチ …………………………………………54
- 2.1.2　レイヤ 3 スイッチ …………………………………………56
- 2.1.3　ルータ ………………………………………………………58
- 2.1.4　無線 LAN アクセスポイント ………………………………59
- 2.1.5　IP 電話機 …………………………………………………60
- 2.1.6　PC、各種サーバ …………………………………………60

### 2.2　企業 LAN の構成例 ……………………………………62
- 2.2.1　企業 LAN の構成例と、構成機器の概要 ………………………62
- 2.2.2　アクセススイッチで利用する主な機能・プロトコル ……………65
- 2.2.3　ディストリビューションスイッチで利用する主な機能・プロトコル ……69
- 2.2.4　バックボーンスイッチで利用する主な機能・プロトコル ………71
- 2.2.5　サーバファームスイッチで利用する主な機能・プロトコル ……72
- 2.2.6　エッジディストリビューションスイッチで利用する主な機能・プロトコル…73
- 2.2.7　WAN ルータで利用する主な機能・プロトコル……………………74
- 2.2.8　内部ルータで利用する主な機能・プロトコル ……………………75

## 3章　LANとレイヤ2スイッチングの基礎　　77

### 3.1　LANとは ………………………………………………… 78
3.1.1　LANとは …………………………………………………… 78
3.1.2　LANの構成要素 …………………………………………… 79
3.1.3　LANの規格 ………………………………………………… 80
3.1.4　トポロジ …………………………………………………… 82
3.1.5　媒体アクセス制御方式 …………………………………… 84
3.1.6　MACアドレス ……………………………………………… 85
3.1.7　伝送媒体 …………………………………………………… 87

### 3.2　イーサネット …………………………………………… 93
3.2.1　イーサネットの基本 ……………………………………… 93
3.2.2　10Mbpsのイーサネット ………………………………… 97
3.2.3　100Mbpsのイーサネット ……………………………… 99
3.2.4　1Gbpsのイーサネット …………………………………… 100
3.2.5　10Gbpsのイーサネット ………………………………… 102
3.2.6　イーサネット上のTCP/IP通信の仕組み ……………… 103
3.2.7　ARPの仕組み ……………………………………………… 105

### 3.3　レイヤ2スイッチング ………………………………… 108
3.3.1　レイヤ2スイッチによるフレームの転送 ……………… 108
3.3.2　コリジョンドメインとブロードキャストドメイン …… 111
3.3.3　全2重通信 ………………………………………………… 113
3.3.4　オートネゴシエーション ………………………………… 116
3.3.5　認証機能 …………………………………………………… 118

# 4章　無線LANの基礎　　　121

## 4.1　無線LANの概要 …………………………………………… 122
### 4.1.1　無線LANの特徴 ………………………………………… 122
### 4.1.2　無線LANの機器 ………………………………………… 123
### 4.1.3　無線LANの規格 ………………………………………… 125
## 4.2　無線LANの仕組み ………………………………………… 128
### 4.2.1　有線LANと無線LANの対比 …………………………… 128
### 4.2.2　無線LANクライアントと無線LANアクセスポイントの接続 …… 129
### 4.2.3　VLANとSSIDのマッピング …………………………… 130
### 4.2.4　CSMA/CA ……………………………………………… 132
### 4.2.5　無線LANの伝送速度とアクセスポイントのカバー範囲 …… 135
### 4.2.6　無線LAN上でのTCP/IP通信 …………………………… 138
## 4.3　無線LANのセキュリティ ………………………………… 142
### 4.3.1　セキュリティの基本 ……………………………………… 142
### 4.3.2　初期の無線LANセキュリティの脆弱性 ………………… 145
### 4.3.3　WPA ……………………………………………………… 146
### 4.3.4　IEEE802.11i（WPA2） ………………………………… 147

# 5章　VLANの基礎　　149

## 5.1　VLANの定義 …………………………………………… 150
### 5.1.1　VLANとは ………………………………………… 150
### 5.1.2　VLANの仕組み …………………………………… 152
### 5.1.3　VLANによるネットワーク構成の柔軟性 ………… 154

## 5.2　VLANと関連したスイッチのポート種類 ……………… 156
### 5.2.1　アクセスポート …………………………………… 156
### 5.2.2　トランクポート …………………………………… 158
### 5.2.3　ISL …………………………………………………… 163
### 5.2.4　IEEE802.1Q ………………………………………… 164

## 5.3　どのようにVLANを展開するか ……………………… 166
### 5.3.1　VLAN展開のコンセプト ………………………… 166
### 5.3.2　ローカルVLAN …………………………………… 167
### 5.3.3　エンドツーエンドVLAN ………………………… 169
### 5.3.4　ローカルVLANとエンドツーエンドVLANの組み合わせ ……… 174

# 6章　スパニングツリーの基礎　　177

## 6.1　スパニングツリーの概要 ……………………………… 178
### 6.1.1　スイッチ冗長化の問題点 ………………………… 178
### 6.1.2　スパニングツリーの必要性 ……………………… 180

## 6.2　スパニングツリーの動作 ……………………………… 181
### 6.2.1　スパニングツリーの動作の概要 ………………… 181
### 6.2.2　BPDU ……………………………………………… 182
### 6.2.3　ルートブリッジの決定 …………………………… 183
### 6.2.4　ポートの役割の決定 ……………………………… 184
### 6.2.5　スパニングツリーの経路の切り替え …………… 188
### 6.2.6　スパニングツリーのポートの状態 ……………… 190
### 6.2.7　フレームの転送経路 ……………………………… 191

## 6.3　PVSTによる負荷分散 195
### 6.3.1　CSTとPVSTの概要 195
### 6.3.2　PVSTの仕組み 198
## 6.4　スパニングツリーの拡張 200
### 6.4.1　標準のスパニングツリーの問題点 200
### 6.4.2　IEEE802.1w RSTP 201
### 6.4.3　IEEE802.1s MST 203
## 6.5　リンクアグリゲーション 205
### 6.5.1　LAN内のボトルネックとなるポイント 205
### 6.5.2　リンクアグリゲーションの仕組み 206
### 6.5.3　リンクアグリゲーションでのイーサネットフレームの転送 208

# 7章 VLAN間ルーティングとレイヤ3スイッチの基礎　213

## 7.1　VLAN間ルーティングの概要 214
### 7.1.1　VLAN間ルーティングの必要性 214
### 7.1.2　VLAN間ルーティングに必要な機器 217
## 7.2　VLAN間ルーティングの仕組み 218
### 7.2.1　ルータによるVLAN間ルーティング 218
### 7.2.2　レイヤ3スイッチによるVLAN間ルーティング 225
### 7.2.3　物理構成と論理構成の対応 229
## 7.3　VRRP 231
### 7.3.1　デフォルトゲートウェイの冗長化の問題点 231
### 7.3.2　VRRPの仕組み 233
### 7.3.3　VRRPの注意 236
### 7.3.4　Cisco HSRP 241

## 8章　Cisco Catalyst スイッチによる LAN 構築　243

- 8.1　Cisco Catalyst スイッチの概要 …………………………… 244
  - 8.1.1　Catalyst スイッチの概要 ………………………………… 244
  - 8.1.2　Catalyst スイッチの設定概要 …………………………… 245
- 8.2　設定する物理構成と論理構成 ………………………………… 250
  - 8.2.1　物理構成 …………………………………………………… 250
  - 8.2.2　論理構成 …………………………………………………… 252
  - 8.2.3　設定する機能 ……………………………………………… 254
- 8.3　各機器の設定 …………………………………………………… 255
  - 8.3.1　VLAN の設定 ……………………………………………… 255
  - 8.3.2　リンクアグリゲーション（レイヤ 2） …………………… 261
  - 8.3.3　スパニングツリーの設定 ………………………………… 264
  - 8.3.4　リンクアグリゲーション（レイヤ 3）の設定 …………… 266
  - 8.3.5　IP アドレスの設定 ………………………………………… 272
  - 8.3.6　ルーティングの設定 ……………………………………… 279
  - 8.3.7　HSRP の設定 ……………………………………………… 282

# 1章

# TCP/IPの基礎

1.1 プロトコルとネットワークアーキテクチャ
1.2 TCP/IPの階層構造とプロトコル
1.3 IPアドレス
1.4 IPルーティング
1.5 IPv6

## 1.1 プロトコルとネットワークアーキテクチャ

ネットワーク上の通信を実現するためのプロトコルとその組み合わせであるネットワークアーキテクチャについて解説します。

### 1.1.1 プロトコル

コンピュータ同士が通信を行うためには、さまざまな「決まり事」が必要です。たとえば、

- データのフォーマット
- データの表現方法
- 通信相手の識別方法
- 正常時の動作、エラー時の動作

などです。

こうした通信を行う上での決まり事を**プロトコル(ネットワーク プロトコル)**と呼びます。通信を行う機器同士は、同じプロトコルに基づいてネットワーク上での通信を行います。ただし、1つのプロトコルだけに、ネットワーク上の通信に必要な機能を詰め込んでいません。1つのプロトコルにさまざまな機能を詰め込むと、プロトコルが複雑になり開発が難しくなります。また、機能追加などの拡張性に乏しくなってしまいます。

そのため、ネットワーク上の通信に「必要な機能ごと」にプロトコルを定義して、それらを組み合わせています。

### 1.1.2 ネットワークアーキテクチャ

通信を行うための一連のプロトコルの組み合わせを**ネットワークアーキテクチャ**と呼びます。または、**通信アーキテクチャ**、**プロトコルスタック**などとも呼びます。

ネットワークアーキテクチャは、通信に必要な機能をモジュール化して、階層構造で考えています。そして、各階層の機能を実現するためのプロトコルを定義しています。

ネットワークの通信に必要な機能をどのように考えるかというモデルが、**OSI**

参照モデルです。

## ●● OSI 参照モデル

OSI 参照モデル（ISO が策定）は、ネットワークの通信に必要な機能を次の 7 つの階層で考えています。

- 物理層
- データリンク層
- ネットワーク層
- トランスポート層
- セッション層
- プレゼンテーション層
- アプリケーション層

階層構造は、次の図 1.1 のように物理層が最も下の階層でアプリケーション層が最も上の階層です。物理層から順番にレイヤ 1（L1）、レイヤ 2（L2）と表現することもあります。

こうした OSI 参照モデルの階層に基づいたネットワークアーキテクチャとして、「OSI プロトコル」があります。ただし、OSI プロトコルは一般的には利用されていません。OSI 参照モデルの 7 階層の考え方は、複雑になりすぎてしまっているからです。OSI 参照モデルの 7 階層よりも簡素化した TCP/IP のネットワークアーキテクチャが主に利用されています（次ページ図 1.2 参照）。現在、OSI 参照モデルの 7 つの階層は、ネットワークアーキテクチャのモデルとしてではなく、ネットワークの機能や機器の特徴を示したり、ネットワークの状態について言及するときの「物差し」として意味を持っています。

たとえば、**レイヤ 3 スイッチやレイヤ 4-7 スイッチなどのネットワーク機器は、OSI 参照モデルの階層に基づいた名称**です。また、障害発生時に「このトラブルはネットワーク層のトラブルだ」などと言う場合があります。これも OSI 参照モデルに基づいています。

|  |  |
|---|---|
| アプリケーション層 | レイヤ7（L7） |
| プレゼンテーション層 | レイヤ6（L6） |
| セッション層 | レイヤ5（L5） |
| トランスポート層 | レイヤ4（L4） |
| ネットワーク層 | レイヤ3（L3） |
| データリンク層 | レイヤ2（L2） |
| 物理層 | レイヤ1（L1） |

図 1.1　OSI 参照モデルの階層構造

# 1.2 TCP/IP の階層構造とプロトコル

TCP/IPの階層構造と各階層に含まれる主なプロトコルについて解説します。

## 1.2.1 TCP/IP の階層構造

**TCP/IP** は、現在広く一般的に利用されているネットワークアーキテクチャです。ネットワークの通信に必要な機能を **4つの階層** で考え、各階層の通信プロトコルを組み合わせて通信を行います。OSI 参照モデルの 7 階層に比べて階層を少なくしているので、シンプルな構成にすることができます。

次の図に OSI 参照モデルの階層構造と TCP/IP の階層構造を対比しています。また、主な TCP/IP のプロトコルをまとめています。

| | OSI参照モデル | TCP/IP | プロトコル |
|---|---|---|---|
| L7 | アプリケーション層 | アプリケーション層 | HTTP、FTP、POP3、IMAP、SMTP、DNS、DHCP、SNMP など |
| L6 | プレゼンテーション層 | | |
| L5 | セッション層 | | |
| L4 | トランスポート層 | トランスポート層 | TCP、UDP |
| L3 | ネットワーク層 | インターネット層 | IPv4/v6、ARP、ICMP、OSPF、EIGRP、IGRP |
| L2 | データリンク層 | ネットワークインタフェース層 | イーサネット、トークンリング、FDDI、ATM、フレームリレー、PPP など |
| L1 | 物理層 | | |

図 1.2　OSI 参照モデルと TCP/IP

この階層の **インターネット層以上** が TCP/IP のプロトコルです。**ネットワークインタフェース層** のプロトコルは、LAN や WAN で自由に利用できます。そのため、どのような LAN や WAN 上でも TCP/IP を利用した通信を行うことができます。TCP/IP のプロトコルは、**IETF**（Internet Engineering Task Force）の **RFC**

## 1.2 TCP/IPの階層構造とプロトコル

(Request For Comment) によって規定されています。

ネットワークの通信の仕組みを考える上で、まず意識しておきたいのは**通信の主体**です。ネットワークを利用することで、情報共有や意思疎通を行うことが可能です。それにより、業務の効率を向上させることができます。情報共有や意思疎通を行うために、PCなどにさまざまなアプリケーションをインストールして利用します。ネットワークの通信はアプリケーション間で行われることになります。つまり、**通信の主体はアプリケーション**です。

たとえば、手元のPCからインターネットのWebサイトを閲覧することについて考えてみましょう。通信は手元のPCとWebサーバ間で行われます。ただ、もう少し詳しく考えるとPCのInternet ExplorerやFirefoxなどのWebブラウザと、WebサーバのApacheやIISといったWebサーバアプリケーション間で通信を行っています。

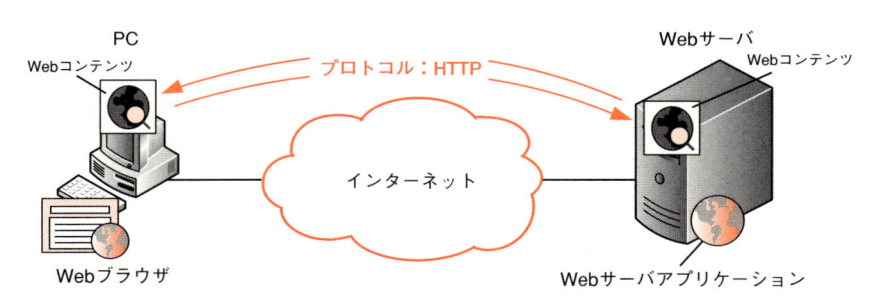

**図1.3　Webサイトの閲覧の様子**

電子メールも同様です。電子メールの送受信はWindowsメールやThunderbirdなどのPCのメールソフトとメールサーバのメールサーバアプリケーション間で通信を行っています。

こうしたアプリケーション間の通信の決まり事が**アプリケーションプロトコル**です。Webサイトの閲覧であれば、アプリケーションプロトコルとして**HTTP**（Hyper Text Transfer Protocol）を利用します。電子メールであれば、**SMTP**（Simple Mail Transfer Protocol）や**POP3**（Post Office Protocol version 3）を利用します。これらのアプリケーションプロトコルは、アプリケーション間で送受信するデータのフォーマットや手順などを規定しています。

アプリケーション層の下位に位置するプロトコルは、アプリケーション間の通信のデータを転送することが主な役割です。PCとWebサーバは、別々のネットワークに接続されています。間のネットワーク構成もさまざまです。1つのPC内には複数のアプリケーションが動作していることもあります。そのような環境で、特定

のアプリケーション間のデータを正しく送り届けるためにアプリケーション層以下の**トランスポート層**、**ネットワーク層**、**ネットワークインタフェース層**があります。

```
TCP/IP

┌─────────────────┐
│ アプリケーション層 │──→ アプリケーション同士で交換する
│                  │    データのフォーマットや手順など
└─────────────────┘    を規定している
┌─────────────────┐ ┐
│ トランスポート層  │ │
├─────────────────┤ │  アプリケーションのデータを
│ インターネット層  │ ├→ 目的のアプリケーションに
├─────────────────┤ │  正しく送り届ける
│ ネットワーク     │ │
│ インタフェース層  │ │
└─────────────────┘ ┘
```

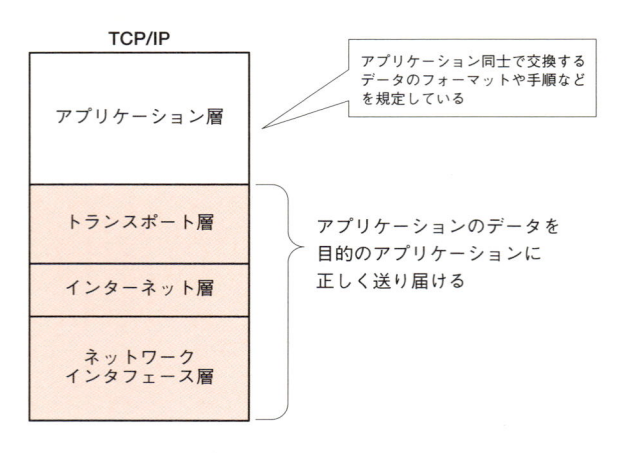

図 1.4　アプリケーション層とその下位層の役割

## 1.2.2　プロトコルの役割

　TCP/IP の各階層に含まれる通信プロトコルは数多く存在します。英単語の頭文字をとったたくさんの通信プロトコルがあるということが、ネットワーク技術の勉強を難しくしている1つの要因でしょう。ですが、それら1つひとつのプロトコルの役割をしっかりと意識すれば難しいことはありません。

　本書では、たくさんの通信プロトコルをその役割から次の3つに分類して考えます。

- 1. 転送プロトコル
- 2. 制御・管理プロトコル
- 3. アプリケーションプロトコル

以降で、この3つの通信プロトコルの役割について見ていきましょう。

## 1.2 TCP/IPの階層構造とプロトコル

### ●● 1. 転送プロトコル

**転送プロトコル**は、その名前の通り「データを転送するための通信プロトコル」です。階層ごとに通信経路を作成して、データを転送します。階層ごとの転送プロトコルによって、データの転送を扱う範囲が異なります。**トランスポート層の転送プロトコル**によって、コンピュータで動作するアプリケーション間でデータを転送することができます。そして、**インターネット層の転送プロトコル**によって、コンピュータ間でデータを転送することができます。また、**ネットワークインタフェース層の転送プロトコル**によって、同じネットワーク内でのデータの転送を行うことができます。アプリケーションで扱うデータは、「トランスポート層」、「インターネット層」、「ネットワークインタフェース層」の転送プロトコルを組み合わせて、アプリケーション間でやり取りできるようになります。

アプリケーションで扱うデータに、各階層の**転送プロトコルの制御情報であるヘッダ**を付加して、ネットワーク上に送信します。これがネットワーク上で転送されていき、最終的に目的のアプリケーションにデータを送り届けることができるようになります。

次の図1.5に、階層ごとの転送プロトコルによるデータ転送を簡単にまとめています。

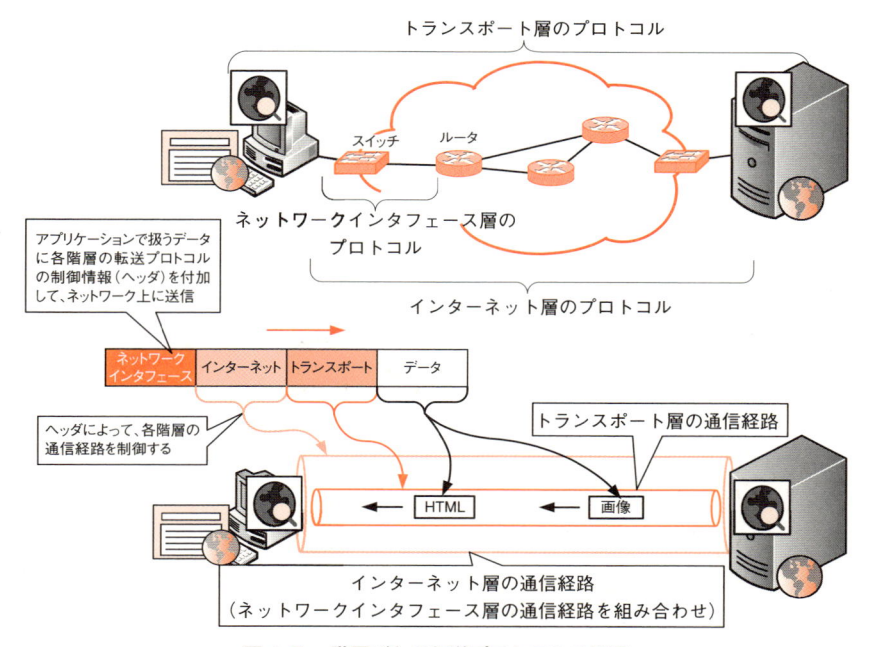

図1.5　階層ごとの転送プロトコルの概要

こうした転送プロトコルには、コネクション型プロトコルとコネクションレスプロトコルの種類があります。

**コネクション型プロトコル**は、データを転送する前に**通信経路（コネクション）**を確立して送信先と通信できることをきちんと確認した上で、データの転送を行います。データを受信すると、受信したことを送信元に通知する確認応答を返します。もしデータの転送がうまくいかなければ、データの再送を行うなどの制御が可能です。そのため、コネクション型プロトコルを利用すれば、信頼性の高いデータの転送を行うことができます。一方、コネクション型プロトコルでは、実際のデータ転送以外にさまざまな制御情報のやり取りの処理が必要です。データ転送以外の制御情報や処理を**オーバーヘッド**と呼びます。オーバーヘッドが大きくなると、データ転送の効率があまりよくありません。

**コネクションレス型プロトコル**は、データを送信する前に通信経路（コネクション）を作成しません。単純に送信先にデータを送信します。それが、ネットワーク上を転送されることで送信元と送信先との間で結果として通信経路ができることになります。

コネクションレス型プロトコルは、コネクション型プロトコルに比べると、データ転送にともなうオーバーヘッダが非常に少なくなります。そのため、シンプルで効率的なデータ転送を行うことができます。一方、あらかじめコネクションの確立を行わないので、必ず送信先と通信できるとは限りません。また、データの再送制御などの機能がないことがほとんどです。つまり、データ転送の信頼はあまり高くありません。

コネクション型プロトコルとコネクションレス型プロトコルのメリットとデメリットをあらためてまとめましょう。

表 1.1 コネクション型プロトコルとコネクションレス型プロトコル

|  | メリット | デメリット |
|---|---|---|
| コネクション型プロトコル | 信頼性が高いデータ転送が可能 | オーバーヘッドが大きくなり、データ転送の効率が悪い |
| コネクションレス型プロトコル | オーバーヘッドが小さく効率のよいデータ転送ができる | データ転送の信頼性があまり高くない |

表1.1のメリット・デメリットを考えると、コネクション型プロトコルとコネクションレス型プロトコルのどちらか一方が優れているわけではありません。アプリケーションによって、そのデータがどのように転送されればよいのかが異なります。

信頼性が必要なアプリケーションもあれば、信頼性よりも効率よくたくさんのデータを転送しなければいけないアプリケーションもあります。そのため、アプリケーションに応じて、コネクション型プロトコルかコネクションレス型プロトコルを使い分けます。

データ転送の信頼性が必要ならば、コネクション型プロトコルでアプリケーションのデータを転送します。信頼性よりも効率よくデータを転送する必要があれば、コネクションレス型プロトコルでアプリケーションのデータを転送します。

**データの信頼性が必要なアプリケーションの一例は「Web ブラウザ」**です。Web サイトの HTML ファイルや画像ファイルは、いくつかに分割されて転送されます。それらの一部が正しく転送されなければ、元の HTML ファイルや画像ファイルを再構成できません。そのため、エラーが発生したら再送するなど信頼性の高いデータ転送が必要です。

**信頼性よりも効率性を重視するアプリケーションの一例は「IP 電話」**です。多くの IP 電話では、20 ミリ秒ごとの音声を次々にネットワーク上に転送します。つまり、1 秒間に 50 個の音声データをネットワーク上に転送します。そのため、余計な手順を省いたシンプルで効率のよいデータ転送が必要です。

コネクション型の転送プロトコルとして、TCP/IP のトランスポート層に位置する **TCP** があります。前述のように、アプリケーションでデータ転送の信頼性が必要な場合はトランスポート層のプロトコルとして TCP を利用します。

そして、コネクションレス型の転送プロトコルとしてトランスポート層に **UDP** があります。IP 電話の音声データは UDP を利用しています。またインターネット層の IP も、コネクションレス型の転送プロトコルです。

## ●●2. 制御・管理プロトコル

TCP/IP ネットワーク上で、いきなりアプリケーションのデータを転送プロトコルで転送できるわけではありません。さまざまな準備や制御が必要です。ここでは、TCP/IP ネットワーク上で正常に通信を行うための準備や制御を行うためのプロトコルを**制御・管理プロトコル**として考えていきます。

制御・管理プロトコルにはさまざまな機能を持つプロトコルがありますが、ここでは主なものを紹介します。

TCP/IP ネットワーク上で通信するためには、次のような前提があります。

- 正しく TCP/IP の設定がされていること
- 経路上のルータでルーティングの設定が正しく完了していること

前ページの前提条件を満たすための制御・管理プロトコルには次のものがあります。

- DHCP
- ルーティングプロトコル

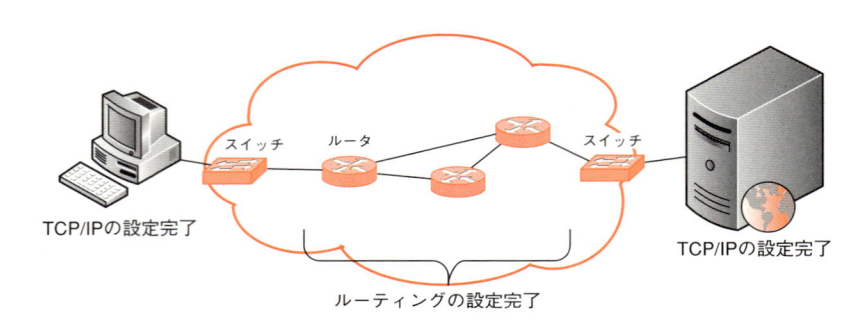

図 1.6　TCP/IP ネットワークで通信するための前提

**DHCP**（Dynamic Host Configuration Protocol）によって、PC に自動的に IP アドレスの付与をはじめとして、TCP/IP で必要な設定を行うことができます。また、ルータ間で**ルーティングプロトコル**を利用すれば、ルーティングに必要なルーティングテーブルを自動的に作成することができます（▶**1.4 節参照**）。

他にも通信を行うための制御・管理プロトコルがあります。これらを利用することで、正常にネットワーク上のアプリケーション間の通信を実現することができるようになります。

## ●●3. アプリケーションプロトコル

ネットワーク上で利用するアプリケーションでのデータのやり取りを規定しているのが**アプリケーションプロトコル**です。多くのアプリケーションが存在するので、アプリケーションプロトコルもさまざまなものがあります。

以降で、アプリケーションプロトコルの例として、Web サイトを閲覧する際に利用する HTTP について概要を解説します。

**HTTP**（Hyper Text Transfer Protocol）とは、Web アクセスを行うためのプロトコルです。Web アクセスは電子メールと並んで最も一般的なインターネットアプリケーションです。Web サーバとクライアントコンピュータは HTTP によって、ハイパーテキストを転送し、Web アクセスを実現します。ハイパーテキストとは構造化された文書で、文書内のリンクから他の文書へ移動することができるも

## 1.2 TCP/IPの階層構造とプロトコル

のです。ハイパーテキストを記述する言語が **HTML**（Hyper Text Markup Language）です。HTTPはTCP/IPアプリケーション層プロトコルで、下位のトランスポート層にTCPを利用し、**ポート番号は80番**です。

Webアクセスの全体的な流れは次のような5つのステップで考えることができます。

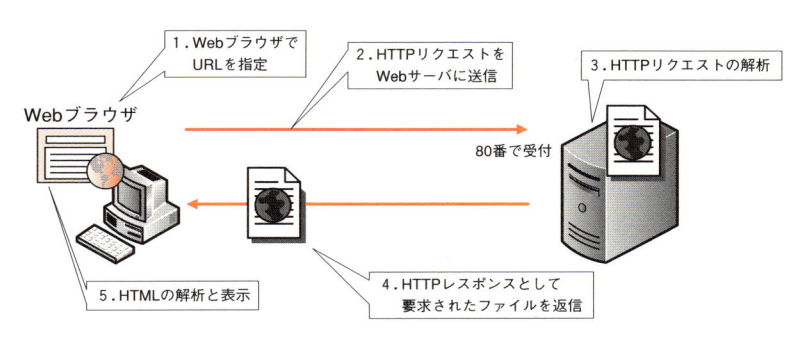

**図1.7 Webアクセスの流れ**

1）ユーザがWebブラウザにURL（Webサイトのアドレス）を入力する
ユーザがWebブラウザのアドレス欄にURLを入力したり、リンクをクリックすることによって、Webアクセスがはじまります。

2）WebブラウザがHTTPリクエストをURLで指定されたWebサーバへ送信する
WebブラウザがURLからリクエストを送信すべきWebサーバをDNS（Domain Name System）によって判断します。DNSでWebサーバのIPアドレスがわかれば、TCPコネクションを確立してからHTTPリクエストをそのWebサーバへ送信します。

3）Webサーバがリクエストを解析する
HTTPリクエストを受信したWebサーバはそのリクエスト内容を解析します。

4）WebサーバがHTTPレスポンスと要求されたファイルをWebブラウザへ返信する
HTTPレスポンスとして、Webブラウザから要求されたファイルを返信します。通常、このファイルはHTMLで記述されたHTMLファイルです。もし、該当するファイルがなかったりエラーが発生したりする場合は、エラーの内容をWebブラウザに返信します。

5）Web ブラウザが受信したデータを解析して表示する

　Web サーバからの HTML ファイルを受信した Web ブラウザは HTML を解析し、その内容を Web ブラウザ上に表示します。

　以上のように、Web アクセスとは HTTP を利用した Web ブラウザと Web サーバ間でのファイル転送であるということがわかります。

## ●●通信プロトコルの役割のまとめ

　ここまで通信プロトコルを 3 つの役割に分類して考えてきました。図 1.2 に挙げた TCP/IP の代表的なプロトコルについて、3 つの役割で分類すると次のようになります。

| TCP/IP | プロトコル |
|---|---|
| アプリケーション層 | HTTP、FTP、POP3、IMAP、SMTP、DNS、DHCP、SNMP、RIP、BGP　など |
| トランスポート層 | TCP、UDP |
| インターネット層 | IPv4/v6、ARP、ICMP、OSPF、EIGRP、IGRP |
| ネットワークインタフェース層 | イーサネット、トークンリング、FDDI、ATM、フレームリレー、PPP　など |

凡例：
- アプリケーションプロトコル
- 転送プロトコル
- 管理・制御プロトコル

図 1.8　TCP/IP の主なプロトコルの分類

　アプリケーション層のプロトコルが必ずしもアプリケーションプロトコルであるとは限らないことに注意してください。アプリケーション層の DNS や DHCP は TCP/IP ネットワーク上での通信を補佐するためのプロトコルです。また、RIP や BGP はルーティングで利用するルーティングプロトコルです。

　ここに挙げた以外にもさまざまなプロトコルがあります。それらのプロトコルについて 3 つの役割のどれに相当するかを考えれば、理解を早めることができるでしょう。

## 1.2.3 データの呼び方

**プロトコルが位置する階層によってデータの呼び方が異なります**。データの呼び方とプロトコルの階層、主な例をまとめたものが次の表です。

表 1.2　データの呼び方

| データの呼び方 | プロトコルの階層 | 主な例 |
|---|---|---|
| メッセージ（message） | 主にアプリケーション層 | HTTP メッセージ |
| セグメント（segment） | 主にトランスポート層 | TCP セグメント |
| データグラム（datagram） | 主にトランスポート層/ネットワーク層 | UDP データグラム、IP データグラム |
| パケット（packet） | 主にネットワーク層 | IP データグラム |
| フレーム（frame） | 主にデータリンク層 | イーサネットフレーム |

　このように、データの呼び方を使い分けることで、その通信プロトコルが対称としている階層を明確にすることができます。ただし、こうしたデータの呼び方はあくまでも目安として考えてください。厳密な使い分けをしているわけではありません。

## 1.3 IP アドレス

TCP/IPネットワーク上でホストを識別するための情報であるIPアドレスについて、現在幅広く利用されているIPv4を中心に解説します（IPv6については1.5節参照）。

### 1.3.1 IP アドレスとは

　TCP/IP ネットワークで通信する PC（パソコン）やサーバ、ルータなどのネットワーク機器を総称して**ホスト**と呼びます。そしてそのホストを識別するための 32 ビット（IPv4）もしくは 128 ビット（IPv6 ▶**1.5節参照**）の識別情報が **IP アドレス**です。ルータなどのネットワーク機器は複数のインタフェースで通信を行うことがあるので、正確には IP アドレスによってインタフェースを識別します。

　下記の図のように、インタフェースに IP アドレスを設定することで、IP による通信を行うことができます。逆に、IP アドレスのふられていないホストは TCP/IP ネットワーク通信を行うことができません。ネットワーク上でホストを識別できる IP アドレスが必ず割り振られていることになります（異なるネットワークをつなぐ装置である**ルータ**は異なる 2 つの IP アドレスを持っています ▶**1.4節参照**）。以降、現在一般的な **IPv4** を例に解説します。

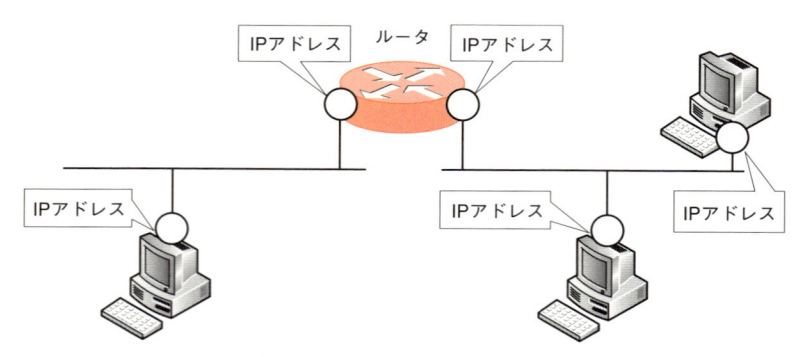

**図 1.9　IP アドレスの設定**

　IPv4 の IP アドレスは 32 ビットなので、「0」「1」のビットが 32 個並ぶことになります。人間にとってビットの羅列は非常にわかりにくくなってしまいます。そのため、通常、IP アドレスは**ドット付き 10 進表記**を行います。

## 1.3 IPアドレス

ドット付き10進表記は、32ビットを8ビットずつ10進数に変換して表記します。8ビットの区切りとして「.（ドット）」を用います。たとえば、「192.168.1.1」や「10.254.1.100」のように表記します。各数値は8ビット（$2^8$）なので、0〜255の範囲です。「10.256.1.2」などのように、255を超えるような数値を使っているIPアドレスは正しいIPアドレスではありません。

### ●●通信用途による分類

また、IPアドレスは通信の用途によって、次の3種類に分類できます。

- ユニキャストアドレス
- ブロードキャストアドレス
- マルチキャストアドレス

**ユニキャスト**は「1対1」の通信です。PCやルータなどのインタフェースに設定するIPアドレスはユニキャストアドレスです。通信したいホストに設定されているユニキャストアドレスを送信先IPアドレスとして指定することで、1対1の通信を行うことができます。

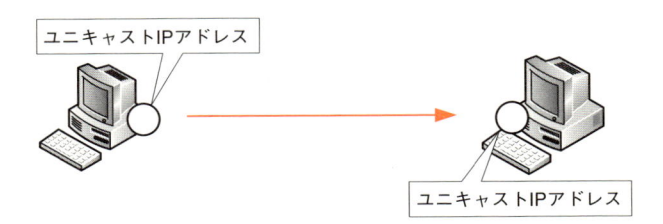

図1.10　ユニキャスト

**ブロードキャスト**と**マルチキャスト**は「1対多」の通信です（図1.11）。ブロードキャストの送信先は同一ネットワーク上のすべてのホストです。そして、マルチキャストの送信先は同じアプリケーションを動作させているなど何らかの特徴によってグループ化されたホストです。

ブロードキャストアドレスを送信先IPアドレスとして指定することで、ブロードキャストの通信ができます。同様に、マルチキャストアドレスを送信先IPアドレスとして指定することでマルチキャストの通信ができます。ブロードキャストアドレスやマルチキャストアドレスをインタフェースに設定することはできません。また、送信元IPアドレスとしてブロードキャストアドレスやマルチキャストアドレスが指定されることもありません。

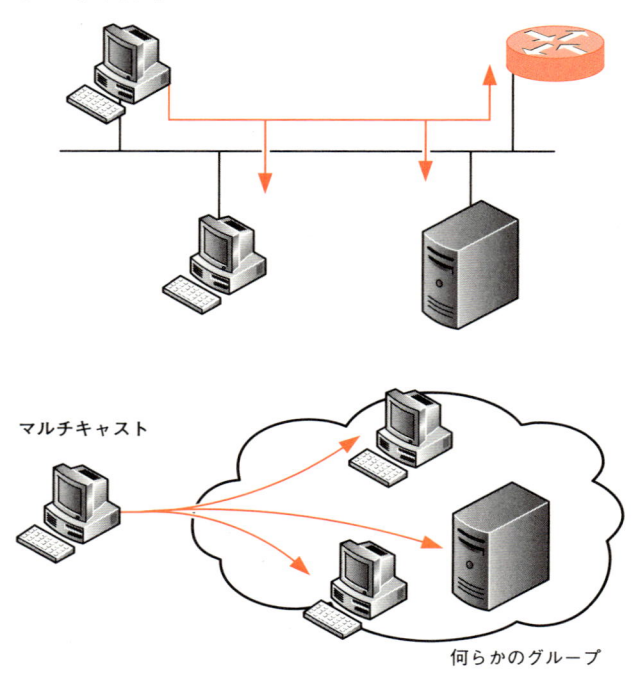

図 1.11　ブロードキャストとマルチキャスト

## ●●有効範囲による分類

そして、IP アドレスの有効範囲によって、

- グローバルアドレス
- プライベートアドレス
- リンクローカルアドレス

に分類することができます。

**グローバルアドレス**は、インターネット全体で重複しない一意の IP アドレスで、インターネット全体で有効です。インターネットで通信するためにはグローバルアドレスが必要です。一方、**プライベートアドレス**は企業 LAN や家庭内 LAN など他の組織のネットワークと接続しない範囲でのみ有効です。**リンクローカルアドレス**は、同じネットワーク内でのみ有効な IP アドレスです。

## 1.3 IPアドレス

### ●●ネットワーク規模による分類

さらに、ユニキャストアドレスはネットワークの規模によって

- クラス A
- クラス B
- クラス C

に分類できます。クラス A が最も大規模なネットワークです。以降、クラス B、クラス C と続きます。

次の図は、通信の用途と有効範囲、規模についての分類をまとめているものです。

```
ユニキャストアドレス            マルチキャストアドレス
┌──────────────┐          ┌──────────────┐
│   範囲       │          │   範囲       │
│ ┌──────────┐ │          │ ┌──────────┐ │
│ │ グローバル│ │          │ │ グローバル│ │
│ │プライベート│ │          │ │プライベート│ │
│ └──────────┘ │          │ │リンクローカル│ │
│   規模       │          │ └──────────┘ │
│ ┌──────────┐ │          │              │
│ │クラスA/B/C│ │          │              │
│ └──────────┘ │          │              │
└──────────────┘          └──────────────┘
```

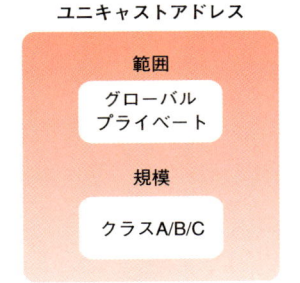

**図 1.12　IP アドレスの分類のまとめ**

　ここには、ブロードキャストアドレスが含まれていません。用途として、ブロードキャストとマルチキャストを分けて説明しています。しかし、本質的にはブロードキャストの通信はマルチキャストの通信の一部です。ブロードキャストは、同じネットワーク上に接続されているという特徴を持つグループに対するマルチキャストの通信です。IPv6 では、アドレスの用途としてブロードキャストアドレスはマルチキャストアドレスの一部に含まれるようになっています。

## 1.3.2 IPアドレスの構成

　TCP/IPネットワークは、たくさんのネットワークがルータによって相互接続されて構成されています。ホストを識別するにはまず、そのホストがどのネットワークに接続されているかがわからないといけません。そのため、IPアドレスの構成は次のようになります。

> IPアドレス ＝ ネットワークアドレス ＋ ホストアドレス

　32ビットのIPアドレスを**ネットワークアドレス**と**ホストアドレス**に分けて考えます。

- 前半のネットワークアドレスで、ネットワークを識別します。
- 後半のホストアドレス、でネットワーク内のどのホスト（インタフェース）であるかを識別します。

　また、ネットワークアドレスとホストアドレスをビットで考えたときに、すべてのビットが「0」または「1」になるようなIPアドレスは利用できないというルールがあります。ネットワークアドレスまたはホストアドレスのビットがすべて「0」やすべて「1」になるようなIPアドレスは、特別な用途に予約されています。たとえば、ホストアドレスについてすべてビット「0」とビット「1」は、次のような用途で使います。

- ホストアドレスのビットすべて「0」：ネットワークアドレス
- ホストアドレスのビットすべて「1」：ブロードキャストアドレス

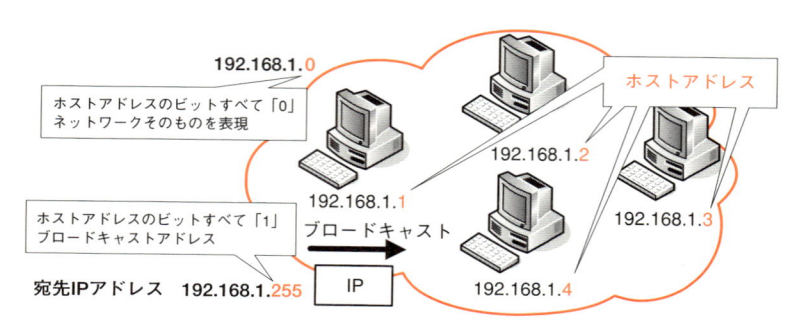

**図1.13　ホストアドレスの特別な用途（クラスCの場合）**

## ●●アドレスクラス

　IPアドレスはネットワークアドレスとホストアドレスから構成されていますが、32ビットのうちどこまでがネットワークアドレスでどこからがホストアドレスなのかということが固定されてはおらず、IPアドレスによって異なります。ネットワークアドレスとホストアドレスの区切りを考えるため、ネットワークの規模に応じて、IPアドレスを**クラス**に分類しています。クラスによって、32ビットのうちどこまでがネットワークアドレスでどこからがホストアドレスであるかがわかるようになります。クラスは次の5種類あります。

- クラスA
- クラスB
- クラスC
- クラスD
- クラスE

　クラスA～Eのうち、ホストやルータなどのインタフェースに設定するユニキャストアドレスはクラスA～Cです。
　ネットワークの規模は、1つのネットワーク内で利用できるホストアドレスの数と考えてください。クラスAが最も規模が大きく、1つのネットワーク内で利用できるホストアドレスの数が最も多くなります。そして、クラスB、クラスCと続きます。ホストアドレスの数が多いと言うことは、ホストアドレスとして利用するビット数が多くなります。つまり、クラスによってネットワークアドレスとホストアドレスの区切りがわかります。また、クラス自体の識別を行うために先頭のビットパターンが決められています。
　クラスによって決まることをまとめると、次の2点です。

- 先頭のビットパターン
- ネットワークアドレスとホストアドレスの区切り

以降では、クラスA～Cについてこの2点を踏まえて見ていきます。

　なお、クラスDは、ユニキャストアドレスではなくマルチキャストアドレスを定義しているクラスです。そして、クラスEは実験用途なので、ホストやルータなどのインタフェースに設定することはありません。

**クラス A** の特徴をまとめると次のようになります。

- 先頭のビットパターン：「0」
- 先頭 8 ビットの 10 進数表記：1 〜 126
- ネットワークアドレスとホストアドレスの区切り：8 ビット目
- ネットワークアドレスの数：126 個
- ホストアドレスの数：約 1600 万個

クラス A の IP アドレスは必ず先頭 1 ビットが「0」です。先頭 8 ビット分を 10 進数で考えると 1 〜 126 の範囲です。つまり、1 〜 126 の範囲ではじまる IP アドレスはクラス A の IP アドレスです。そして、ネットワークアドレスとホストアドレスの区切りは 8 ビット目です。

ネットワークアドレスとして 7 ビット分使えるので、クラス A のネットワークの数は $2^7 - 2 = 126$ 個です。ここで「-2」としているのは、7 ビット分のネットワークアドレスのビットがすべて「0」とすべて「1」の場合を除いているからです。

この 126 個のクラス A のネットワークそれぞれで、$2^{24} - 2 = 16{,}777{,}214$ 個のホストアドレスを利用することができます。約 1600 万という非常に多くのホストアドレスを利用できるのがクラス A のネットワークの特徴です。

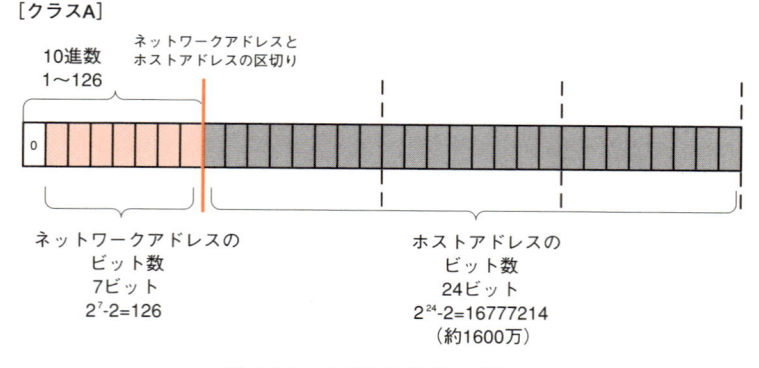

図 1.14　クラス A の IP アドレス

## 1.3 IPアドレス

**クラス B** の特徴をまとめると次のようになります。

- 先頭のビットパターン：「10」
- 先頭 8 ビットの 10 進数表記：128 ～ 191
- ネットワークアドレスとホストアドレスの区切り：16 ビット目
- ネットワークアドレスの数：16,382 個
- ホストアドレスの数：65,534 個

クラス B の IP アドレスは先頭 2 ビットが「10」ではじまります。先頭 8 ビットを 10 進数で考えれば、128 ～ 191 です。

ネットワークアドレスとホストアドレスの区切りは 16 ビット目にあります。したがって、ネットワークアドレスとして 14 ビット、ホストアドレスとして 16 ビット利用できます。ネットワークアドレスは 14 ビットなので、$2^{14} - 2 = 16{,}382$ 個のクラス B のネットワークがあります。各クラス B のネットワークでは、$2^{16} - 2 = 65{,}534$ 個のホストアドレスを利用することができます。

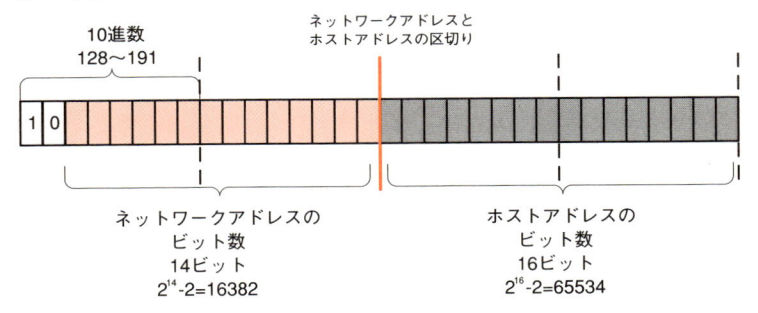

**図 1.15 クラス B の IP アドレス**

**クラス C** の特徴をまとめると次のようになります。

- 先頭のビットパターン：「110」
- 先頭 8 ビットの 10 進数表記：192 ～ 223
- ネットワークアドレスとホストアドレスの区切り：24 ビット目
- ネットワークアドレスの数：2,097,150 個
- ホストアドレスの数：254 個

クラス C の IP アドレスは先頭 3 ビットが「110」ではじまります。先頭の 8 ビット分を 10 進数で考えると 192 ～ 223 です。また、ネットワークアドレスとホストアドレスの区切りは 24 ビット目のところにあります。ネットワークアドレスとして 21 ビット、ホストアドレスとして 8 ビット利用できます。

クラス C のネットワークの数は、$2^{21} - 2 = 2,097,150$ 個あります。クラス C のネットワークそれぞれで、$2^8 - 2 = 254$ 個のホストアドレスを利用することができます。

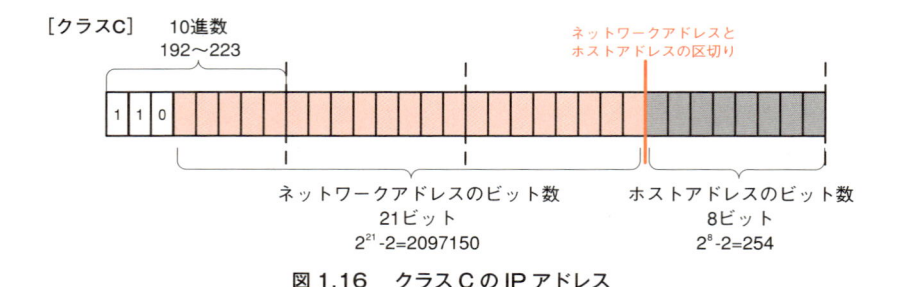

図 1.16　クラス C の IP アドレス

次の表は、クラス A ～ クラス C の IP アドレスの特徴をまとめたものです。

表 1.3　アドレスクラスの特徴

| クラス | A | B | C |
| --- | --- | --- | --- |
| 先頭のビット | 0 | 10 | 110 |
| 先頭 8 ビットの 10 進表記 | 1 ～ 126 | 128 ～ 191 | 192 ～ 223 |
| 区切り | 8 ビット | 16 ビット | 24 ビット |
| ネットワーク数 | 126 | 16382 | 2097150 |
| ホスト数 | 16777214 | 65534 | 254 |

## 1.3 IPアドレス

アドレスクラスに基づいて考えたアドレスを**クラスフルアドレス**と呼びます。クラスフルアドレスでのネットワークアドレスとホストアドレスの区切りは、クラスごとに決まり、基本的に8ビット、16ビット、24ビットと8ビット単位です。また、クラス単位で考えたネットワークアドレスを**メジャーネットワーク**と呼びます。たとえば、IPアドレス「10.1.1.1」のメジャーネットワークは「10.0.0.0」です。10ではじまるIPアドレスなのでクラスAです。クラスAはネットワークアドレスとホストアドレスの区切りが8ビット目に位置するためです。同様に、IPアドレス「172.31.100.100」のメジャーネットワークは「172.31.0.0」となります。

IPアドレスの表記は、8ビットずつ10進数で表記します。そのため、こうしたクラスフルアドレスは、8ビット単位でネットワークアドレスとホストアドレスの区切りを考えているのでわかりやすいです。

## ●●クラスフルアドレスの問題点

**クラスフルアドレスは非常に無駄が多いアドレス**の考え方です。たとえば、クラスAのアドレスを考えみましょう。「1つ」のクラスAのネットワーク内で1600万以上のホストアドレスを利用することができます。どんなに大規模なネットワークであったとしても、現実的に1つのネットワークに1600万以上ものホストを接続することはありえません。そのため、クラスAではたくさんのIPアドレスが利用されずに、IPアドレスの利用効率が悪くなります。

また、クラスCのネットワークアドレスを利用している環境で、1つのネットワークに300台のホストを接続したい場合を考えます。クラスCでは、1つのネットワーク内で利用できるホストアドレスは254個です。そのため、クラスCのアドレスを利用していては、1つのネットワーク内に255台以上のホストを接続することができません。

クラスAではホストアドレスが多すぎます。クラスBでもホストアドレスがかなり多くなっています。クラスAやクラスBでは、ホストアドレスを余らせてしまうことが多いです。一方、クラスCはホストアドレスの数が十分ではないことが起こる可能性があります。このように、クラスフルアドレスはアドレスの利用効率がよくありません。

より効率よくIPアドレスを利用するために、クラスに基づいてIPアドレスを考えるクラスフルアドレスから、**クラスレスアドレス**へ移行します。

## 1.3.3 クラスレスアドレスとは

クラスの考え方を廃した IP アドレスを**クラスレスアドレス**と呼びます。クラスレスアドレスでは、ネットワークアドレスとホストアドレスの区切りが必ずしも 8 ビット単位にはなりません。区切りが 12 ビットになったり、20 ビットになったりと、必要に応じて柔軟にネットワークアドレスとホストアドレスの区切りを決めます。

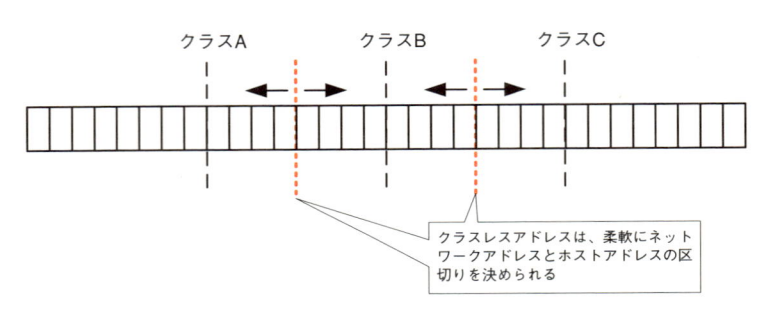

> クラスレスアドレスは、柔軟にネットワークアドレスとホストアドレスの区切りを決められる

― ― ― クラスフルアドレスのネットワークアドレスとホストアドレスの区切り

・・・・・・・ クラスレスアドレスのネットワークアドレスとホストアドレスの区切り

**図 1.17　クラスレスアドレスの特徴**

クラスフルアドレスでは、アドレスの無駄が多く IP アドレスの利用効率が悪くなってしまいます。クラスレスアドレスでは IP アドレスの無駄を少なくして、効率よく IP アドレスを利用することができます。クラスレスアドレスはクラスフルアドレスをベースにして、次の 2 つの方法で考えます。

- サブネッティング
- 集約

**サブネッティング**は、1 つのネットワークアドレスを複数に分割します。**集約**は、複数のネットワークアドレスを 1 つにまとめます。サブネッティングは本章で解説します。

現在、**IP アドレスは基本的にクラスレスアドレスとして考える**ようになっています。

## 1.3 IP アドレス

## 1.3.4 サブネットマスク

クラスレスアドレスを考える上であらたに必要になる情報が**サブネットマスク**（subnet mask）です。

クラスフルアドレスでは IP アドレスのクラスを判断することで、ネットワークアドレスをホストアドレスの区切りがわかります。たとえば、「10.1.100.1」という IP アドレスは、クラスフルアドレスとして考えればネットワークアドレスが先頭 1 バイト目の「10」です。ホストアドレスが 2 バイト目以降の「1.100.1」です。これは先頭 1 バイト（8 ビット）が「10」ではじまる IP アドレスなので、クラス A であることがわかるからです。

ところが、クラスレスアドレスとして考えると、ネットワークアドレスとホストアドレスの区切りがわかりません。クラスレスアドレスで、ネットワークアドレスとホストアドレスの区切りを明示するための情報がサブネットマスクです。

サブネットマスクは、IP アドレスと同じく 32 ビットのビット列です。各ビットは次のような意味を持ちます。

**サブネットマスク**
- ビット「1」:IP アドレスの該当する位置のビットがネットワークアドレスである
- ビット「0」:IP アドレスの該当する位置のビットがホストアドレスである

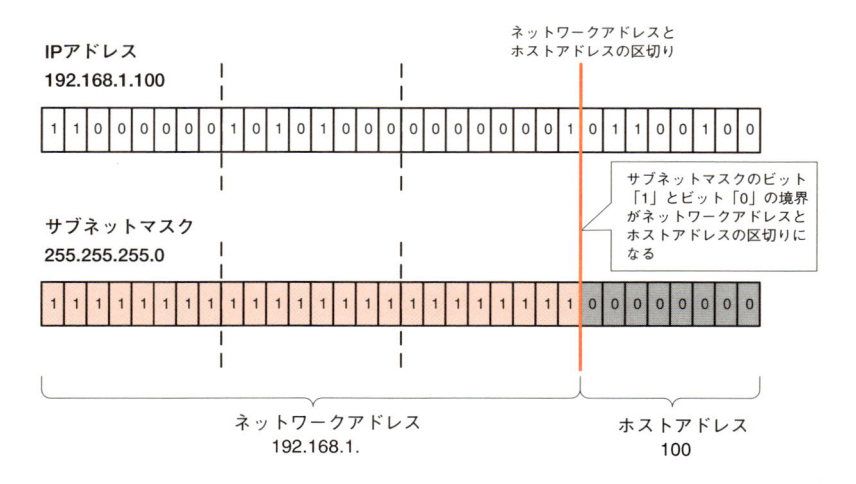

図 1.18 サブネットマスク

サブネットマスクは32ビットだとわかりにくいので、IPアドレスを同じく8ビットずつ10進数に変換して、「.（ドット）」で区切るドット付き10進表記をします。

さらに表記を簡素化した**プレフィクス表記**（prefix）もあります。サブネットマスクは、必ずネットワークアドレスを示すビット「1」が連続して、そのあとにホストアドレスを示すビット「0」が連続します。ビット「1」とビット「0」が交互に現れるようなサブネットマスクはありません。そこで、プレフィクス表記は、ビット「1」がいくつ連続しているかを表す表記方法です。「/」のあとに、先頭から連続するビット「1」の数を記述します。

次の図は、サブネットマスクの表記をまとめたものです。

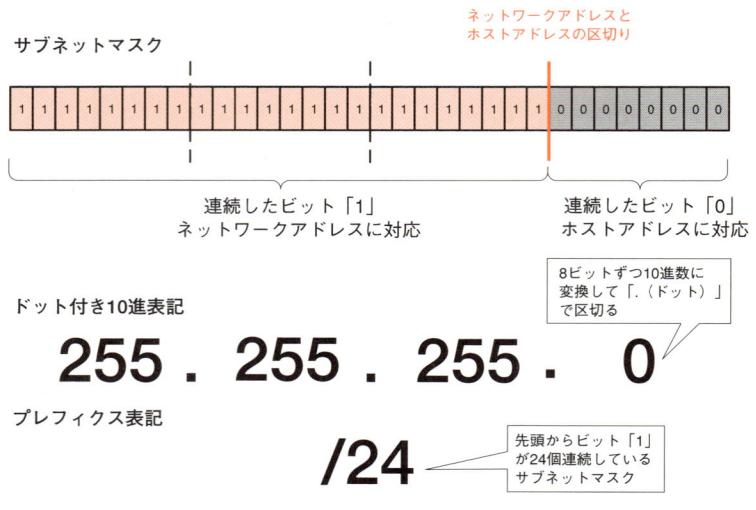

**図 1.19　サブネットマスクの表記**

1.3 IPアドレス

　クラスレスアドレスはクラスフルアドレスをベースにしています。クラスフルアドレスでのネットワークアドレスとホストアドレスの区切りを示すサブネットマスクを**ナチュラルマスク**と呼びます。ナチュラルマスクをまとめたものが次の表です。

表 1.4 ナチュラルマスク

| クラス | サブネットマスク<br>（10 進表記） | サブネットマスク<br>（プレフィクス表記） |
| :---: | :---: | :---: |
| A | 255.0.0.0 | /8 |
| B | 255.255.0.0 | /16 |
| C | 255.255.255.0 | /24 |

　クラスのナチュラルマスクをずらすことによって、サブネッティングや集約などのクラスレスアドレスを決めることができます。

## 1.3.5 サブネッティング

**サブネッティング**とは、1つのメジャーネットワークを複数に分割することを指しています。分割したネットワークを**サブネット**と呼びます。次の図は、サブネッティングの概要を示したものです。1つのメジャーネットワークを複数のサブネットに分割して、ルータによって相互接続している様子を表しています。

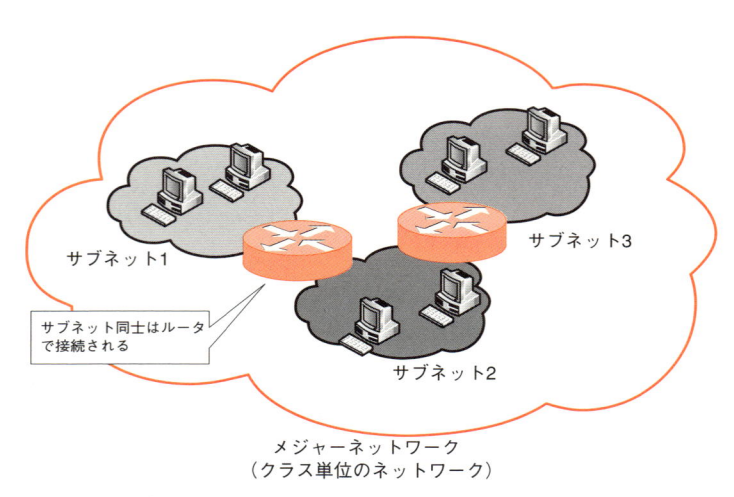

**図 1.20　サブネッティングの概要**

### ●●サブネッティングの方法

サブネッティングは、クラスのナチュラルマスクを右にずらすことによってメジャーネットワークを分割します。本来、ホストアドレスとして利用するビットをネットワークアドレスのビットとして利用することになります。

ナチュラルマスクを n ビット右にずらすことで、1つのメジャーネットワークを $2^n$ 個のサブネットに分割することができます。また、ずらした部分をサブネット部と呼びます。

1.3 IPアドレス

次の図1.21は、クラスAのメジャーネットワークをサブネッティングする例を示しています。クラスAなので、ナチュラルマスクは/8です。これを右にnビットずらすことで、1つのクラスAのメジャーネットワークを複数のサブネットに分割します。/8からnビットずらしたところまでが、ネットワークアドレスとなり、残りがホストアドレスです。

**クラスAのメジャーネットワークをサブネッティングする例**

元の区切り　新しい区切り
右へずらす

サブネット部

サブネット部をnビット
$2^n$個のサブネットに分割

分割したサブネットを表す
新しいネットワークアドレス

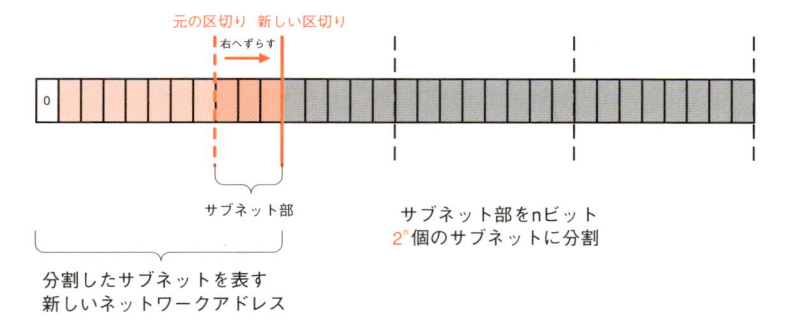

**図1.21　サブネッティングの方法**

## 1.3.6　グローバルアドレス

**グローバルアドレス**は、インターネット上で重複しない一意のIPアドレスです。グローバルアドレスは、**ICANN**（Internet Corporation for Assigned Names and Numbers）で管理されています。ICANNは、IPアドレスやホスト名、ポート番号などTCP/IPの通信で必要なさまざまな番号や名前の標準化や管理を行う組織です。

**インターネットで通信するためには、グローバルアドレスが必要**です。インターネットに接続するためのルータやインターネットに公開するWebサーバなどには、グローバルアドレスを設定しなければいけません。

## 1.3.7 プライベートアドレス

　インターネットの普及にともない、グローバルアドレスの枯渇が心配されるようになりました。グローバルアドレス枯渇の対策として、**プライベートアドレス**があります。プライベートアドレスは、インターネットと通信しないネットワークで、一部の IP アドレスを使い回すことで、グローバルアドレスの枯渇の対策としています。使い回す IP アドレスがプライベートアドレスです。

　プライベートアドレスの範囲は、RFC1918 において次のように定義されています。

- 10.0.0.0 - 10.255.255.255（10.0.0.0/8）
- 172.16.0.0 - 172.31.255.255（172.16.0.0/12）
- 192.168.0.0 - 192.168.255.255（192.168.0.0/16）

　企業内 LAN や家庭内 LAN では、一般的にプライベートアドレスの範囲から IP アドレスを設定します。プライベートアドレスによって、企業内 LAN や家庭内 LAN 内での通信を行うことができます。

## 1.3.8 NATの概要

プライベートアドレスは閉じたネットワーク内で利用することが前提で、インターネット上では、送信先IPアドレスにプライベートアドレスを指定したパケットが転送されることはありません。インターネット上のルータのルーティングテーブルには、プライベートアドレスのネットワークアドレスが登録されることがないからです。

そのため、プライベートアドレスでアドレッシングされているネットワークのホストからそのままインターネット上のホストに通信するとき、行きのパケットはルーティングできますが、帰りのパケットのルーティングができません。これは、帰りのパケットは送信先IPアドレスがプライベートアドレスになるためです。

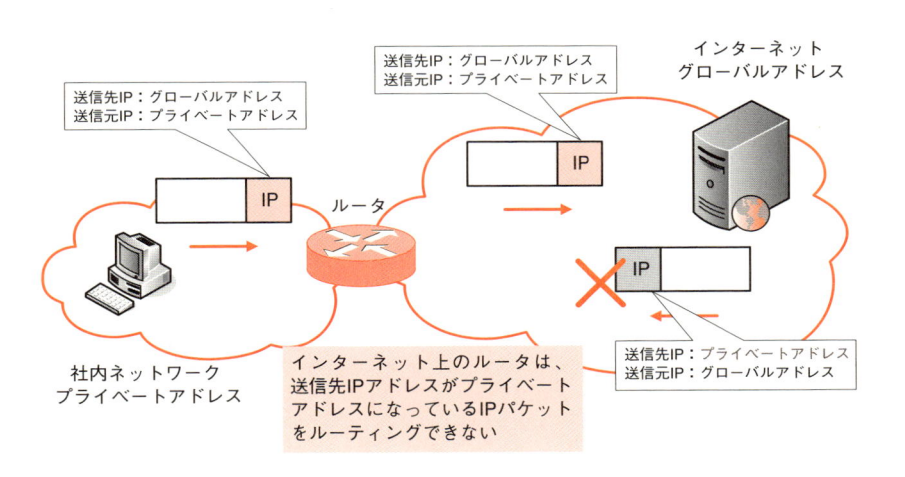

**図1.22　プライベートアドレスでのインターネットアクセス**

プライベートアドレスでアドレッシングされているホストからインターネットへアクセスさせるようにするために、**NAT**（Network Address Translation）が必要です。NATによってプライベートアドレスとグローバルアドレスを相互変換します。これにより、プライベートアドレスのホストからインターネットへのアクセスを行うことができるようになります。

## 1.4 IP ルーティング

TCP/IPネットワーク上で、IPパケットを相手先のホストへ確実に届けるしくみであるIPルーティングと、それを行う機器であるルータについて解説します。

### 1.4.1 ルーティングとは

　**ルーティング**（routing）は、パケットを目的のネットワークに転送する機能です。IPパケットのルーティングを特に **IPルーティング** と呼びます。以降では、「ルーティング」はIPパケットのルーティングを行うIPルーティングとして考えてください。

　ルーティングによって、送信元ホストから送信されたIPパケットを送信先ホストまで転送することで、**エンドツーエンド通信** ができるようになります。ここでの「エンドツーエンドの通信」とは、ホスト同士の通信のことを指しています。ルーティングによるエンドツーエンド通信について簡単にまとめたものが次の図です。

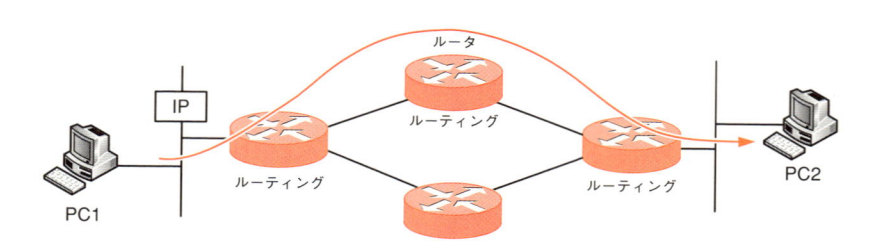

図 1.23　エンドツーエンドの通信（異なるネットワーク間）

　この図のように、あて先ホストと送信元ホストが異なるネットワークに接続されている場合もあれば、同じネットワークに接続されている場合もあります。

　あて先ホストと送信元ホストが異なるネットワークに接続されている場合は、間にルータが存在します。ルータが送信元ホストから送信されたIPパケットを受信すると、送信先IPアドレスが存在するネットワークへの最適なルートを判断します。ルータは、その最適ルートの情報に基づいて、IPパケットを転送します。最適ルートを判断し、それに基づいて転送する機能がルーティングです。ネットワー

ク上の各ルータはそれぞれが判断した最適ルートに応じて、目的のネットワークまでIPパケットをルーティングし、離れたネットワークに接続されているホスト間のエンドツーエンド通信ができるようになります。

これに対して、送信元ホストと送信先ホストが同じネットワーク上に接続されている場合は、ルータを介しません。送信元ホストから直接送信先ホストへIPパケットを送信することで、エンドツーエンド通信を行います。

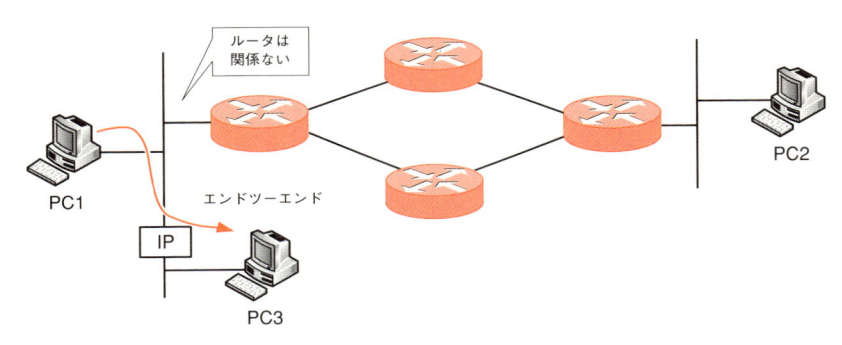

**図1.24　エンドツーエンド通信（同一ネットワーク内）**

ルーティングは、主に**ルータ**や**レイヤ3スイッチ**といったOSI参照モデルの**ネットワーク層で動作するネットワーク機器の機能**です。しかし、実際にはPCやサーバなどもルーティングを行います。TCP/IPで通信をする機器、つまりホストはすべてルーティングを行います。

## 1.4.2　ルータの機能

**ルータ**（router）は、OSI参照モデルのネットワーク層で機能するネットワーク機器です。「ネットワーク層で機能する」とは、ルータがルーティングする際に、ネットワーク層のヘッダ、つまりIPヘッダを見てルーティングするということを意味しています。

また、ルーティングだけでなくルータはネットワークを相互接続する機能も担っています。TCP/IPネットワークにおいて、**「1つのネットワーク」とはルータで区切られる範囲のこと**を意味します。ルータでネットワークを相互接続するために、ルータのインタフェースにはIPアドレスが設定されています。ルータのインタフェースにIPアドレスを設定して、そのインタフェースがアクティブになれば、

ルータはIPアドレスのネットワークアドレスで示されるネットワークを接続することになります。

ルータには複数のインタフェースがあり、各インタフェースにIPアドレスを設定してインタフェースを有効化することで、複数のネットワークをルータで相互接続します。そして、ルータによって相互接続されたさまざまなネットワーク間で通信できるようにするための機能がルーティングといえます。

```
192.168.1.0/24    インタフェース1           インタフェース2    192.168.2.0/24
                  IPアドレス                 IPアドレス
                  192.168.1.254/24  ルータ   192.168.2.254/24
                          IP
```

ルータのインタフェースにIPアドレスを設定することで、対応するネットワークアドレスのネットワークを接続。IPパケットをルーティングすることで、ネットワーク間の通信を行う

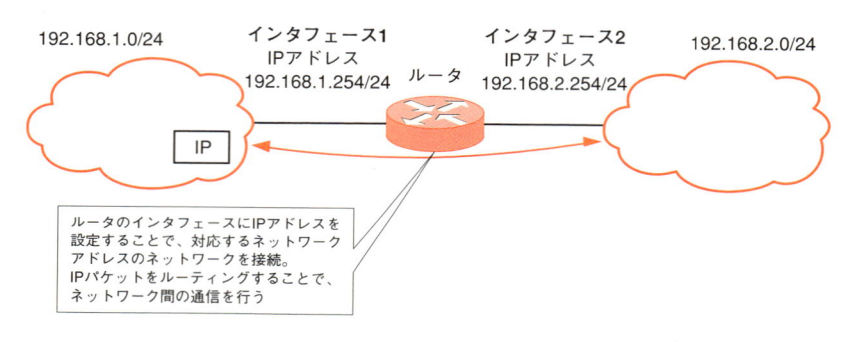

**図1.25 ルータの主な機能**

このように、**ルータの主な機能**は、次の2つです。

- ネットワークの相互接続
- ネットワーク間でのルーティング

なお、ルーティングは、ルータに直接接続されたネットワーク間だけではありません。直接接続されたネットワーク間のルーティングが最も基本的なルーティングですが、ルータに直接接続されていないネットワーク間のルーティングも可能です。

## 1.4.3 ルーティングテーブル

ルーティングを行うために、ルータはパケットを転送するネットワークに対する最適ルートをあらかじめ学習しておかなければいけません。この、最適ルートの情報を保存しておくためのデータベースが**ルーティングテーブル**です。ルーティングを行うためには、パケットを転送するネットワークの情報をルーティングテーブルに登録しなければいけません。ルーティングテーブルに存在しないネットワーク宛てのパケットをルーティングすることはできません。つまり、最適ルートの学習は

## 1.4 IP ルーティング

ルーティングを行うための大前提です。ルーティングテーブルに登録されるネットワークの情報のことを表す用語はいくつかありますが、ここでは**「ルート情報」**と表記します。ルーティングテーブルのルート情報の構成要素として、次の要素があります。

- **ネットワークアドレス / サブネットマスク**

  ルーティングするあて先のネットワークです。パケットを転送するとき、パケットの送信先 IP アドレスをキーにして、ルート情報のネットワークアドレス / サブネットマスクを検索します。このときの検索方法は、後述する最長一致検索（ロンゲストマッチ）です。

- **ネクストホップアドレス**

  目的のネットワークへパケットを送り届けるために、次に転送すべきルータの IP アドレスです。ネクストホップアドレスは、原則としてルータと同じネットワーク内の他のルータの IP アドレスです。

  IP パケットを実際にネットワークに出力するためには、**レイヤ 2 ヘッダ**を付加しなければいけません。ネクストホップの IP アドレスに対応するレイヤ 2 ヘッダを付加して、パケットを出力します。

  また、ネクストホップアドレスの情報は、直接接続のネットワークには存在しません。その場合、IP パケットの送信先 IP アドレスに対応するレイヤ 2 ヘッダを付加してパケットを出力します。付加するレイヤ 2 ヘッダの種類は、出力インタフェースの種類によって決まります。

- **メトリック**

  メトリック（metric）は、最適ルートを判断するための判断基準と説明されることが多いです。より具体的に考えると、ルータから目的のネットワークまでの距離を数値化したものです。

  距離といっても物理的な距離ではなく、**ネットワーク的な距離**です。

  メトリックの情報は、ルーティングプロトコルによって学習したルート情報の中にあります。ルーティングプロトコルによって、どのような情報からメトリックを算出するかという計算方法が異なりますが、最終的には 1 つの数値になります。たとえば **RIP** では、経由するルータの台数（**ホップ数**）をメトリックとしています。距離は短い方がよりよいルートと考えられるので、メトリックが最小のルートを最適ルートとして考えます。

- **出力インタフェース**

    目的のネットワークへパケットを転送するときに、パケットを出力するインタフェースの情報です。言い換えると、目的のネットワークへの方向です。ルータには、複数のインタフェースがあります。出力インタフェースは、目的のネットワークがどのインタフェースの先に存在するのか、すなわち目的のネットワークの方向を示しています。

    パケットを出力するときには出力インタフェースの種類に応じたレイヤ2ヘッダが付加されます。たとえば、出力インタフェースがイーサネットのインタフェースであれば、イーサネットヘッダを付加します。出力インタフェースがPPPのインタフェースであればPPPヘッダを付加します。

    また、レイヤ2ヘッダにもアドレス情報が必要で、レイヤ2ヘッダのアドレス情報は、ネクストホップアドレスまたはIPパケットの送信先IPアドレスに対応したものになります。

- **ルート情報の情報源**

    どのようにしてルータがルート情報をルーティングテーブルに登録したのかを示しています。ルート情報の情報源として、大きく次の3種類あります。
    - ・直接接続
    - ・スタティックルート
    - ・ルーティングプロトコル

- **経過時間**

    ルーティングプロトコルで学習したルート情報について、ルーティングテーブルに登録されてから経過した時間が載せられます。経過時間が長ければ長いほど、安定したルート情報です。

- **アドミニストレーティブディスタンス（Ciscoルータ）**

    ルート情報の情報源の信頼性を数値化したものです。値が低い方がより信頼性が高い情報源としてみなされます。同じネットワークアドレス/サブネットマスクのルート情報を異なる情報源から学習しているときに、アドミニストレーティブディスタンスを利用します。アドミニストレーティブディスタンスはCiscoルータ独自の用語ですが、他のベンダのルータにも同様の情報があります。

## 1.4 IPルーティング

### ●●ルーティングテーブルの例

ルーティングテーブルの例として、Ciscoルータのルーティングテーブルを見てみましょう。図1.26の出力がCiscoルータのルーティングテーブルの例です。Cisco1という名前のルータのルーティングテーブルを表しています。

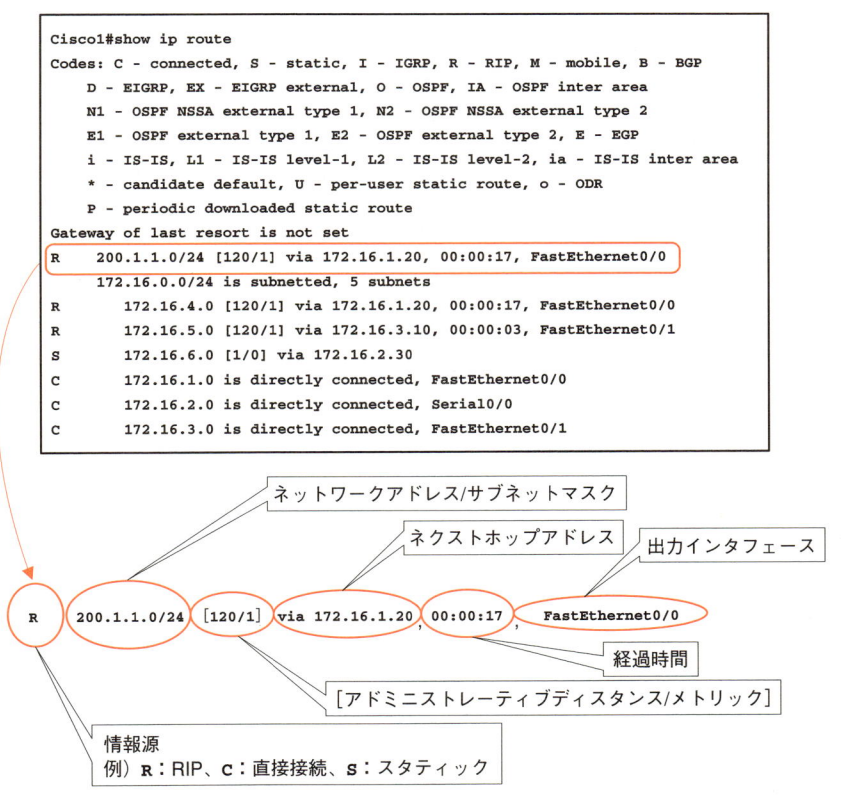

```
Cisco1#show ip route
Codes: C - connected, S - static, I - IGRP, R - RIP, M - mobile, B - BGP
    D - EIGRP, EX - EIGRP external, O - OSPF, IA - OSPF inter area
    N1 - OSPF NSSA external type 1, N2 - OSPF NSSA external type 2
    E1 - OSPF external type 1, E2 - OSPF external type 2, E - EGP
    i - IS-IS, L1 - IS-IS level-1, L2 - IS-IS level-2, ia - IS-IS inter area
    * - candidate default, U - per-user static route, o - ODR
    P - periodic downloaded static route
Gateway of last resort is not set
R    200.1.1.0/24 [120/1] via 172.16.1.20, 00:00:17, FastEthernet0/0
     172.16.0.0/24 is subnetted, 5 subnets
R       172.16.4.0 [120/1] via 172.16.1.20, 00:00:17, FastEthernet0/0
R       172.16.5.0 [120/1] via 172.16.3.10, 00:00:03, FastEthernet0/1
S       172.16.6.0 [1/0] via 172.16.2.30
C       172.16.1.0 is directly connected, FastEthernet0/0
C       172.16.2.0 is directly connected, Serial0/0
C       172.16.3.0 is directly connected, FastEthernet0/1
```

R　200.1.1.0/24　[120/1]　via 172.16.1.20,　00:00:17,　FastEthernet0/0

- 200.1.1.0/24 : ネットワークアドレス/サブネットマスク
- via 172.16.1.20 : ネクストホップアドレス
- FastEthernet0/0 : 出力インタフェース
- 00:00:17 : 経過時間
- [120/1] : [アドミニストレーティブディスタンス/メトリック]
- R : 情報源
  例）R：RIP、C：直接接続、S：スタティック

**図1.26　Ciscoルータのルーティングテーブルの例**

## 1.4.4 ルート情報の登録

IPパケットをルーティングするためには目的のネットワークの**ルート情報**をルーティングテーブルに登録しなければいけません。ルーティングテーブルのルート情報源として、次の3つの方法があります。

- 1. 直接接続
- 2. スタティックルート
- 3. ルーティングプロトコル

ルート情報の情報源は、ルーティングテーブルにルート情報を登録するための方法と言い換えても構いません。上記の登録方法は排他的なものではなく、複数組み合わせてルーティングするために必要なルート情報をルーティングテーブルに登録します。ルーティングプロトコルを複数組み合わせることも可能です。ここでは、ルート情報の登録について詳細を考えます。

### ●● 1. 直接接続のルート情報

**直接接続のルート情報**は、最も基本的なルート情報です。ルータにはネットワークを接続する役割があります。直接接続のルート情報は、その名前の通り**ルータが直接接続しているネットワークのルート情報**です。

直接接続のルート情報をルーティングテーブルに登録するために、特別な設定は不要です。ルータのインタフェースにIPアドレスを設定して、そのインタフェースを有効にするだけです。自動的に設定したIPアドレスに対応するネットワークアドレスのルート情報が、直接接続のルート情報としてルーティングテーブルに登録されます。

## 1.4 IPルーティング

```
インタフェースにIPアドレスを設定
すれば、自動的に直接接続のルート
情報がルーティングテーブルに登録
される
```

インタフェース1　　　　インタフェース2
IPアドレス　　　　　　IPアドレス
192.168.1.254/24　　　192.168.2.254/24

### ルーティングテーブル

| 情報源 | NW/SM | ネクストホップ | 出力インタフェース |
|---|---|---|---|
| 直接接続 | 192.168.1.0/24 | / | インタフェース1 |
| 直接接続 | 192.168.2.0/24 | / | インタフェース2 |

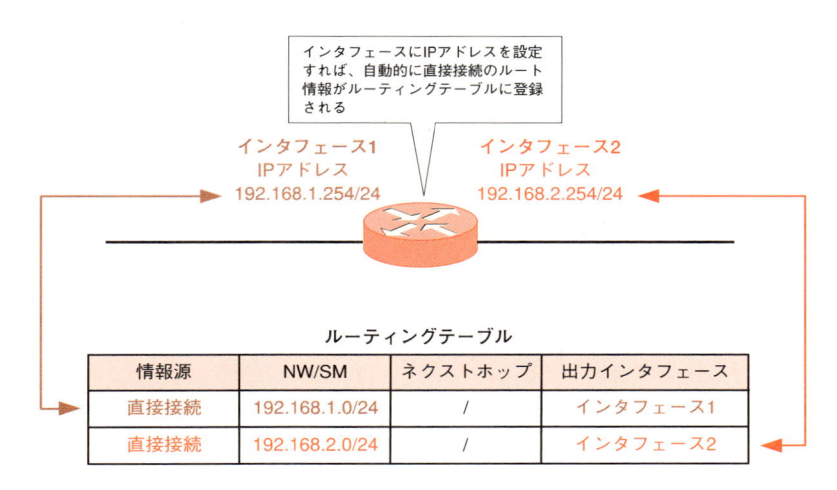

**図1.27　直接接続のルート情報**

ルーティングテーブルに登録されているネットワークのみIPパケットをルーティングできます。つまり、ルータは特別な設定をしなくても、直接接続のネットワーク間のルーティングが可能です。逆に言えば、ルータは直接接続のネットワークしかわかりません。ルータに直接接続されていないリモートネットワークのルート情報をルーティングテーブルに登録しなければいけません。

ルーティングの設定とは、基本的にリモートネットワークのルート情報をどのようにしてルーティングテーブルに登録するかということです。リモートネットワークのルート情報を登録するための方法が、

- スタティックルート
- ルーティングプロトコル

です。

ルーティングが必要なリモートネットワークごとにスタティックルートまたはルーティングプロトコルによって、ルート情報をルーティングテーブルに登録します。それにより、リモートネットワークへのIPパケットのルーティングが可能になります。

```
                    インタフェース1            インタフェース2
                    IPアドレス                IPアドレス
                    192.168.1.254/24         192.168.2.254/24


                           ┌─R1─┐      IPアドレス      ┌─R2─┐   リモートネットワーク
                                       192.168.2.253/24              192.168.3.0/24
```

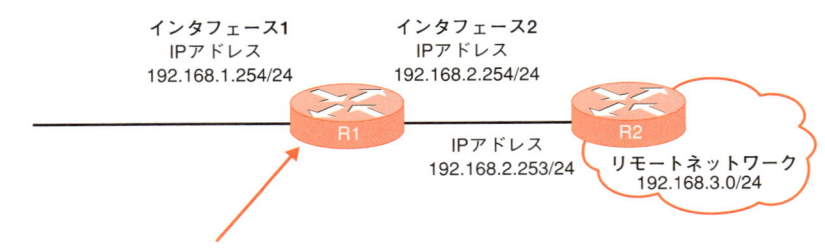

R1ルーティングテーブル

| 情報源 | NW/SM | ネクストホップ | 出力インタフェース |
|---|---|---|---|
| 直接接続 | 192.168.1.0/24 | / | インタフェース1 |
| 直接接続 | 192.168.2.0/24 | / | インタフェース2 |
| Static or RP | 192.168.3.0/24 | 192.168.2.253 | インタフェース2 |

R1にとってのリモートネットワークのルート情報をスタティックルートまたはルーティングプロトコルでルーティングテーブルに登録する

図1.28　リモートネットワークのルート情報の登録

なお、直接接続のルート情報はインタフェースがダウンすると削除されます。

## ●● 2. スタティックルートによるルート情報の登録

**スタティックルート**は、**ネットワーク管理者がルータのルーティングテーブルに手動で登録したルート情報**です。ルータの設定方法として、コマンドラインやGUIなどあります。コマンドラインでもGUIでもどちらでも構いませんが、IPパケットをルーティングしたい目的のリモートネットワークのルート情報を手動でルーティングテーブルに登録するのがスタティックルートの設定です（staticには「静的な」という意味があります）。

スタティックルートで設定するルート情報の要素は、基本的に**ネットワークアドレス / サブネットマスク**と**ネクストホップアドレス**です。次の図はスタティックルートの設定の簡単な例です。

## 1.4 IPルーティング

インタフェース1
IPアドレス
192.168.1.254/24

インタフェース2
IPアドレス
192.168.2.254/24

リモートネットワーク
192.168.3.0/24

R1

R2

インタフェース1
IPアドレス
192.168.2.253/24

インタフェース2
IPアドレス
192.168.3.253/24

ネクストホップアドレス

R1ルーティングテーブル

| 情報源 | NW/SM | ネクストホップ | 出力インタフェース |
|---|---|---|---|
| 直接接続 | 192.168.1.0/24 | / | インタフェース1 |
| 直接接続 | 192.168.2.0/24 | / | インタフェース2 |
| スタティック | 192.168.3.0/24 | 192.168.2.253 | インタフェース2 |

コマンドラインやGUIで、192.168.3.0/24のネクストホップを192.168.2.253と設定する

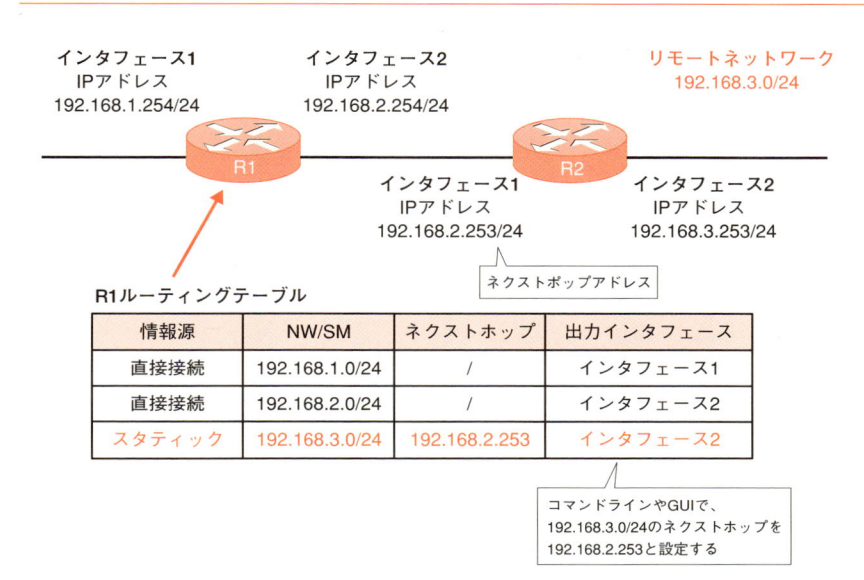

**図1.29 スタティックルート**

　図のR1のルーティングテーブルに、192.168.3.0/24のネクストホップアドレスとしてR2の192.168.2.253を設定します。ここで、**ネクストホップアドレスは、設定しているルータと同じネットワーク上の次のルータのIPアドレスである**ことに注意してください。R2には192.168.3.253というIPアドレスもありますが、R1と同じネットワーク上の192.168.2.253をネクストホップアドレスとして設定します。これは、パケットをルーティングする際にネクストホップアドレスを基にしてレイヤ2ヘッダのアドレス情報を決定するためです。また、ネクストホップアドレスから出力インタフェースが決まります。

※ Ciscoルータなど機器によっては、スタティックルートのルート情報に出力インタフェースの情報がないことがあります。出力インタフェースの情報がなくても、実際にIPパケットを出力する際にはネクストホップアドレスから出力インタフェースを決定しています。

　なお、通信は基本的に双方向で行います。ここまで考えているネットワークの構成例で192.168.1.0/24と192.168.3.0/24のネットワーク間で双方向の通信を行うためには、R2にもスタティックルートを設定しなければいけません。R2にとっては、192.168.1.0/24がリモートネットワークです。そのため、R2のルーティングテーブルに192.168.1.0/24のスタティックルートを設定する必要があります。

```
インタフェース1              インタフェース2
IPアドレス                   IPアドレス
192.168.1.254/24            192.168.2.254/24

        R1                          R2
                        インタフェース1        インタフェース2
リモートネットワーク      IPアドレス            IPアドレス
192.168.1.0/24          192.168.2.253/24     192.168.3.253/24
```

R2ルーティングテーブル

| 情報源 | NW/SM | ネクストホップ | 出力インタフェース |
|---|---|---|---|
| 直接接続 | 192.168.2.0/24 | / | インタフェース1 |
| 直接接続 | 192.168.3.0/24 | / | インタフェース2 |
| スタティック | 192.168.1.0/24 | 192.168.2.254 | インタフェース1 |

R2のリモートネットワーク
192.168.1.0/24のスタティック
ルートを設定

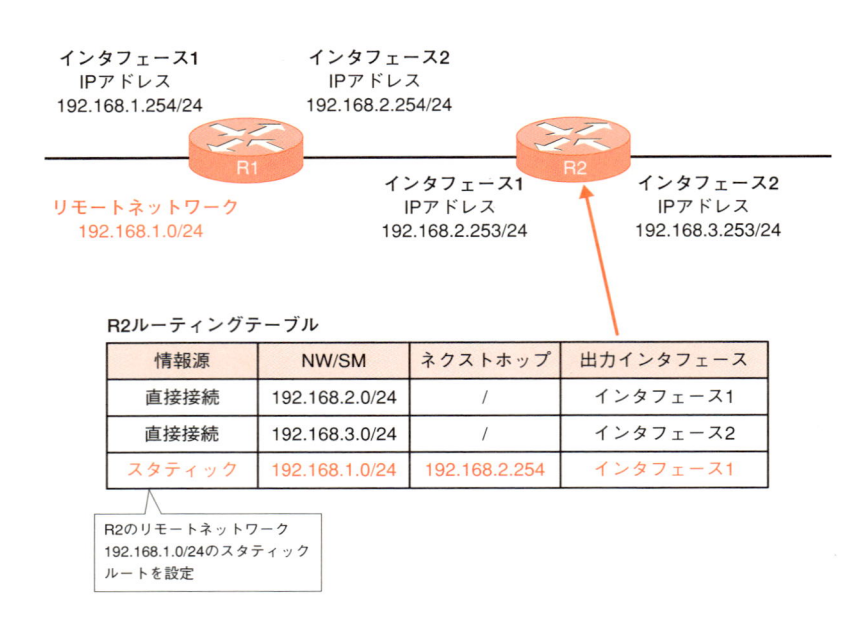

図 1.30　R2 のスタティックルート

　さまざまなネットワーク間で双方向の通信を行うために、スタティックルートを設定するときには、**ネットワーク上のすべてのルータで、各ルータにとってのリモートネットワークをすべてスタティックルートとして設定しなければいけません**。また、ネットワークを拡張して新しいネットワークを追加すると、そのネットワークのルート情報をスタティックルートとして追加する必要があります。

## ●●3. ルーティングプロトコルによるルート情報の登録

　ルーティングプロトコルを利用すれば、**ルータ同士が情報を交換して動的にリモートネットワークのルート情報をルーティングテーブルに登録**することができます。なお、ルーティングプロトコルによってルーティングテーブルに登録されたルート情報を総称して、**ダイナミックルート**と呼ぶことがあります。また、ルーティングプロトコルによってルート情報をルーティングテーブルに登録することを**ダイナミックルーティング**と呼びます。

　最もシンプルなルーティングプロトコルである **RIP**（Routing Information Protocol）を例にして、ルータ同士の情報交換の概要を表したものが次の図 1.31 です。ルータ同士で RIP を利用すれば、ルータ同士で RIP のルート情報をお互いに交換します。RIP のルート情報は、ネットワークアドレス／サブネットマスクとメ

## 1.4 IPルーティング

トリックが含まれます。R2 から R1 へ 192.168.3.0/24 の RIP ルート情報を送信しています。R1 は RIP ルート情報を受信すると、その内容をルーティングテーブルに登録します。その結果、R1 は 192.168.3.0/24 のネットワークへ IP パケットをルーティングできるようになります。

RIPルート情報
192.168.3.0/24, メトリック=1

インタフェース1
IPアドレス
192.168.1.254/24

インタフェース2
IPアドレス
192.168.2.254/24

リモートネットワーク
192.168.3.0/24

R1

インタフェース1
IPアドレス
192.168.2.253/24

R2

インタフェース2
IPアドレス
192.168.3.253/24

**R1ルーティングテーブル**

| 情報源 | NW/SM | ネクストホップ | メトリック | 出力インタフェース |
| --- | --- | --- | --- | --- |
| 直接接続 | 192.168.1.0/24 | - | - | インタフェース1 |
| 直接接続 | 192.168.2.0/24 | - | - | インタフェース2 |
| RIP | 192.168.3.0/24 | 192.168.2.253 | 1 | インタフェース2 |

R2から受信したRIPルート情報を
ルーティングテーブルに登録

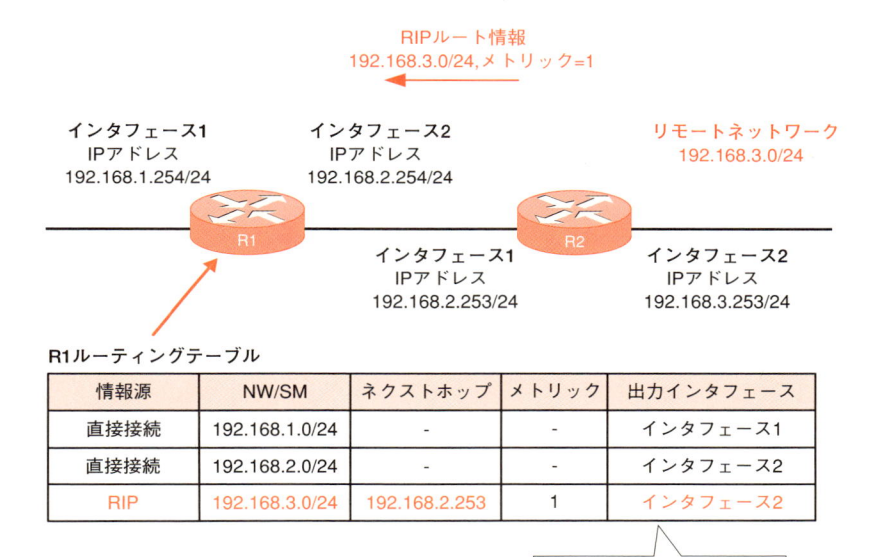

**図 1.31　RIP によるルート情報の交換**

ルーティングプロトコルによって、どのような情報をどのようにして交換するかは異なりますが、前述のようにルータ同士が情報を交換することでルーティングテーブルにリモートネットワークのルート情報を登録します。

また、ルーティングプロトコルでルート情報を交換するのは、基本的に同じネットワーク内のルータとの間です。たとえば、次ページの図 1.32 を見てみましょう。

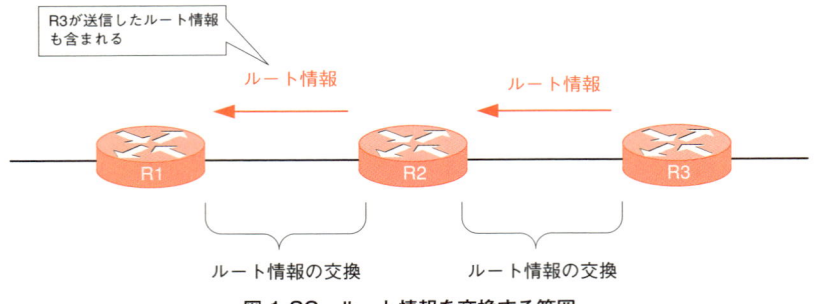

**図1.32 ルート情報を交換する範囲**

（R3が送信したルート情報も含まれる）

　この図の R1 は R3 と直接ルート情報を交換しません。同じネットワーク内の R1 と R2、R2 と R3 の間でルート情報を交換します。R2 から R1 へ送信するルート情報には、R3 のルート情報も含まれています。つまり R1 は、R2 を通じて R3 のルート情報を受信することができます。

　同じネットワーク内でルーティングプロトコルによるルート情報の交換を行うルータを**ネイバー**と呼びます。ルーティングプロトコルによっては、ネイバーをきちんと認識した上でルート情報を交換するものがあります。一方、ネイバーをきちんと認識せずにいきなりルート情報を送信するルーティングプロトコルもあります。**OSPF** や Cisco 独自の **EIGRP** はネイバーを認識するルーティングプロトコルです。これらのルーティングプロトコルの動作では、まずネイバーを発見します。RIPはネイバーを認識せずにいきなりルート情報を送信するルーティングプロトコルです。

　また、イーサネットなどでは、同じネットワーク内に複数のルータが接続されていることもあります。つまり、ネイバーは1つとは限らず複数存在することがあります。同じネットワーク内のネイバー間でルーティングプロトコルのルート情報を交換するために、ルート情報をブロードキャストまたはマルチキャストで送信します。すなわち、ルート情報の送信先 IP アドレスはブロードキャストアドレスまたはマルチキャストアドレスです。ブロードキャストはルータを越えて転送されず、同一ネットワーク内に接続されるすべてのホストが受信します。また、ルーティングプロトコルで利用するマルチキャストアドレスは、ルーティングプロトコルごとにあらかじめ決められています。各ルーティングプロトコル用のマルチキャストアドレスを利用すれば、同じネットワーク内のそのルーティングプロトコルを有効化しているルータのみが受信します。次の表は、代表的なルーティングプロトコルで利用するアドレスをまとめたものです。

## 1.4 IPルーティング

表 1.5 ルーティングプロトコルで利用するアドレス

| ルーティングプロトコル | アドレス |
| --- | --- |
| RIPv1 | ブロードキャスト 255.255.255.255 |
| RIPv2 | 224.0.0.9 |
| OSPF | 224.0.0.5/224.0.0.6 |
| EIGRP（Cisco 独自） | 224.0.0.10 |

　ブロードキャスト／マルチキャストを利用することで、ルート情報の送信元ルータはネイバーのIPアドレスをあらかじめ把握しておく必要がありません。ネイバーのIPアドレスがわからなくても、送信先IPアドレスとして上記の表のような各ルーティングプロトコルで利用するIPアドレスを指定してルート情報を送信すれば、ネイバーはそのルート情報を受信できます。

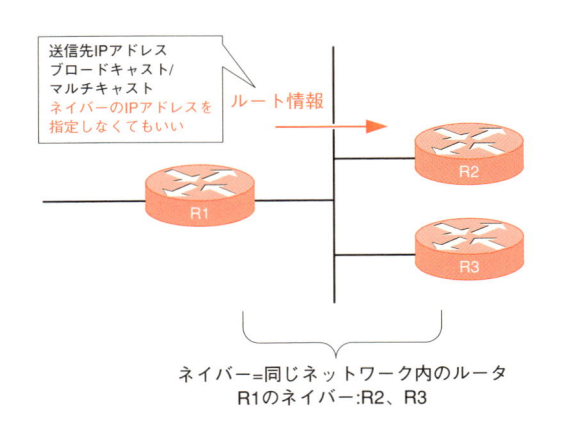

図 1.33　ルート情報の送信先 IP アドレス

※ **BGP**（Border Gateway Protocol）は例外です。BGPでは、同じネットワーク内でなくてもルート情報を交換することができます。また、BGPではブロードキャストやマルチキャストではなく、ユニキャストでルート情報を交換します。

## 1.5 IPv6

IPv4アドレスの枯渇が叫ばれてから久しいですが、NAT等の延命策もそろそろ限界にきています。今後以降が現実化されていくと予測されるIPv6について、その概要を解説します。

### 1.5.1 IPv6の特徴

　IPv4では、32ビットのアドレス（IPv4アドレス）を利用しています。32ビットのIPv4アドレスは計算上、約43億個あります。ですが、計算上のすべてのIPv4アドレスを利用することはできず、アドレス利用の無駄もあります。そして、インターネットの急速な普及に伴って、アドレスの枯渇が心配されるようになりました。IPv4アドレスの枯渇をなんとか先延ばしにするために、プライベートアドレスやNATなどいくつかの技術が導入されています。しかし、2011年には新しく利用できるIPv4アドレスが本当に枯渇してしまうと予測されています。

　IPv4アドレスの枯渇に対する根本的な解決策として、**IPv6**があります。IPv6では128ビットのアドレスを利用します。128ビットのアドレスの数は、実用上無限と考えて差し支えないぐらい膨大な数のアドレス（約 $3.4 \times 10^{38}$ 個）です。IPv6によってコンピュータに限らずさまざまな機器をインターネットに接続して、インターネットを利用した新しいサービスやアプリケーションの開発が期待されています。

　ただし、IPv6になったからといって、IPv4に比べて劇的にインターネットが変化するというわけでもありません。IPv6もIPv4と同じくネットワーク層の転送プロトコルであり、あるコンピュータから別のコンピュータへデータを送り届けるという基本的な機能には変わりありません。

## 1.5.2 IPv6アドレスの概要

### ●● IPv6アドレスの表記

128ビットものIPv6アドレスを表記するには、10進数では大きな数になりすぎてしまいます。そこで、IPv6アドレスは16進数で表記します。128ビットのIPv6アドレスは8つのブロックから構成されます。1ブロックあたり16ビットの16進数で「:（コロン）」で区切ります。IPv6アドレスの表記例を表したものが次の図です。

```
 16ビットの16進数
  ⌒
2001:0001:0002:0000:0000:0005:0006:0007
```

**図1.34　IPv6アドレスの表記例**

16進数で表記していてもかなり長くなってしまいます。そこで、IPv6のアドレス表記には省略のルールがあります。

- 各ブロックの先頭の0は省略可能
- 0だけのブロック（0000）は0に省略可能
- 連続した0のブロックは :: に省略可能

次の図は、上記の省略表記のルールの例を表したものです。

```
2001:0001:0002:0000:0000:0005:0006:0007
   ↓ 各ブロックの先頭の0を省略
2001:1:2:0000:0000:5:6:7
   ↓ 0000を0に省略
2001:1:2:0:0:5:6:7
   ↓ 連続した0を::に省略
2001:1:2::5:6:7
```

**図1.35　IPv6アドレスの省略表記**

## ●● IPv6アドレスの種類

　IPv6アドレスには、通信の用途やアドレスの有効範囲に応じてさまざまな種類があります。IPv6アドレスの中で重要なものが次の2つです。

- リンクローカルアドレス
- グローバルアドレス

　IPv6インターネットに接続するPCやサーバ、ルータなどは1つのインタフェースにこの2種類のIPアドレスが設定されます。

> リンクローカルアドレス：FE80:～
> グローバルアドレス：2001:～
>
> 1つのインタフェースにリンクローカルアドレスと
> 1つ以上のグローバルアドレスが設定される

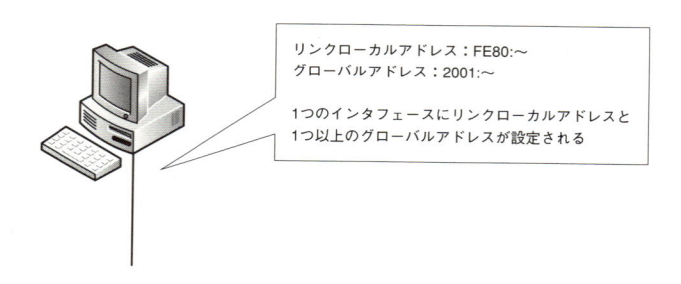

**図1.36　IPv6アドレスの種類**

　**リンクローカルアドレス**はホストやルータなどでIPv6を有効にすると、自動的に設定されます。リンクローカルアドレスの範囲は決まっていて**「FE80」で始まるアドレスがリンクローカルアドレス**です。「リンクローカル」とは、同一ネットワーク内の範囲を示しています。リンクローカルアドレスによって、同一ネットワーク内での制御を行います。

　一方、**グローバルアドレス**はIPv4のときと同じです。インターネットに接続するためにはグローバルアドレスが必要です。IPv6インターネットの**グローバルアドレスの範囲は「2001」ではじまるアドレス**です。グローバルアドレスは、**128ビットのうち上位64ビットでネットワークを識別**します。この部分を**プレフィクス**（prefix）と呼びます。そして、残りの64ビットをインタフェースIDとして、インタフェースの識別に使います。IPv4アドレスと比べると、次の図のようになります。

1.5 IPv6

IPv4グローバルアドレス

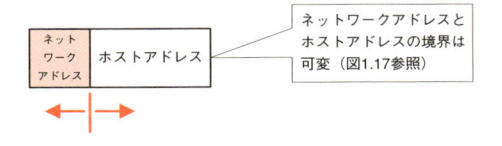

```
┌─────┬──────────────┐
│ネット│              │   ネットワークアドレスと
│ワーク│ ホストアドレス │   ホストアドレスの境界は
│アドレス│            │   可変（図1.17参照）
└─────┴──────────────┘
  ←──→
```

IPv6グローバルアドレス

```
┌────┬──────────────┬──────────────────────┐
│2001│   プレフィクス   │    インタフェースID      │
└────┴──────────────┴──────────────────────┘
 ←────── 64ビット ──────→←────── 64ビット ──────→
```

IPv6グローバルアドレスは
「2001」ではじまる

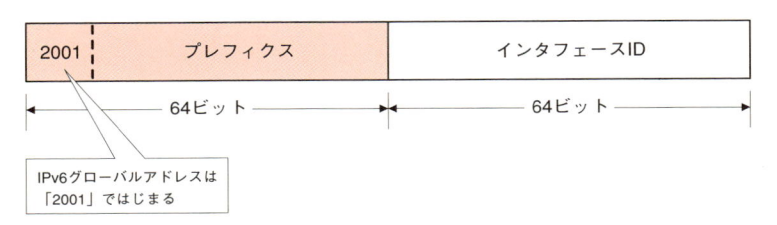

**図 1.37　IPv6 グローバルアドレスと IPv4 グローバルアドレス**

## 1.5.3　IPv6 のルーティング

　IPv6 のルーティングの基本的な考え方は、IPv4 とまったく同じです。ルータやレイヤ 3 スイッチは、IPv6 パケットをルーティングするためにあらかじめ **IPv6 ルーティングテーブル**にネットワークの情報を登録しておきます。このために、

- スタティック設定
- ルーティングプロトコル

を利用します。ルーティングプロトコルは、IPv6 用の RIPng、OSPFv3 などを利用します。

　ルーティング対象の IPv6 パケットを受信すると、送信先 IPv6 アドレスを見てルーティングテーブルの中で最適なルートを検索します。最適なルートが見つかればそれに基づいて IPv6 パケットを転送します。最適なルートが見つからなければ、パケットを破棄します。

あらかじめルーティングテーブルを作成しておく

受信したIPv6パケットの送信先IPv6アドレスを見て、最適ルートを検索する。最適ルートが見つかれば、それに基づいてパケットを転送。見つからなければ破棄

IPv6ルーティングテーブル

IPv6パケット　　　　　IPv6パケット

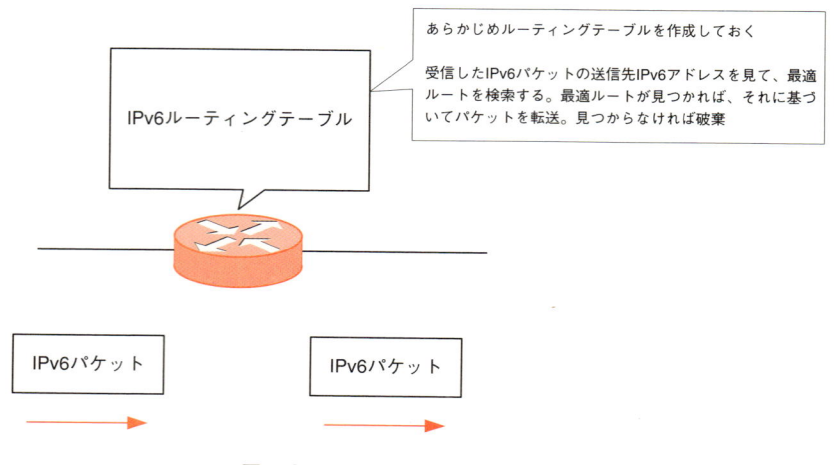

図1.38　IPv6のルーティングの概要

## 1.5.4　IPv6 への移行

　IPv6 へ移行するためには、ネットワーク上の機器を **IPv6 対応にアップグレード**しなければいけません。IPv6 対応にしなければいけない機器は、次の通りです。

- PC、サーバなどの OS/ アプリケーション
- ルータ、レイヤ 3 スイッチなどルーティングを行うネットワーク機器

　現在の Windows や Linux、Mac OS などの OS はデフォルトで IPv6 に対応しています。そのため、OS に関しては特にアップグレードすることはほとんど必要ありません。IPv6 のネットワーク層はアプリケーションから見ると独立しているので、IPv4 でも IPv6 でもアプリケーションには影響がないと考えるかもしれません。ですが、アプリケーションの設定で IPv4 アドレスを指定しているような場合は、IPv6 アドレスに対応できるように変更するなどアプリケーション側での IPv6 対応が必要になります。

　ルータやレイヤ 3 スイッチなどのネットワーク機器も、現在の主流の製品であればすでに IPv6 対応が完了しています。なお、**レイヤ 2 スイッチ**は、特別な IPv6 対応は必要ありません。レイヤ 2 スイッチはイーサネットヘッダを参照してフレームを転送するのが主な機能です。そのため、IPv4 パケットも IPv6 パケットもレイヤ 2 スイッチにとっての違いはありません。

## 1.5 IPv6

IPv6に移行するとは言っても、現行のIPv4ネットワークが急にIPv6ネットワークに切り替わるわけではありません。IPv4ネットワークとIPv6ネットワークの混在環境がしばらく続くことになるでしょう。**IPv4ネットワークとIPv6ネットワークの混在環境**をさせる技術として、

- デュアルスタック
- トンネリング
- プロトコル変換

があります。

### ●●デュアルスタック

**デュアルスタック**は移行のベースとなる技術です。デュアルスタックとは、複数のプロトコルスタックをサポートしていることを意味します。IPv4からIPv6への移行のためには、IPv4のプロトコルスタックとIPv6のプロトコルスタックをサポートしているデュアルスタックのシステムを利用します。

### ●●トンネリング

IPv4ネットワークを介してIPv6ネットワーク間で通信を行いたいときに、**トンネリング**を利用します。主にIPv6対応のルータでトンネリングを利用することができます。

IPv4ネットワークを通じてIPv6パケットを転送するために、境界ルータで転送用のIPv4ヘッダを付加します。転送用のIPv4ヘッダが付加されたIPv6パケットがあて先の境界ルータに届くと、IPv4ヘッダを除去してIPv6パケットを転送します。

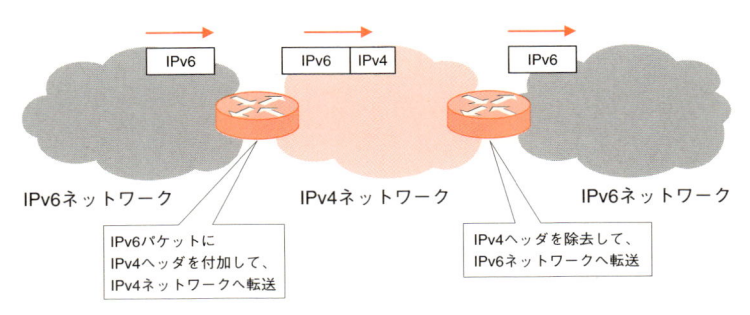

図 1.39 トンネリングの概要

●●**プロトコル変換**

プロトコル変換は、IPv4 ヘッダと IPv6 ヘッダを相互に変換することによって、IPv4 ネットワークと IPv6 ネットワークを接続するための機能です。プロトコル変換も主に IPv6 対応のルータの機能です。

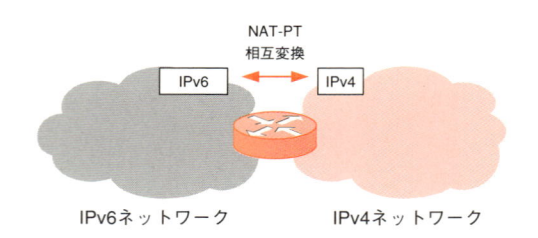

図 1.40　プロトコル変換の概要

> **コラム　IPv6 は狼少年？**
>
> 「いよいよ IPv6 の時代だ」と言われ続けて、もう 10 年ぐらい経つように思います。でも、いっこうに IPv6 への移行は進まず、まるで狼少年のようだと感じたことがあります。これは、IPv6 ならではのアプリケーションやサービスがほとんどなかったことと、NAT など IPv4 アドレス枯渇の対策が非常に上手く機能してきたということが大きいです。
>
> でも、IPv4 アドレス枯渇の対策もそろそろ限界です。今度こそ、本当に IPv6 への移行が現実化していくことでしょう。ただ、本文でも触れましたが IPv6 に移行したからと言って、劇的に何かが変わるわけでもありません。今後登場するであろう、IPv4 のときと劇的に変わるような IPv6 専用のアプリケーションやサービスに期待しましょう。

# 2章

# 企業LANの基礎

2.1 企業LANを構成する機器
2.2 企業LANの構成例

## 2.1 企業 LAN を構成する機器

ここでは、企業LANを構成する機器について解説します。

企業 LAN を構成する主な機器は、次の通りです。

- レイヤ 2 スイッチ
- レイヤ 3 スイッチ
- ルータ
- 無線 LAN アクセスポイント
- IP 電話機
- PC（パソコン）
- 各種サーバ

以降で、各機器の概要について説明します。

### 2.1.1 レイヤ 2 スイッチ

**レイヤ 2 スイッチ**は、OSI 参照モデルでいう**データリンク層**で動作するネットワーク機器です。レイヤ 2 スイッチによるデータの転送については、▶**第 3 章**であらためて解説します。レイヤ 2 スイッチには、たくさんのイーサネットのインタフェースが備わっています。PC や各種サーバ、IP 電話機などを LAN に接続するには、レイヤ 2 スイッチと PC などを接続します。つまり、PC や各種サーバにとって「**LAN の入り口に当たるネットワーク機器**」がレイヤ 2 スイッチです。

## 2.1 企業LANを構成する機器

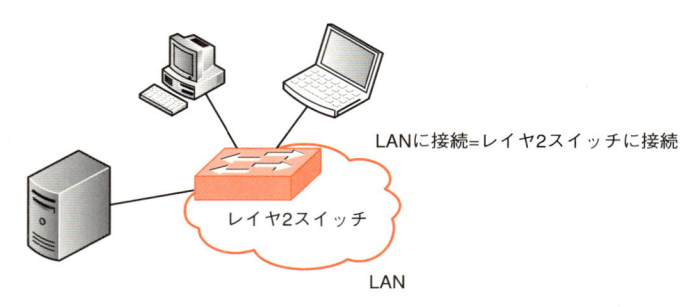

**図2.1　LANへの接続（LANの入り口）**

レイヤ2スイッチには、家庭でも利用する数千円程度のものもあれば、企業で利用する数万円〜数十万円程度のものもあります。基本的なデータを転送する仕組みは同じです。**企業向けのレイヤ2スイッチが家庭向けと違う主な点**として、次の点が挙げられます。

- インタフェースの速度・数
  企業向けのレイヤ2スイッチでは、10Gbpsの10ギガビットイーサネット（Gigabit Ethernet）をサポートしている機器もあります。家庭向けのレイヤ2スイッチでもギガビットイーサネットをサポートしている機器もありますが、主流は100Mbpsのファストイーサネット（Fast Ethernet）です。
  インタフェースの数もモジュール式の筐体であれば、モジュールを追加することで増加させることができます。大規模向けのレイヤ2スイッチであれば、インタフェース数を数百以上にすることも可能です。また、スタック機能によって複数のスイッチを1台のスイッチであるかのように扱い、インタフェース数を増やすことができます。

- VLAN（Virtual LAN）のサポート
  企業向けのレイヤ2スイッチは**VLAN**によって、ネットワークの論理構成を自由に決定することができます。ある程度の規模のLANにおいては、VLANは当たり前に利用する技術です。VLANについては、▶**第5章**で詳しく解説します。

- スパニングツリーのサポート
  ネットワークの信頼性を高めるために「**ネットワークの冗長化**」を行います。レイヤ2スイッチを冗長構成にするときに必要になってくるのが**スパニングツリー**です。▶**第6章**でスパニングツリーについて解説します。

- さまざまな付加機能

  企業向けのレイヤ2スイッチには、他にもさまざまな付加機能をサポートしています。機器によって、サポートしている機器は当然異なります。**SNMP**（Simple Network Management Protocol）に対応していれば、機器の状態を管理できるようになります。**PoE**（Power over Ethernet）に対応していれば、UTPケーブルを通じてIP電話機や無線LANアクセスポイントに電力を供給することが可能です。

- 機器の性能・信頼性

  企業向けのレイヤ2スイッチは、家庭向けのものよりも高い性能や信頼性を持っています。

また、レイヤ2スイッチには、いろんな別名があります。**スイッチ**や**LANスイッチ**と呼ぶこともあります。**スイッチングハブ**と呼ばれることもあります。名称の使い分けは厳密なものではありません。いろんな呼び方があるということをぜひ知っておいてください。

## 2.1.2 レイヤ3スイッチ

**レイヤ3スイッチ**は、ルータと同じOSI参照モデルでいうネットワーク層で動作するネットワーク機器です。**1つの筐体で「レイヤ2スイッチ」と「ルータ」の両機能が備わっているのがレイヤ3スイッチ**です。以前は、レイヤ2スイッチとルータを接続してLAN内のルーティングを行っていることが一般的な構成でした。レイヤ3スイッチが登場して、価格も低下するにともない、ルータに代わりレイヤ3スイッチを利用してルーティングするように変わってきています。

## 2.1 企業LANを構成する機器

[ルータによるLAN内のルーティング]

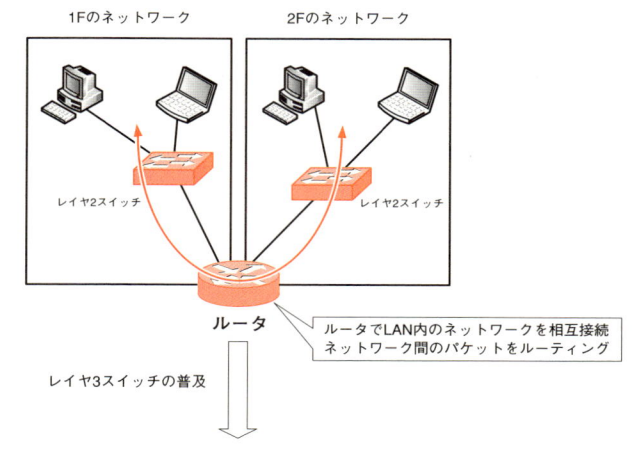

1Fのネットワーク　2Fのネットワーク

レイヤ2スイッチ　　レイヤ2スイッチ

ルータ

ルータでLAN内のネットワークを相互接続
ネットワーク間のパケットをルーティング

レイヤ3スイッチの普及

[レイヤ3スイッチによるLAN内のルーティング]

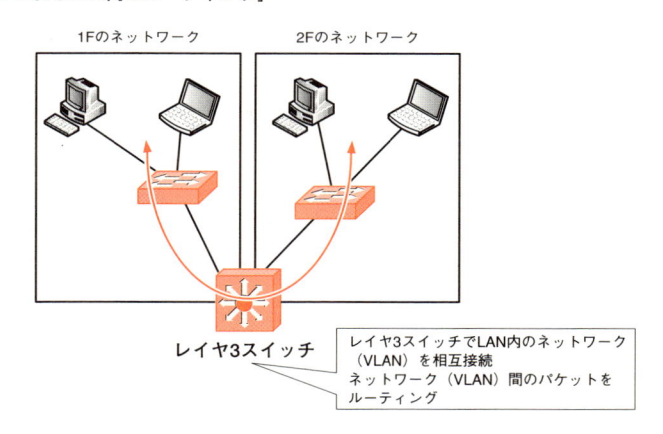

1Fのネットワーク　2Fのネットワーク

レイヤ3スイッチ

レイヤ3スイッチでLAN内のネットワーク
（VLAN）を相互接続
ネットワーク（VLAN）間のパケットを
ルーティング

図2.2　LAN内のルーティング

　ルータに比べると、レイヤ3スイッチを利用することで**ルーティングを高速化**することができます。また、**VLANによって物理的な接続構成に依存せずに、ネットワークの構成を自由に決められる**というメリットがあります。

　また、レイヤ3スイッチは**マルチレイヤスイッチ**と呼ばれることがあります。

## 2.1.3 ルータ

　前述のように、LAN内のネットワークのルーティングにはレイヤ3スイッチを利用することが多くなっています。一般的にルータはレイヤ3スイッチよりも処理速度が遅いです。しかし、ソフトウェアのアップデートによる柔軟な機能追加やイーサネット以外のさまざまなインタフェースを搭載できるというメリットがあります。

　そのため、ルータは企業の拠点LANをWANに接続したり、単純なルーティングだけでなくセキュリティのチェックを行うなどプラスアルファの機能を使いたいときに便利です。

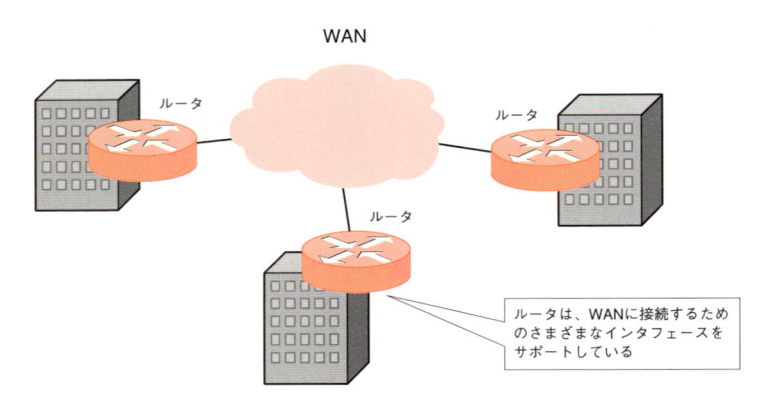

図2.3　ルータによるWANへの接続の概要

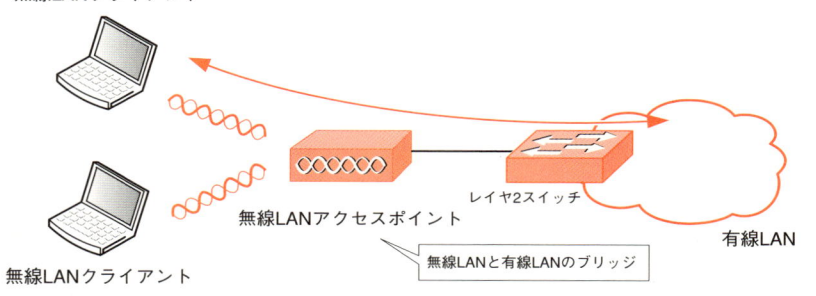

## 2.1.4 無線 LAN アクセスポイント

**無線 LAN アクセスポイント**は、ノート PC などの無線 LAN クライアントを集約して有線 LAN と接続します。つまり、無線 LAN アクセスポイントは無線 LAN と有線 LAN のブリッジとなる機器です。無線 LAN アクセスポイントを有線 LAN と接続するためには、レイヤ 2 スイッチと接続します。

図 2.4　無線 LAN アクセスポイント

無線 LAN については▶**第 4 章** で詳しく解説します。

### 2.1.5 IP 電話機

**IP 電話機**は、電話機自体で電話の**音声を IP パケットに変換**してネットワーク上に送信できます。IP 電話機には、イーサネットのインタフェースが備わっています。レイヤ 2 スイッチのインタフェース数の消費を抑えるために、IP 電話機には 2 つのイーサネットインタフェースが備わっていることが多いです。1 つは、レイヤ 2 スイッチに接続するために利用し、もう 1 つは PC との接続に利用します。

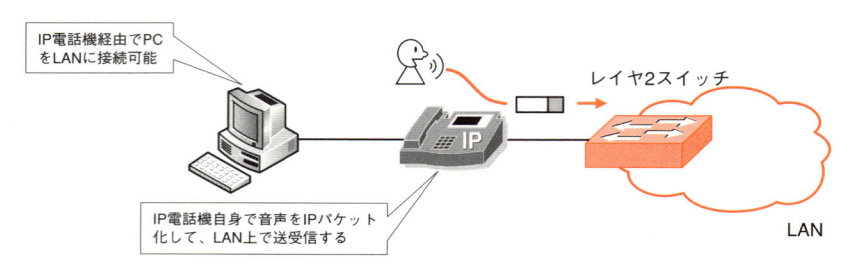

図 2.5　IP 電話機

### 2.1.6 PC、各種サーバ

PC や各種サーバには、Web ブラウザやメールソフトなどの一般的なアプリケーションや企業内システムで利用するアプリケーションがインストールされています。レイヤ 2 スイッチに接続して LAN に参加し、PC やサーバ間でそれらのアプリケーションのデータをやり取りします。

## 2.1 企業LANを構成する機器

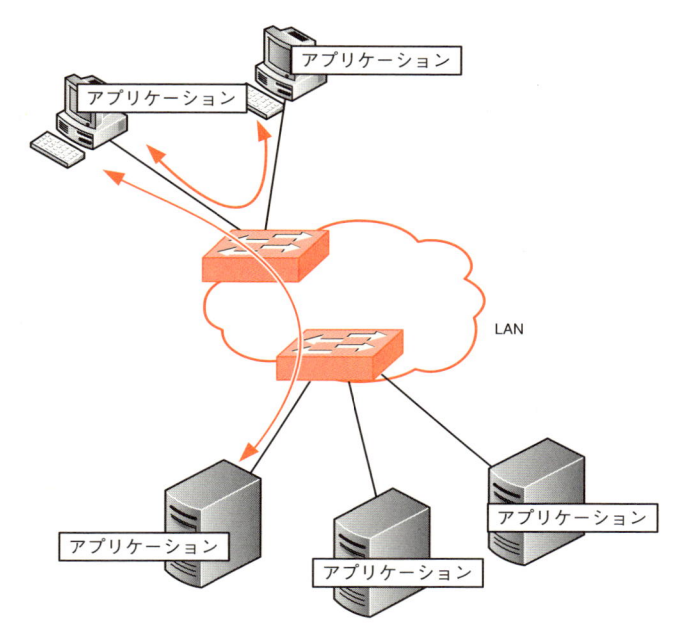

図2.6 PC、各種サーバ

**LAN内に設置する主なサーバ**として、次のようなサーバが挙げられます。

- Webサーバ
- メールサーバ
- プロキシサーバ
- ファイルサーバ
- データベースサーバ
- SIP（Session Initiation Protocol）サーバ

　これらのサーバは、管理の効率上、**サーバファーム**（server farm、サーバが大量に設置されている場所など）に集中して設置することが多くなっています。サーバファームでサーバを集約するスイッチとしてレイヤ3スイッチを利用することもあります。レイヤ2スイッチよりもレイヤ3スイッチの方がセキュリティや管理機能などが充実していることが多いからです。

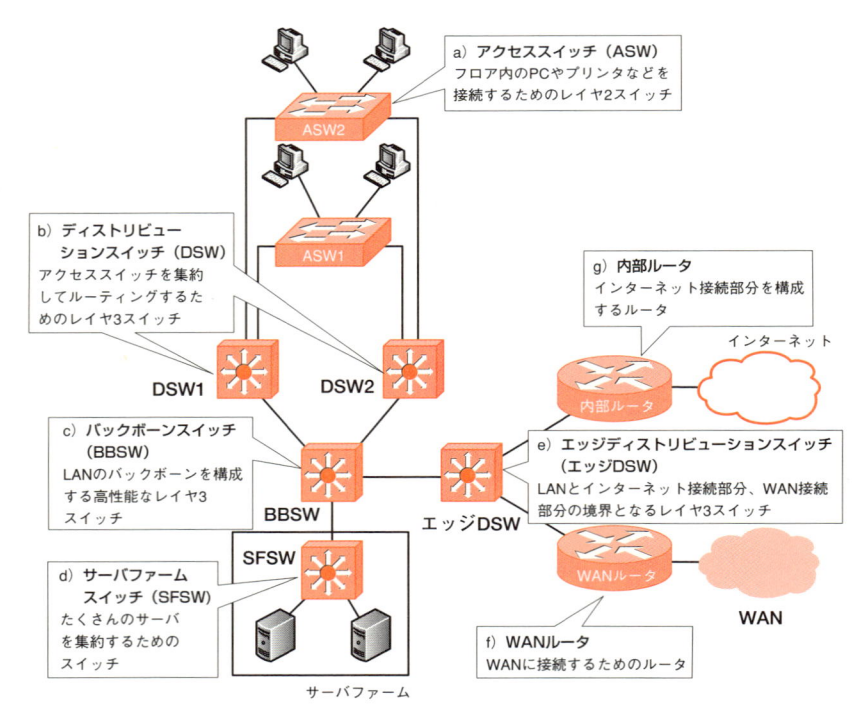

## 2.2 企業 LAN の構成例

企業LANの構成においては典型的なパターンがあります。各機器の概要と機能について説明します。

### 2.2.1 企業 LAN の構成例と、構成機器の概要

ネットワーク構成は千差万別です。ですが、ある程度の**典型的な構成例**があります。次の図は、企業 LAN の構成例を表しています。

a) アクセススイッチ（ASW）
フロア内のPCやプリンタなどを接続するためのレイヤ2スイッチ

b) ディストリビューションスイッチ（DSW）
アクセススイッチを集約してルーティングするためのレイヤ3スイッチ

c) バックボーンスイッチ（BBSW）
LANのバックボーンを構成する高性能なレイヤ3スイッチ

d) サーバファームスイッチ（SFSW）
たくさんのサーバを集約するためのスイッチ

e) エッジディストリビューションスイッチ（エッジDSW）
LANとインターネット接続部分、WAN接続部分の境界となるレイヤ3スイッチ

f) WANルータ
WANに接続するためのルータ

g) 内部ルータ
インターネット接続部分を構成するルータ

図 2.7 企業 LAN の構成例

上記の構成例での各機器の概要は次の通りです。

## 2.2 企業LANの構成例

- a）アクセススイッチ（ASW）▶ **2.2.2項**
オフィス内の各フロアのPCやIP電話、ネットワークプリンタなどを接続するためのレイヤ2スイッチです。LANの入り口に当たります。LANに接続するPCの台数に応じて、必要なポート数やアクセススイッチ（ASW）の台数を決めます。

ASWでVLAN（Virtual LAN）を利用することで、PCやIP電話が所属するネットワークを柔軟に決定することができます。

- b）ディストリビューションスイッチ（DSW）▶ **2.2.3項**
フロアのアクセススイッチを集約して、アクセススイッチのVLAN（ネットワーク）間のルーティングを行うためのレイヤ3スイッチです。ディストリビューションスイッチ（DSW）は、PCにとってのデフォルトゲートウェイになります。

ネットワークの信頼性を高めるため、構成例のようにDSWを冗長化することが多いです。

- c）バックボーンスイッチ（BBSW）▶ **2.2.4項**
LANのバックボーンを構成するためのスイッチです。性能や機能など必要に応じて、レイヤ2またはレイヤ3スイッチを利用します。DSWやサーバファームスイッチ（SFSW）、エッジディストリビューションスイッチ（エッジDSW）などの機器を相互接続します。

- d）サーバファームスイッチ（SFSW）▶ **2.2.5項**
サーバの管理効率を向上させるために、サーバ群をサーバファームに設置することが増えています。サーバファームスイッチ（SFSW）は、各種サーバを接続するためのスイッチです。これも必要に応じてレイヤ2またはレイヤ3スイッチを利用します。

- e）エッジディストリビューションスイッチ（エッジDSW）▶ **2.2.6項**
拠点内のLANとWAN接続部分、インターネット接続部分の境界になります。図2.7の構成例のようにすれば、拠点のLANに関するパケットは、必ずエッジディストリビューションスイッチ（エッジDSW）を経由します。エッジDSWで、フィルタを行うなどの追加セキュリティやデータ転送の制御を行うことが可能です。

エッジ DSW を導入すると、当然コストがかかります。また、エッジ DSW の設定などの管理も必要です。コストや管理上、エッジ DSW を省略して、バックボーンスイッチ（BBSW）から WAN ルータや内部ルータに接続することもあります。

- **f）WAN ルータ ▶ 2.2.7 項**
  WAN ネットワークに接続するためのルータです。接続する WAN ネットワークに応じて必要となるインタフェースが決まります。なお、最近の WAN ネットワークは、イーサネットインタフェースで接続できるものが多いので、必ずしもルータを利用して WAN ネットワークに接続するわけではありません。スイッチで WAN ネットワークに接続することもあります。

- **g）内部ルータ ▶ 2.2.8 項**
  インターネット接続部分を構成するルータです。構成例の図では、インターネット接続部分の詳細は、省略しています。内部ルータの先には通常ファイアウォールが接続されています。

大規模な拠点であれば、何棟もの建物が存在することがあります。たとえば、大学のネットワークは、敷地内のたくさんの建物のネットワークを相互接続することになります。**アクセススイッチ（ASW）とディストリビューションスイッチ（DSW）で、1 つの建物のネットワークを構成**します。複数の建物のネットワークを**バックボーンスイッチ（BBSW）で相互接続**する形になります。

これらの機器で利用する主な機能やプロトコルについて紹介します。各機能やプロトコルの詳細は、後続の章であらためて解説します。

## 2.2.2 アクセススイッチで利用する主な機能・プロトコル

アクセススイッチ（ASW、図 2.7 a)）で利用する主な機能・プロトコルは次の通りです。

- VLAN
- トランク（タグ VLAN）
- スパニングツリー
- リンクアグリゲーション
- ポートセキュリティ
- QoS

### ●● VLAN、トランク（タグ VLAN）

アクセススイッチで VLAN を利用することで、スイッチに接続されている PC や IP 電話機が所属するネットワークを自由に決定することができます。アクセススイッチに複数の VLAN を定義しているとき、ディストリビューションスイッチとの接続を**トランク**にします。トランクでは、1 つのインタフェースで複数の VLAN のデータを多重化して転送することができます。

VLAN およびトランクの詳細は、▶**第 4 章** で解説します。

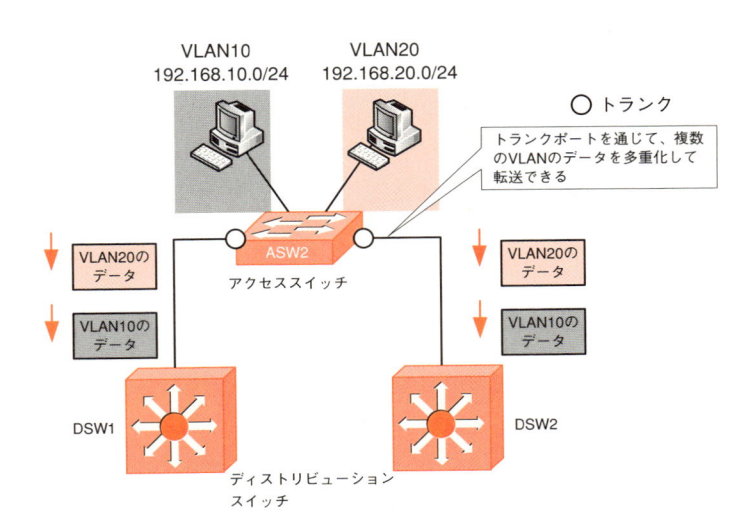

図 2.8 VLAN とトランクの概要

## ●●スパニングツリー

**スパニングツリー**は、スイッチを冗長化してネットワークがループ構成になっているときに必要です。ループ構成になっていると、LAN上で転送されるデータもループします。そこで、スパニングツリーによって一部のポートを**ブロック状態**とします。これにより、データがループしないようにします。障害によって、正常時の転送経路が使えなくなってしまったら、ブロック状態を解除して迂回経路でデータを転送できるようにします。

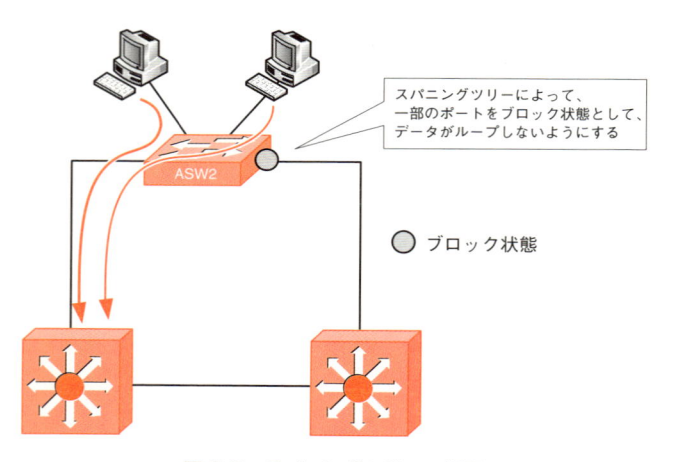

図2.9 スパニングツリーの概要

## ●●リンクアグリゲーション

**リンクアグリゲーション**は、複数のリンクを1つに見せかけることができる機能です。アクセススイッチ（ASW）とディストリビューションスイッチ（DSW）間はデータが集中することが多く、通常、ギガビットイーサネットで接続しますが1Gbpsの速度でも不十分なとき、リンクアグリゲーションによって利用可能な速度を増加させることができます。

リンクアグリゲーションを設定するときには、対向の機器での設定も必要です。つまり、ASWだけでなくDSWでもリンクアグリゲーションの設定を行います。

2.2 企業LANの構成例

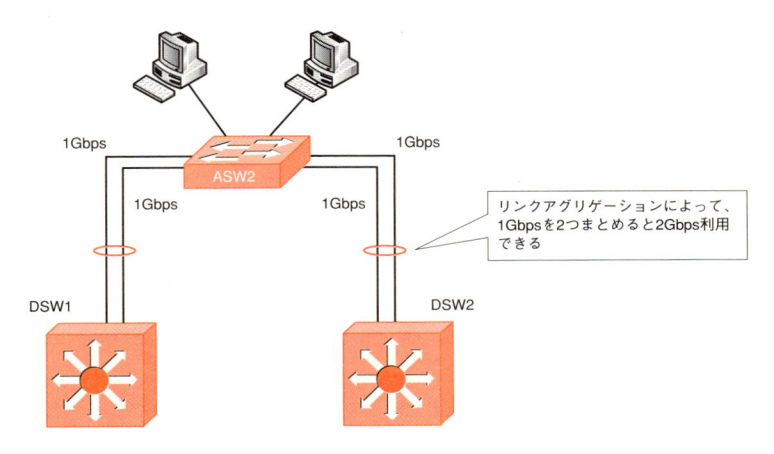

図2.10 リンクアグリゲーションの概要

スパニングツリーおよびリンクアグリゲーションは、▶**第6章**で解説します。

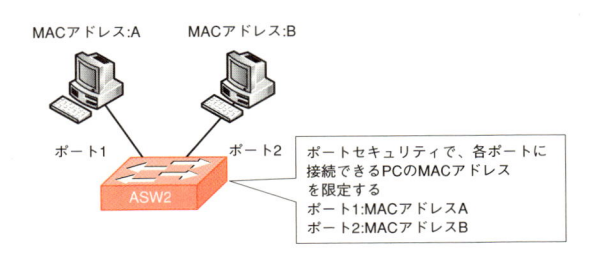

## ●●ポートセキュリティ

**ポートセキュリティ**は、アクセススイッチに接続できるPCを限定するためのセキュリティ機能です。ポートセキュリティでは、アクセススイッチのポートに接続できる**MACアドレスを登録**します。PCのMACアドレスをチェックして、登録しているMACアドレスのときのみ接続を許可します。ポートセキュリティの詳細は、▶**第3章**であらためて解説します。

図2.11 ポートセキュリティの概要

### ●● QoS

**QoS**（Quality of Service）は、**転送するデータの優先制御**を行うための機能です。各アプリケーションのデータは、どのように転送されるべきかという基準が異なります。IP電話のデータは、できるだけ遅延を少なく転送しなければいけません。QoSによって、IP電話のデータをその他のアプリケーションのデータよりも優先して転送することができます。

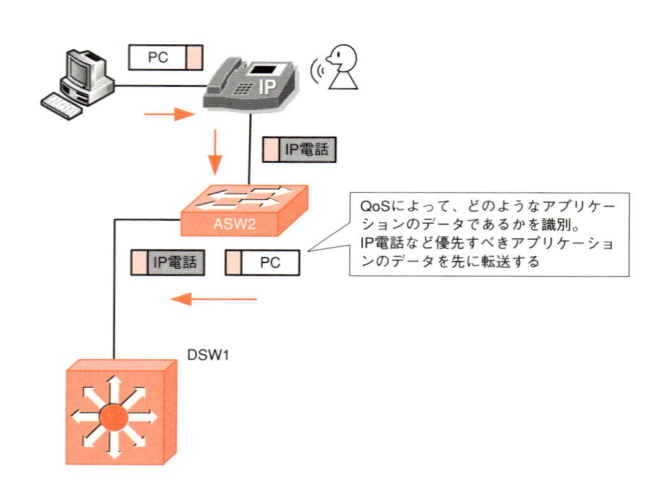

図2.12　QoSの概要

なお、QoSは1台の機器だけで設定してもほとんど意味がありません。**各アプリケーションの通信を行う経路上のすべての機器でQoSの設定がされていて、はじめて有効に機能**します。そのため、単体のアクセススイッチ（ASW）だけでなくディストリビューションスイッチ（DSW）やバックボーンスイッチ（BBSW）、その他ルータなどでもQoSを考えなければいけません。

## 2.2.3 ディストリビューションスイッチで利用する主な機能・プロトコル

ディストリビューションスイッチ（DSW）で利用する主な機能・プロトコルは次の通りです。

- VLAN
- トランク（タグVLAN）
- スパニングツリー
- リンクアグリゲーション
- QoS
- ルーティングプロトコル
- VRRP（Virtual Router Redundancy Protocol）
- パケットフィルタ

VLAN 〜 QoS まではアクセススイッチ（ASW）と同様です。さまざまな機能やプロトコルは単体の機器で利用するのではなく、他の機器と相互作用することで機能します。

### ●●ルーティングプロトコル

**ルーティングプロトコル**によって、**ルーティングテーブル**をダイナミックに作成することができます。ディストリビューションスイッチ（DSW）とバックボーンスイッチ（BBSW）の間でVLANの構成次第で、ルーティングプロトコルで相互に情報を交換する相手の機器が違ってきます。詳細は、VLAN間ルーティングで解説します。

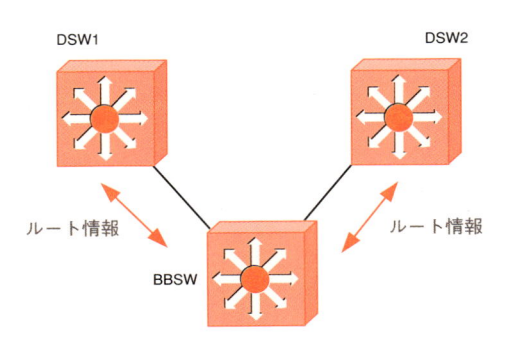

図2.13 ディストリビューションスイッチでのルーティングプロトコル

## ●● VRRP

**VRRP** は、PC などのホストに対する**デフォルトゲートウェイの冗長化**を行うためのプロトコルです。ディストリビューションスイッチ（DSW）がホストに対するデフォルトゲートウェイになります。物理的な DSW ではなく、VRRP で仮想的な DSW（V-DSW）を作成し、デフォルトゲートウェイとして設定します。一方の DSW がダウンしても自動的にデフォルトゲートウェイを切り替えることができます。VRRP について、▶**第7章** であらためて解説します。

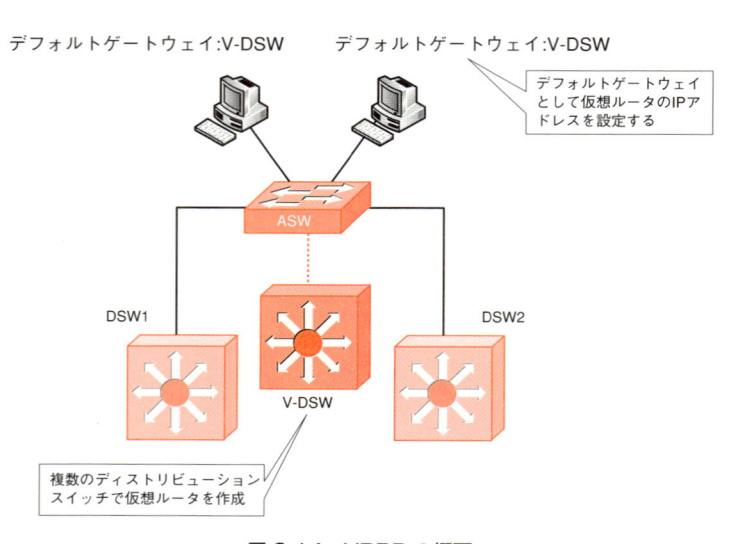

**図2.14　VRRP の概要**

## ●● パケットフィルタ

ディストリビューションスイッチ（DSW）で、VLAN 間のルーティングを行います。ルーティング時にフィルタすることで（パケットフィルタ）、ネットワークのアクセス制御を行うことができます。

## 2.2.4 バックボーンスイッチで利用する主な機能・プロトコル

**バックボーンスイッチ**（BBSW）で利用する主な機能・プロトコルは、ディストリビューションスイッチ（DSW）とよく似ていて、次の通りです。

- VLAN
- トランク（タグVLAN）
- スパニングツリー
- リンクアグリゲーション
- QoS
- ルーティングプロトコル

VLAN～QoSまではディストリビューションスイッチなどと同様です。

### ●●ルーティングプロトコル

バックボーンスイッチ（BBSW）でのルーティングプロトコルの利用は、VLANの構成次第で相互に情報を交換する相手の機器が違ってきます。図2.15は、ルーティングプロトコルの利用の一例です。

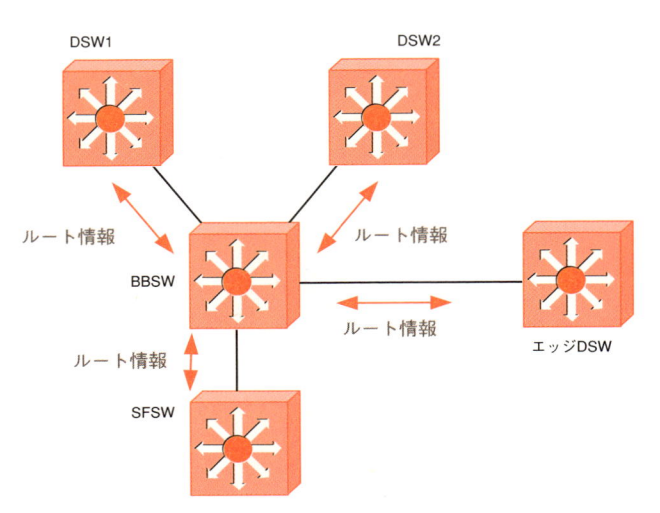

図2.15 バックボーンスイッチでのルーティングプロトコル

## 2.2.5 サーバファームスイッチで利用する主な機能・プロトコル

**サーバファームスイッチ**（SFSW）で利用する主な機能・プロトコルは、次の通りです。

- VLAN
- トランク（タグVLAN）
- スパニングツリー
- リンクアグリゲーション
- QoS
- パケットフィルタ
- ルーティングプロトコル

VLAN〜パケットフィルタはディストリビューションスイッチなどと同様です。

### ●●ルーティングプロトコル

サーバファームスイッチ（SFSW）としてレイヤ3スイッチを利用する場合、ルーティングプロトコルによって他の機器とルート情報を交換することができます。これもVLANの構成次第でルート情報を交換する相手の機器が異なります。次の図は、SFSWでのルーティングプロトコル利用の一例です。

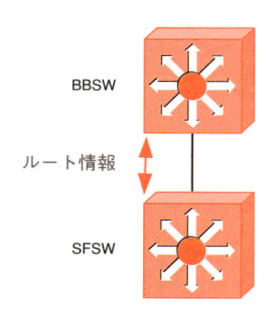

図2.16 サーバファームスイッチでのルーティングプロトコル

## 2.2.6 エッジディストリビューションスイッチで利用する主な機能・プロトコル

エッジディストリビューションスイッチ（エッジ DSW）で利用する主な機能・プロトコルは、次の通りです。

- VLAN
- トランク（タグ VLAN）
- リンクアグリゲーション
- QoS
- パケットフィルタ
- ルーティングプロトコル

VLAN～パケットフィルタはディストリビューションスイッチ（DSW）などと同様です。

### ●●ルーティングプロトコル

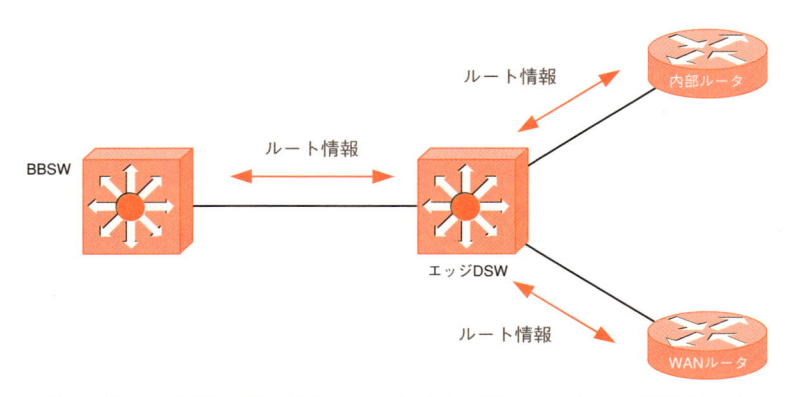

エッジディストリビューションスイッチ（エッジ DSW）でのルーティングプロトコルによるルート情報の交換は、次の図のようになります。

図 2.17　エッジディストリビューションスイッチでのルーティングプロトコル

### 2.2.7　WANルータで利用する主な機能・プロトコル

**WANルータ**で利用する主な機能・プロトコルは次の通りです。

- QoS
- パケットフィルタ
- ルーティングプロトコル

QoSおよびパケットフィルタはディストリビューションスイッチ（DSW）などと同様です。

●●ルーティングプロトコル

WANルータでは、ルーティングプロトコルによって次の図のようにルート情報を交換します。

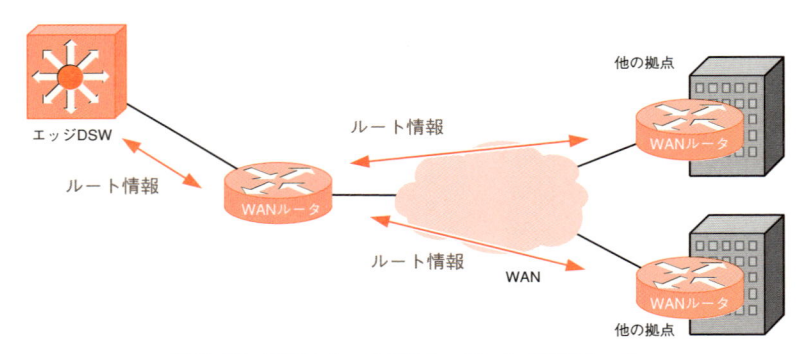

図2.18　WANルータでのルーティングプロトコル

## 2.2.8 内部ルータで利用する主な機能・プロトコル

**内部ルータ**で利用する主な機能・プロトコルは次の通りです。

- QoS
- パケットフィルタ
- ルーティングプロトコル

QoSおよびパケットフィルタはディストリビューションスイッチ（DSW）などと同様です。

### ●●ルーティングプロトコル

内部ルータは、ルーティングプロトコルでエッジディストリビューションスイッチ（エッジDSW）との間でルート情報を交換します。

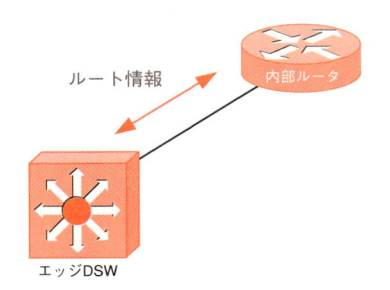

**図2.19 内部ルータでのルーティングプロトコル**

ここまで、企業LANの構成例と各機器で利用する主な機能・プロトコルを紹介してきました。▶**第3章**以降で、それらの機能やプロトコルの詳しい仕組みを解説します。そして、最後の▶**第8章**で、企業LANの構成をCisco社の機器の設定例を踏まえて振り返ることにします。

### コラム　スパニングツリーのトラブル

企業向けのレイヤ2スイッチであれば、ほぼ間違いなく**スパニングツリー**をサポートしています。そのため誤った配線でループ構成にしてしまってもネットワークがダウンしてしまう心配はあまりありません。

ところが、家電量販店などでも購入できる一般消費者向けのレイヤ2スイッチ（スイッチングハブ）はスパニングツリーをサポートしていることはまずありません。企業のネットワークでも、手軽にポート数を増やすためにこのような一般消費者向けのレイヤ2スイッチを部分的に導入することがあります。すると、誤ってループ構成にしてしまうと、**ブロードキャストストームが発生してネットワークがダウン**してしまいます。

「社員がレイヤ2スイッチの空いているポートに勝手にケーブルを挿したら、しばらくするとネットワークの通信ができなくなってしまった・・・」というのはよく聞く話です。これは、勝手にケーブルを挿した結果、ループ構成のネットワークになってしまったことが原因です。スパニングツリーをサポートしていないレイヤ2スイッチを利用するときには、くれぐれもループ構成にならないように気をつけてください。

# 3章

# LANと
# レイヤ2スイッチングの基礎

3.1　LANとは
3.2　イーサネット
3.3　レイヤ2スイッチング

## 3.1 LAN とは

LANの概要とその特徴について解説します。

### 3.1.1 LAN とは

**LAN** とは Local Area Network の略で、地理的に狭い範囲のネットワークのことをいいます。よく対比される言葉に、WAN（Wide Area Network）がありますが、こちらは地理的に離れた拠点を結ぶためのネットワークです。地理的な違いもあるのですが、LAN と WAN の大きな違いは次のようになります。

LAN は、ネットワークを利用するユーザがネットワーク機器、ケーブルなどを購入しネットワークの構築、運用管理を行います。それに対して WAN は、利用するユーザがネットワークを構築することはありません。「NTT」「ソフトバンクテレコム」「KDDI」といった電気通信事業者が提供するサービスを利用するという形になります。

電気通信事業者がネットワークの構築・運用・管理を行う
ユーザは提供されているサービス（IP-VPN、広域イーサネットなど）を選択して利用し、月額の通信料を支払う

ユーザ自らがネットワークの構築・運用・管理を行う
LAN内ではいくら通信しても月額通信料は必要ない

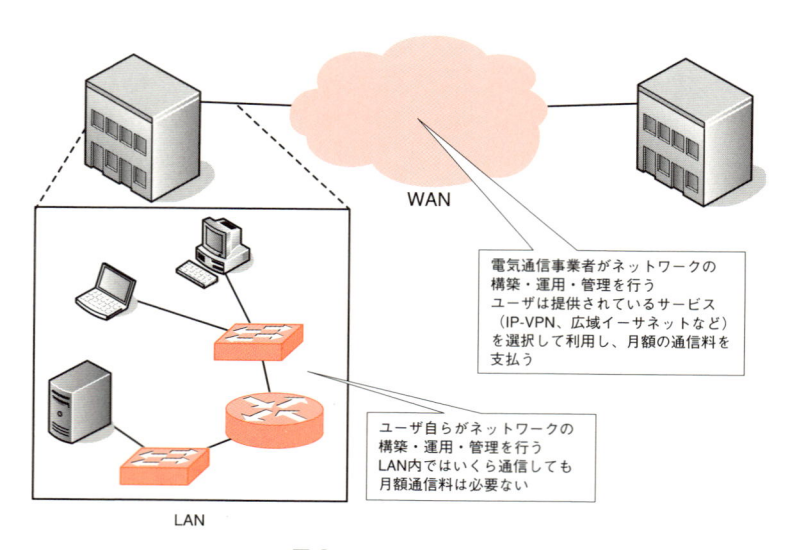

図3.1　LAN と WAN

## 3.1.2 LANの構成要素

LANを構成する要素を考えます。LANの構成要素として、大きく

- ノード
- 伝送媒体

があります。

**ノード**（node）とはLANに接続してデータを送受信する機器を表す言葉です。つまり、ノードにはPCやサーバ、ネットワークプリンタなどが当てはまります。また、ルータ、レイヤ2/レイヤ3スイッチなどのネットワーク機器も含まれます。**TCP/IPでの「ホスト」という言葉がLANでの「ノード」**です。言葉の使い分けは厳密なものではありませんが、知っておく必要があるでしょう。

PCやサーバなどのノードをLANに接続するためには**NIC**（Network Interface Card）が必要です。NICは、LANカード、LANボード、ネットワークカードなどともいいます。現在、販売されているPCやサーバにはほとんどの場合オンボードでNICが搭載されています。**スイッチ**や**ルータ**といったネットワーク機器の場合はNICという言葉よりも、**インタフェース**や**ポート**といった言葉を使うことが多いです。また、ネットワーク機器は複数のLANを接続するなどの役割もあります。

そして、こうしたノード同士を相互に接続して、物理的な信号を伝播するために**伝送媒体**が必要です。伝送媒体とは「0」「1」のデジタルデータを電気信号や光信号などの物理的な信号に変換して流すための媒体で、UTPケーブルや光ファイバ、電波などが伝送媒体として挙げられます。

次ページの図3.2にLANを構成するノードと伝送媒体についてまとめます。

```
                ノード                          伝送媒体
         ┌─────────────────────┐      ┌─────────────────────┐
         │   NIC      NIC      │      │                     │
         │   PC      ノートPC   │      │   UTPケーブル  光ファイバ │
         │    ネットワーク機器   │      │                     │
         │   ルータ              │      │       電波           │
         │   L2スイッチ L3スイッチ│      │                     │
         └─────────────────────┘      └─────────────────────┘
```

PCなどはNICを介してLAN に接続してデータの送受信 を行う。 ネットワーク機器は自身が データの送受信を行うこと もあれば、LANを相互接続 する用途にも利用される

伝送媒体によってノー ド間の物理信号を伝播 する。 ノードには伝送媒体や LAN規格に応じたNIC が必要

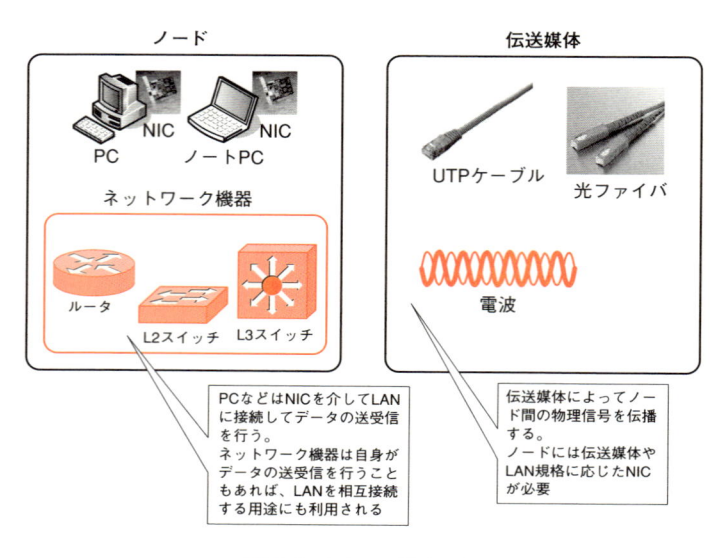

**図 3.2　LAN の構成要素**

　以上のような構成要素があるわけですが、勝手なものをなんでも使えるわけではありません。それぞれ決められた規格に沿ったものを使わなければ LAN を構築することができません。

## 3.1.3　LAN の規格

　LAN を構築するためには、LAN の規格に準拠した機器を利用する必要があります。LAN の規格は、OSI 参照モデルでいうと「物理層」〜「データリンク層」に相当します。LAN の規格は標準化されていて標準化された規格に準拠している製品を使えば、異なるベンダのものであっても LAN を構築することができます。

### ●●物理層

　LAN の規格で定めている主な内容を階層ごとに解説します。まず、物理層です。OSI の物理層では、物理的な規格を定めることになっています。LAN の物理層レベルの規格も物理的な規格です。つまり、次に挙げるような伝送媒体やコネクタ、デジタルデータをどのように物理的な信号に変換するかという符号化に関する規格です。

## 3.1 LANとは

**利用する伝送媒体の種類**

**同軸ケーブル**、**UTPケーブル**、**光ファイバケーブル**などさまざまなものを利用します（▶ 3.1.7項）。

**伝送媒体の最大長**

信号の伝播が可能な**伝送媒体の最大長**を決めています（▶ 3.2.2 〜 3.2.5 項参照）。

**符号化**

「0」「1」のデータをどのような電気信号や光信号に変換するかを**符号化**といいます。符号化の種類にはさまざまあります。

**コネクタの形状**

**RJ-45** などのコネクタがあります。

**ネットワークの接続形態**

接続形態を**トポロジ**といいます。トポロジには、バス型、スター型、スターバス型、リング型などあります（▶ 3.1.4項）。

## ●●データリンク層

次にデータリンク層の規格です。LANのデータリンク層の規格として、次のようなことが決められています。

**データを送信するノードの決定方法**

基本的にLANでは1つの伝送媒体を複数のノードで共用します。そこで、どのノードがデータを送信、つまり伝送媒体を利用するかを決める必要があります。この制御を**媒体アクセス制御**（**MAC**、Media Access Control）といいます（▶ 3.1.5項）。

**通信相手の識別**

1つの伝送媒体を共用するLANでは、同じLAN内のノードすべてにデータ（フレーム）は届きます。そのフレームが自分あてであるかどうかということを識別する必要があります。この識別に使われるのが、**MACアドレス**です（▶ 3.1.6項）。

**フレームフォーマット**

　LAN の規格によって、**フレームフォーマット**が決められています。また、イーサネットだけでも 4 種類のフレームフォーマットが存在します。

**エラーチェックの方式**

　LAN では主に、**CRC**（Cyclic Redundancy Check）というエラーチェックの方法を使っています。

　このような LAN の規格で代表的なものが次の 3 つです。

- イーサネット（Ethernet）
- トークンリング（Token Ring）
- FDDI

　この中でもっとも一般的な LAN の規格は**イーサネット**です。以前は、トークンリングや FDDI の規格で LAN を構築することも多くありました。トークンリングや FDDI に比べると、イーサネットの規格はシンプルで、その分、さまざまな製品が開発され、コストが低下してきました。現在では、LAN といえばほとんどイーサネットの規格で構築されています。イーサネットはLANの代名詞といえるでしょう。

## 3.1.4　トポロジ

　**トポロジ**（network topology）とは、ネットワークの接続形態です。LAN では、トポロジとして次の 4 つが代表的なものです。

**バス型**

　バス型は、中心となるケーブル（同軸ケーブル）にノードがぶらさがるような接続形態。

**リング型**

　ノードが輪を作るような接続形態。

**スター型**

　スター型は、ハブを中心として各ノードを接続する接続形態。

## 3.1　LANとは

**スターバス型**
スター型のハブを複数接続した接続形態。

[バス型]

1本の同軸ケーブルに各ノードがぶらさがる

[リング型]

各ノードがリング状に接続

[スター型]

ハブ

ハブを中心として各ノードを接続する

[スターバス型]

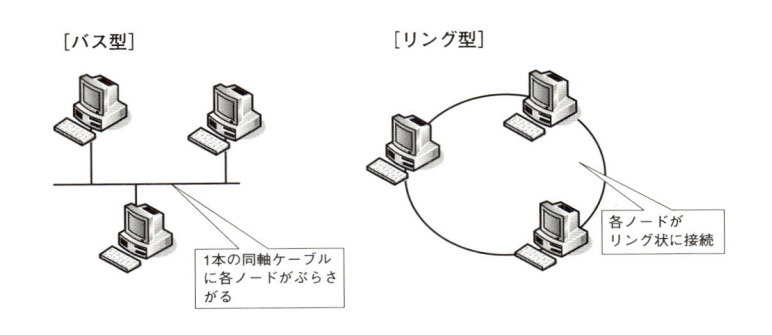

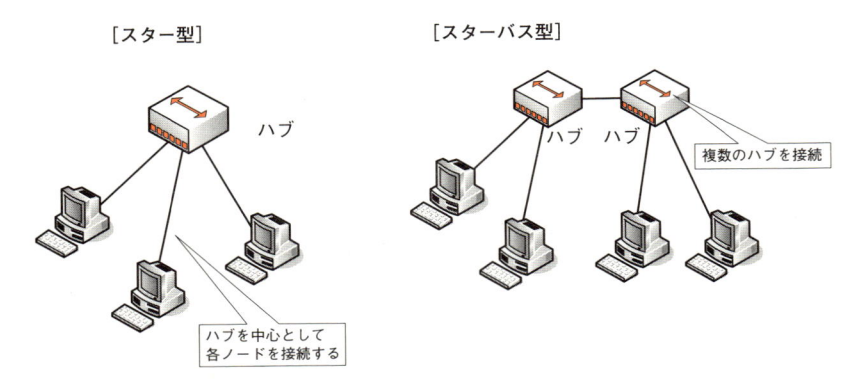

ハブ　ハブ

複数のハブを接続

図3.3　LANのトポロジ

　現在のLANは、後述するイーサネットが主流です（▶3.2節）。イーサネットのトポロジは、主にバス型、スター型、スターバス型です。ネットワーク構成図上では、バス型のトポロジで記述することが多いのですが、実質的にはスイッチを中心としたスター型またはスターバス型トポロジが一般的です。

## 3.1.5 媒体アクセス制御方式

LANでは、基本的に複数のノードで伝送媒体を共有します。そのため、**あるノードから送信されたフレームはほかのすべてのノードに届きます**。バス型のトポロジで具体的に考えます。

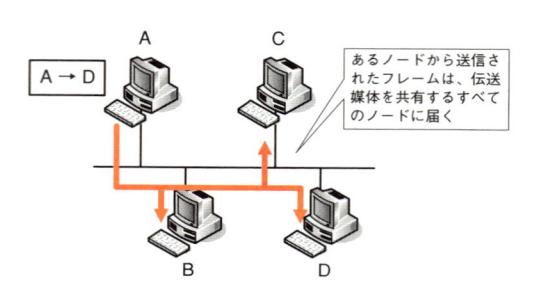

**図3.4 LANでのフレームの伝送**

ノードAからノードDにフレームを送信するとします。このとき、あて先以外のノードB、Cにもフレームが届きます。つまり、あるノードから送信されたフレームは伝送媒体を共有するすべてのノードに届きます。1台のノードがフレームを送信している間は、LANの伝送媒体を占有していることになります。つまり、同時に複数のノードはデータを送信することができません。もし、複数のノードがフレームを送信しようとすると「電気信号の衝突」が起こってしまいます。

そこで「どの」ノードが「いつ」フレームを伝送媒体に送信するかということを決める必要があります。この仕組みが**媒体アクセス制御方式**で、英語では、**Media Access Control**（略して**MAC**）と言います。媒体アクセス制御方式もLANの規格によっていくつか種類があります。

**CSMA/CD**（Carrier Sense Multiple Access with Collision Detection）
　イーサネットの媒体アクセス制御方式

**トークンパッシング**
　トークンリング、FDDIの媒体アクセス制御方式

**CSMA/CA**（Carrier Sense Multiple Access with Collision Avoidance）
　無線LANの媒体アクセス制御方式

## 3.1 LANとは

なお、このような媒体アクセス制御方式は、現在のスイッチを中心としたイーサネットのLANではほとんど考慮する必要がありません。スイッチを中心としたイーサネットLANでは、伝送媒体を複数のノードで共有しているわけではないからです。スイッチの各ポートにPCやサーバといったノードを1対1で接続していれば、伝送媒体を占有して利用できます。詳細は「全2重通信」の項目であらためて解説します。

### 3.1.6 MACアドレス

前述のように、あるノードから送信されたフレームは伝送媒体を共有するすべてのノードに流れます。フレームが自分宛てであれば、レイヤ3以上の処理をする必要がありますが、自分宛てでなければそれ以上の処理をする必要はありません。受信したフレームが自分あてかどうかを判断するために**MACアドレス**を使います。

MACアドレスとは、イーサネットなどのLANにおいて通信相手を識別するための**48ビットのアドレス**です。LANにおいてはMACアドレスで通信を行います。

MACアドレスはコンピュータをLANに接続するためのNIC（Network Interface Card）に焼き付けられていて、原則として変更することができません（ただし、ソフトウェア的にMACアドレスを設定することが可能なNICもあります）。そのため、MACアドレスは**ハードウェアアドレス**や**物理アドレス**とも呼ばれることがあります。また、コンピュータに取り付けるNICだけでなく、ルータやスイッチのLANインタフェースにもMACアドレスがあります。

MACアドレスは48ビットなので、48個の「0」か「1」が並ぶことになります。これでは、非常にわかりにくいのでMACアドレスを表記するときは、「00-00-CC-12-34-56」のように8ビットずつ16進数に変換して、「-（ハイフン）」もしくは「：（コロン）」で区切って表記します。

#### ●● MACアドレスの構成

48ビットのMACアドレスは上位の24ビットと下位の24ビットでそれぞれ意味が異なります。上位24ビットは、MACアドレスが焼き付けられているNICを製造しているネットワーク機器ベンダを識別するための「ベンダコード」です。ベンダコードは、IEEEによってネットワーク機器ベンダに割り当てられています。主なネットワーク機器ベンダに割り当てられているベンダコードは、次の表のようなものがあります。

表3.1 MACアドレスのベンダコード

| ベンダコード | 対応するベンダ名 |
|---|---|
| 00-00-0C | Cisco |
| 00-00-0E | Fujitsu |
| 00-00-3D | AT&T |
| 00-00-4C | NEC Corporation |
| 00-00-87 | Hitachi |
| 00-60-B0 | Hewlett-Packard |
| 00-AA-00 | Intel |
| 00-C0-4F | Dell |

　ただし、ベンダコードとして24ビットをすべて使っているわけではありません。実際に先頭の1バイトのうち、最下位ビットをI/G（Individual/Group）ビット、その次のビットをU/L（Universal/Local）ビットとして特別な用途に予約しています。そのため、純粋にベンダを識別するために利用するのは、22ビットです。また、1つの企業は1つのベンダコードしか割り当てられないというわけではありません。たとえば、Ciscoは上記の表であげた以外にも複数のベンダコードを持っています。そして、下位24ビットは、ネットワーク機器ベンダが製造したNICを管理するための「シリアル番号」となっています。

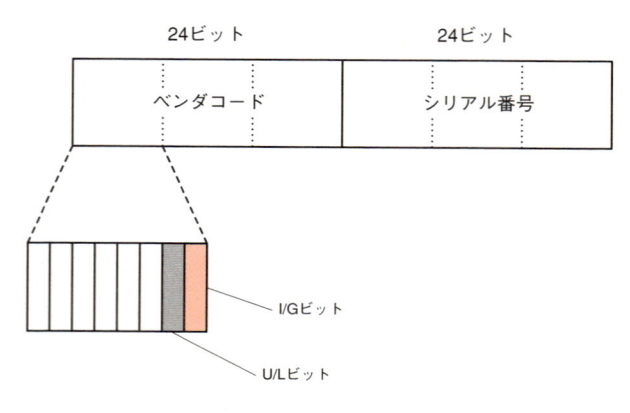

図3.5　MACアドレスの構成

3.1 LANとは

　ベンダコードはIEEEが重複しないように管理していますし、シリアル番号も各ベンダが重複しないように管理しています。そのため、MACアドレスは原則として一意になります。

### ●●特殊なMACアドレス

　これまで解説してきたものは、LAN上のあるノード（のNIC）を識別するためのMACアドレスです。つまり、1対1のユニキャスト通信において、あて先MACアドレスに指定すべきアドレスです。ユニキャスト以外にも、複数のあて先にフレームを送信するためのブロードキャストやマルチキャストがあります。ブロードキャストやマルチキャスト通信を行うための特殊なMACアドレスも決められています。

　**ブロードキャスト**で利用するMACアドレスは、48ビットすべて「1」となるMACアドレスで、16進で表記すると「`FF-FF-FF-FF-FF-FF`」です。このブロードキャストMACアドレスをあて先MACアドレスに指定してフレームを送信すると、LAN上のすべてのコンピュータがフレームを受信して、その後、上位のプロトコルにデータを受け渡していきます。このようなブロードキャストフレームが届く範囲のことを**ブロードキャストドメイン**と呼びます。

　**マルチキャスト**で利用するMACアドレスは、I/Gビットが「1」となるMACアドレスです。実は、ブロードキャストMACアドレスはマルチキャストMACアドレスに含まれているのです。IPでは、クラスDのIPアドレスがマルチキャストアドレスです。IPのレベルでマルチキャストアドレス（IPマルチキャストアドレス）を送信先IPアドレスに指定して、LANに送信するとき、IPマルチキャストアドレスに対応するマルチキャストMACアドレスが必要となります。

## 3.1.7 伝送媒体

　**伝送媒体**とは、ネットワーク上で通信を行うために物理的な信号を伝送する媒体です。「伝送メディア」と表現することもよくあります。伝送媒体には、**有線**と**無線**があります。有線の伝送媒体として、UTPケーブルや光ファイバがあります。無線の伝送媒体として電磁波や赤外線があります。

　コンピュータが通信を行うためには、コンピュータが取り扱う「0」「1」のビットを伝送媒体に応じた物理的な信号に変換して、伝送媒体上に流して通信相手のコンピュータへ伝えます。UTPケーブルでは電気信号、光ファイバでは光信号、電磁波や赤外線は特定の周波数で「0」「1」のビットを表して伝送します。

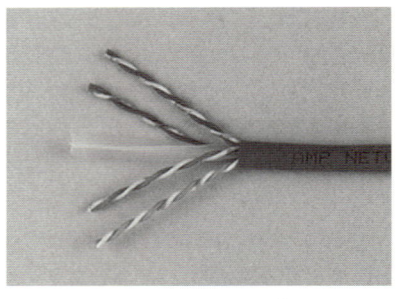

## ●● UTP（Unshielded Twisted Pair）ケーブル

**UTPケーブル**は有線の伝送媒体として、現在広く一般的に利用されています。いわゆるLANケーブルがUTPケーブルです。UTPケーブルは、8本の絶縁体で覆われている銅線を2本ずつよりあわせて4対にしています。よりあわせることによってノイズの影響を抑えています。

UTPケーブルはケーブルの品質によって、**カテゴリ分け**されています。カテゴリによってサポートできる周波数が異なり、それぞれ用途や伝送速度が決まります。カテゴリと用途をまとめているものが次の表です。

図3.6　UTPケーブル

UTPケーブルでIP電話などに電源を供給するPoE（Power over Ethernet）などの規格もあります。

表3.2 UTPケーブルのカテゴリ

| カテゴリ | 最大周波数 | 主な用途 |
| --- | --- | --- |
| カテゴリ1 | − | 音声通信 |
| カテゴリ2 | 1MHz | 低速なデータ通信 |
| カテゴリ3 | 16MHz | Ethernet（10BASE-T）<br>Fast Ethernet（100BASE-T2/T4）<br>100VG-AnyLAN<br>TokenRing（4Mbps） |
| カテゴリ4 | 20MHz | カテゴリ3までの用途<br>TokenRing（16Mbps）<br>ATM（25Mbps） |
| カテゴリ5 | 100MHz | カテゴリ4までの用途<br>Fast Ethernet（100BASE-TX） |
| カテゴリ5e | 100MHz | カテゴリ5までの用途<br>Gigabit Ethernet（1000BASE-T） |
| カテゴリ6 | 250MHz | カテゴリ5eまでの用途<br>ATM（622Mbps）<br>ATM（1.2Gbps） |

## 3.1 LANとは

　現在のLANにおいては、**カテゴリ5のUTPケーブル**が敷設されていることが多いです。カテゴリ5であれば、100BASE-TXをサポートすることができるからです。ですが、今後ギガビットイーサネット（1000BASE-T）が普及してくることを考えると、新しくケーブルを敷設する際には**カテゴリ5e**や**カテゴリ6**のUTPケーブルを敷設する方がよいでしょう。

　コンピュータのNICやルータ、スイッチのインタフェースに接続するためにUTPケーブルの両端には**RJ-45**というコネクタが付いています。RJ-45コネクタには8つのピンがあります。8つのピンとUTPケーブルの8本の銅線をどのように結線するかによって、ストレートケーブルとクロスケーブルに分かれます。

　ストレートケーブルの両端のRJ-45コネクタのピンをまっすぐに結線しています。それに対して、クロスケーブルは片方のピン1ともう片方のピン3、片方のピン2ともう片方のピン6というように内部で交差して結線されています。

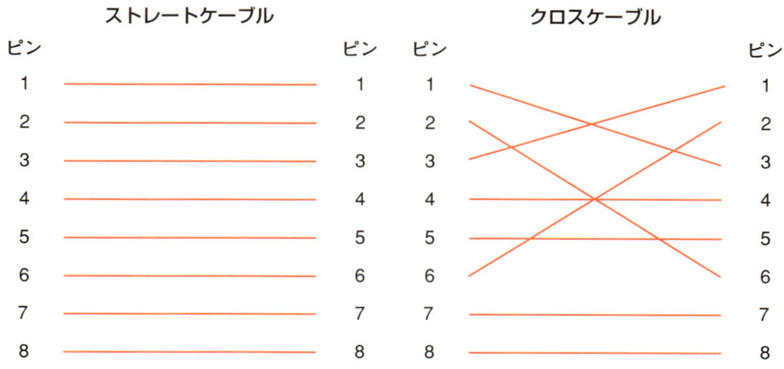

**図3.7　ストレートケーブルとクロスケーブル**

　現在の最も一般的なイーサネット規格である10BASE-T/100BASE-TXのNICには、UTPケーブルの先端に付いているRJ-45コネクタを差し込むジャックがあり、ジャックの内部で8つの端子（ピン）が結線されています。これにより、8つのピンとUTPケーブルの8本の銅線と接続されて、電気信号をUTPケーブルに流すことができるようになります。

　10BASE-T/100BASE-TXのRJ-45ジャックの8つのピンの結線によって**MDI**と**MDI-X**という2つの種類に分かれます。MDIは、（1,2）のピンで送信、（3,6）のピンで受信を行います。通常のNICやルータのインタフェースはMDIです。MDI-Xは、MDIとは逆に（1,2）のピンで受信、（3,6）のピンで送信を行います。ハブやレイヤ2スイッチのインタフェースのほとんどはMDI-Xとなっています。

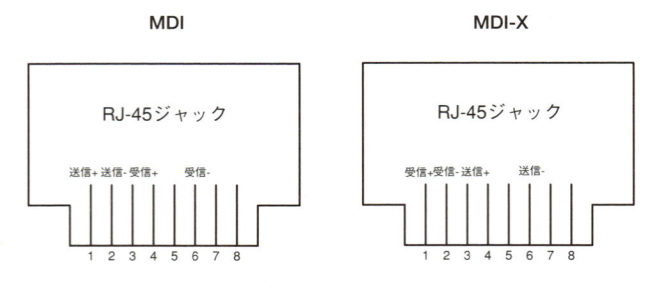

```
      MDI                           MDI-X
┌─────────────────┐          ┌─────────────────┐
│  RJ-45ジャック    │          │  RJ-45ジャック    │
│ 送信+ 送信- 受信+   受信-    │ 受信+ 受信- 送信+   送信-    │
│  │ │ │ │ │ │ │ │ │          │ │ │ │ │ │ │ │ │
  1 2 3 4 5 6 7 8              1 2 3 4 5 6 7 8
```

図 3.8　MDI と MDI-X

　通信するためには、送信した信号が相手の受信用のピンに、相手から送信された信号は自分の受信用のピンに入る必要があります。そのため、MDI と MDI-X というように受信と送信のピンが逆転しているもの同士ではストレートケーブルを利用します。MDI 同士、MDI-X 同士のように送信と受信のピンが同じものでは、ストレートケーブルではなくクロスケーブルを利用します。

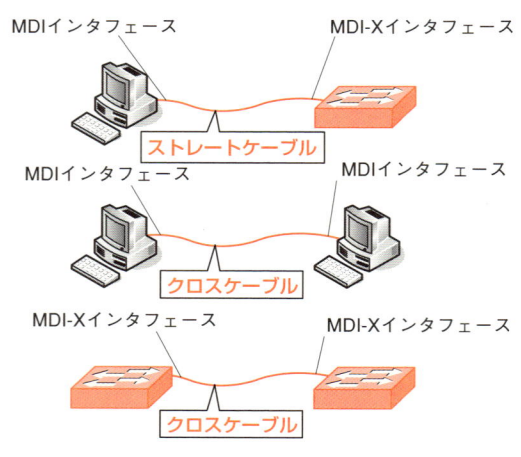

図 3.9　ストレートケーブルとクロスケーブルの使い分け

　ストレートケーブルとクロスケーブルを間違えてしまうとまったく通信できません。外観がほとんど同じで見分けがつきにくいので注意が必要です。ストレートケーブルとクロスケーブルを見分けるためには、両端の RJ-45 コネクタにどのように銅線が結線されているかを見比べます。

　なお、現在のレイヤ 2 スイッチは MDI/MDI-X を自動的に切り替える機能（**Auto MDI/MDI-X**）を持っているものもあります。Auto MDI/MDI-X 機能を持ってい

るスイッチを利用すれば、ストレートケーブルとクロスケーブルの使い分けを意識しなくて済みます。

## ●●光ファイバ

**光ファイバ**は、**コア**と**クラッド**という 2 つの部分から成り立っています。コアとクラッドは石英というガラス繊維でできています。最近では、プラスチックを使うこともありますが、一般的なのは石英です。

実際に光が通るところがコアです。コアとクラッドは、光の屈折率が異なり、光がコアとクラッドの境界で全反射して進行します。コアを通る光の発信源として、レーザ光や LED を利用します。

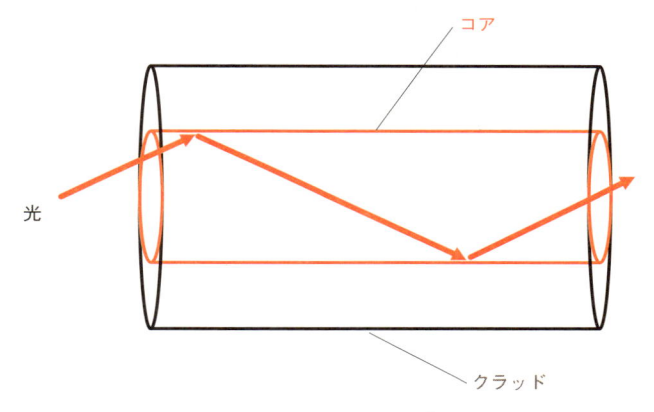

図 3.10　光ファイバの構造

光ファイバケーブルは、コアとクラッドの直径比によって、以下の 2 つに分類できます。

- マルチモード光ファイバ
- シングルモード光ファイバ

**マルチモード光ファイバ**は、コア / クラッドの直径比が 62.5 $\mu$ m/125 $\mu$ m です（※コアの直径がもう少し小さいものもありますが、おおよそクラッドの半分です）。コアの直径が大きいので、光の位相がいくつか分散して長距離の場合、光信号の到達時間にバラつきが出てしまいます。そのため、あまり長距離には向いていません。数百 m ～数 km 程度の距離で利用されることが多くなります。

**シングルモード光ファイバ**は、コア / クラッドの直径比が 10 $\mu$ m/125 $\mu$ m で

す（※これもコアの直径が多少異なることがあります）。コアの直径が非常に小さいため、コアに入ってくる光の位相が単一になります。そのため、マルチモード光ファイバのように光信号の到達のバラつきが起こりにくいので、数十 km 〜 100km 程度までの長距離をサポートすることができます。クラッドの直径の 125 $\mu$ m は、ちょうど人間の髪の毛ぐらいの太さです。

　光ファイバも各機器のインタフェースに接続するために両端にコネクタがつけられます。光ファイバのコネクタにはさまざまな種類があり、接続するインタフェースの種類によって適切なコネクタの光ファイバケーブルを選択します。代表的な光コネクタとして、SC コネクタ、LC コネクタ、MT-RJ コネクタなどがあります。

## 3.2 イーサネット

イーサネット（Ethernet）とは、現在最も普及しているLANの規格で、LANの代名詞です。ここでは、イーサネットの基本的な仕組みとさまざまな規格について解説します。

### 3.2.1 イーサネットの基本

**イーサネット**（Ethernet）と一口に言っても伝送速度や利用するケーブルの違いなどで、非常に多くの規格が存在しています。たくさんのイーサネットの規格に共通な基本原理として、次の2点があります。

- フレームフォーマット
- CSMA/CDによる媒体アクセス制御

#### ●●イーサネットのフレームフォーマット

イーサネットと名のつくものは、すべて同じ**フレームフォーマット**を採用しています。フレームフォーマットは、DIX仕様とIEEE仕様で若干異なりますが、現在のネットワーク機器やコンピュータに搭載されているNIC（Network Interface Card）はどちらのフレームフォーマットも取り扱うことができます。現在一般的なTCP/IPのパケットをイーサネットフレームで送信するときには、**DIX仕様**を利用します。

| 6バイト | 6バイト | 2バイト | 46～1500バイト | 4バイト |
|---|---|---|---|---|
| 送信先MACアドレス | 送信元MACアドレス | タイプ | データ | CRC |

図3.11　イーサネットのフレームフォーマット（DIX仕様）

次に、各フィールドについて説明します。

**送信先 MAC アドレス**

そのまま送信先 MAC アドレスです。TCP/IP の通信を行うには、ARP によって送信先 IP アドレスから送信先 MAC アドレスを解決します。

**送信元 MAC アドレス**

こちらもそのまま送信元の MAC アドレスです。

**タイプ**

データ部分の上位プロトコルを識別するための識別情報です。主な上位プロトコルを示すタイプコードは次の表のとおりです。

表 3.3 主なプロトコルのイーサネットタイプコード

| タイプコード | プロトコル |
| --- | --- |
| 0x0800 | IPv4 |
| 0x0806 | ARP |
| 0x86DD | IPv6 |

**データ**

イーサネットフレームが運ぶデータ部分です。TCP/IP の通信では IP パケットがデータ部分に含まれます。データ部分の範囲は 46 〜 1500 バイトと決まっていて、最大値を **MTU**（Maximum Transmission Unit）と言います。つまり、イーサネットでは MTU が 1500 バイトです。

**CRC**

フレームのエラーチェックを行うための情報です。**FCS**（Frame Check Sequence）とも言います。

## ●● CSMA/CD による媒体アクセス制御

イーサネットでは、媒体アクセス制御方式には **CSMA/CD**（Carrier Sense Multiple Access with Collision Detection）を採用しています。CSMA/CD による媒体アクセス制御は、基本的に「早い者勝ち」です。CSMA/CD の動作をフローチャートにしたものが次の図です。

## 3.2 イーサネット

CSMA/CD の動作は、「CS」「MA」「CD」という具合に、アルファベット2文字ずつ3つに分けて考えるとわかりやすくなります。

まず、何かフレームを送信したいノードは **CS**（Carrier Sense）を行ってケーブル上に他のノードのフレームが流れているかどうか確認します。他のノードのフレームが流れていれば、そのフレームが流れなくなるまで待機します。もし他のノードのフレームが流れていなければ自分がフレームを送信することができます。ケーブルが空いていればフレームを流すことができる、というように非常にわかりやすく単純な仕組みです。これによって複数のノードで1本の伝送媒体（ケーブル）を共有するという **MA**（Multiple Access）を実現しています。

しかし、複数のノードが1本の伝送媒体を共有するといっても、ある瞬間にフレームを送信することができるのはただ1台だけです。たまたま複数のノードが同時にフレームを送信したいという場合、Carrier Sense を行ってケーブルが空いていると判断して、同時にフレームを送信してしまうことが起こりえます。そうすると、フレームが途中で衝突してしまい、フレームが壊れて正常な通信を行うことができなくなります。この衝突を検出（**CD**: Collision Detection）すると、一定時間ジャム信号と呼ばれる信号を送ります。ジャム信号は、衝突の検出を確実にするためのものでノードすべてに伝わって、その衝突を検出します。そのため、ジャム信号が流れている間、ほかのノードがフレームを送信することはありません。

フレームの送信元のノードはランダムな時間だけ待機し、再び Carrier Sense に戻り、フレームを送信することができるかどうかを判断していきます。

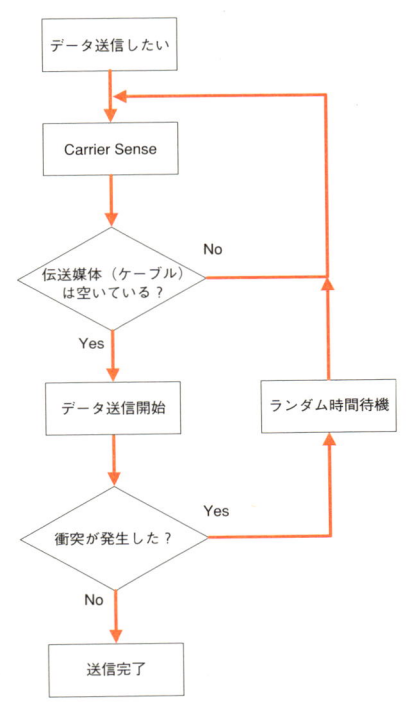

**図 3.12　CSMA/CD の動作**

衝突が発生して
フレームが壊れる

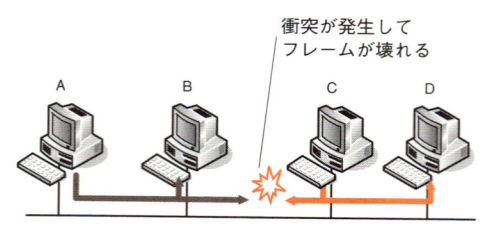

AからBの通信
CからDの通信 が同時に発生 → 衝突が発生して、正しくフレームを送ることができない
AとCはランダム時間待機後、再送信を行う

**図3.13　衝突の発生**

　以上のようなCSMA/CDに基づく媒体アクセス制御方式による通信は半2重通信です（▶3.3.3項 参照）。1本の伝送媒体を複数のノードで共有して、各ノードが送信と受信を切り替えているからです。

　なお、10ギガビットイーサネットでは、高速化と長距離化のためCSMA/CDによるアクセス制御は削除されています。ギガビットイーサネットまでは、仕様上CSMA/CDによる媒体アクセス制御方式が踏襲されています。ですが、実際にはレイヤ2スイッチの普及によって、伝送媒体を共有する形態ではなくなっているので、実質的にはすでにCSMA/CDによるアクセス制御は行っていません。最初にイーサネットの基本原理として2点挙げましたが、10ギガビットイーサネットや実質的にCSMA/CDによるアクセス制御を行っていない状況を考えると、**「イーサネット」という規格は、共通のフレームフォーマットを採用するLANの規格**と考えることができます。

### ●●イーサネットの規格名のルール

　イーサネットは、IEEE802.3で始まる規格名のほかに**10BASE5**などという規格名があります。10BASE5といった規格名は名前の規則があり、規格名を見ることによって伝送速度、伝送方式、伝送媒体がわかるようになります。例として「10BASE5」という規格名を見てみましょう。

　最初の数字「10」は、**伝送速度**を示しています。この数字にMbpsと付けると、伝送速度になります。10だと10Mbpsの伝送速度という意味です。
　次の部分「BASE」は**伝送方式**を示しています。**ベースバンド（BASEBAND）方式**、ブロードバンド（BROADBAND）方式などがありますが、現在一般的なのはベースバンド方式です。ベースバンド方式は、パルス信号によるデジタル伝送を行っているということです。

最後の部分「5」は、2通り場合に分かれます。

**数字の場合**
伝送媒体として**同軸ケーブル**を使っています。この数字は同軸ケーブルの最大長を示しています。単位は100m単位です。

**アルファベットの場合**
利用する伝送媒体の種類を示しています。**「T」であればUTPケーブル、「F」であれば光ファイバケーブル**を利用しているということがわかります。

この例では「5」とあるので同軸ケーブルを使い、ケーブルの最大長が500mということがわかります。このような、命名規則が決まっているのですが、100BASE-T4や100BASE-TX、100BASE-FXなどのように最後の部分が1文字とは限らない名称もあります。これは、OSI参照モデルの物理層レベルでの細かい仕様の違いを示しています。

## 3.2.2 10Mbpsのイーサネット

**イーサネット誕生の歴史**は、1970年代前半までさかのぼります。米ゼロックスのパロアルト研究所（PARC）に所属していたロバート・メトカフ博士が、1973年にイーサネットの基本的な動作原理を発案しました。「イーサネット（Ethernet）」という名前は、19世紀前半まで光を伝えるための媒体として考えられていた「エーテル（Ether）」にちなんで名づけられています。実験段階のイーサネットの仕様は、次の表のようなものでした。

表3.4 実験段階のイーサネット仕様

| 最大伝送速度 | 2.94Mbps |
|---|---|
| 最大伝送距離 | 1km |
| 最大セグメント長 | 1km |
| アドレス長 | 8ビット |
| 伝送媒体 | 同軸ケーブル |

その後、メトカフ博士はイーサネットをゼロックスの独占技術としてではなく、

オープンスタンダード技術として普及させるための活動を行っています。その活動の結果、1979年ゼロックスに加えてDECとインテルが協力して、イーサネットの標準化を進めることになりました。翌1980年にイーサネットの最初の仕様となる「Ethernet version 1.0」が発表されました。青いカバーで製本されていたため「ブルーブック」と呼ばれるようになっています。またこの仕様は、DEC、インテル（Intel）、ゼロックス（Xerox）の3社の頭文字をとって「**DIX仕様**」ともいいます。そして、1982年にEthernet version 2.0の規格が提案され、これをもとに**IEEE**が標準化を行い、**IEEE802.3 10BASE5**の標準が策定されるようになりました。10BASE5は、伝送速度が10Mbpsで伝送媒体に同軸ケーブル（Thickケーブル）を採用し、ケーブルの最大長が500mの規格です。

1982年に10BASE5が標準化されたのち、より簡単にネットワークを構築するために、伝送媒体に直径が細い同軸ケーブル（Thinケーブル）を利用する**10BASE2**が**IEEE802.3a**として1988年に標準化されました。直径が細い同軸ケーブルを利用しているため、ケーブルを取り回しやすくなり、10BASE5よりも簡単にイーサネットのLANを構築することができます。

10BASE5や10BASE2は、1本の同軸ケーブルに複数のコンピュータが接続するというバス型のネットワークトポロジを採用しています。しかし、バス型のネットワークトポロジでは、1ヶ所の故障によって、全体が通信できなくなってしまいます。その欠点を改良し、さらに伝送媒体にUTPケーブルを採用した**IEEE802.3i 10BASE-T**が1990年に標準化されました。10BASE-Tによって、ネットワークトポロジがバス型からハブを中心としたスター型に移行し、ネットワーク構築が容易になり柔軟性に優れたネットワークとなっています。また、他にも光ファイバを利用した10BASE-FLなどの規格も開発されています。

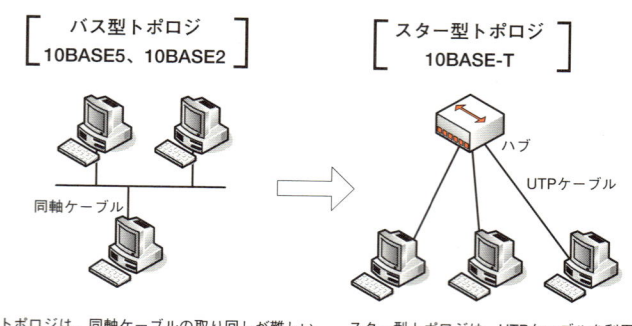

**図3.14　バス型からスター型へ**

そして、この後、イーサネットはさらなる高速化と多機能化を実現することになります。また、代表的な 10Mbps イーサネットの規格を表 3.5 にまとめます。

表 3.5 10Mbps イーサネットの代表的な規格コード

| 規格名 | 伝送速度 | 伝送媒体 | 伝送媒体の最大長 |
|---|---|---|---|
| 10BASE5 | 10Mbps | 同軸ケーブル | 500m |
| 10BASE2 | 10Mbps | 同軸ケーブル | 185m |
| 10BASE-T | 10Mbps | カテゴリ 3 以上の UTP ケーブル | 100m |

### 3.2.3　100Mbps のイーサネット

　イーサネットの伝送速度は、10Mbps から 100Mbps へさらに高速化しました。100Mbsp のイーサネットを**ファストイーサネット**（Fast Ethernet）と呼びます。1993 年に 100Mbps イーサネットの標準化を進めるファストイーサネットアライアンスが結成されています。その後、各ベンダが独自に製品を発表するようになり徐々にファストイーサネットの普及が進み、1995 年に **IEEE802.3u 100BASE-TX** の標準化が行われています。

　ファストイーサネットにも伝送媒体などの違いによって、多くの規格が存在します。主なファストイーサネットの規格として、

- 100BASE-T4
- 100BASE-TX
- 100BASE-FX

などがあります。

　この中でもっとも普及しているファストイーサネット規格が 100BASE-TX です。現在販売されているデスクトップ PC やノート PC のほぼすべての製品に **10BASE-T/100BASE-TX** 対応の LAN インタフェースがオンボードで搭載されています。

　100BASE-TX は、10BASE-T と同じく伝送媒体に UTP ケーブルを利用した**スター型トポロジ**ですが、より高品質なカテゴリ 5UTP ケーブルを利用します。UTP ケーブルの最大長は、100m です。高品質なカテゴリ 5UTP ケーブルを採用し FDDI で利用している 4B/5B という符号化形式、MLT-3 という電気信号の変換形式を採用

し100Mbpsの伝送速度を実現しています。

**100BASE-T4**は、10BASE-Tと同じカテゴリ3 UTPケーブルを利用します。カテゴリ3 UTPケーブルで100Mbpsの伝送速度を実現するために、4対8線すべてを使用します。UTPケーブルの最大長は10BASE-Tと同じく100mです。既存のカテゴリ3UTPの配線を生かすために100BASE-T4が開発されています。

**100BASE-FX**は、マルチモード光ファイバを利用します。マルチモード光ファイバを利用することによって、最大で400mの伝送距離を実現することができます。代表的なファストイーサネットの規格についてまとめたものが以下の表です。

表3.6 代表的なファストイーサネットの規格

| 規格 | 伝送速度 | 伝送媒体 | 伝送媒体の最大長 |
| --- | --- | --- | --- |
| 100BASE-TX | 100Mbps | カテゴリ5以上のUTPケーブル | 100m |
| 100BASE-T4 | 100Mbps | カテゴリ3以上のUTPケーブル | 100m |
| 100BASE-FX | 100Mbps | マルチモード光ファイバ | 400m |

## 3.2.4　1Gbpsのイーサネット

**ギガビットイーサネット**（Gigabit Ethernet）とは、伝送速度が1Gbpsつまり1000Mbpsであるイーサネット規格の総称です。100Mbpsのファストイーサネットがクライアント PC にまで普及し、さらにアプリケーションとして動画や音声を扱うマルチメディアアプリケーションが増えてくると、クライアントからの要求を処理するサーバやLANのバックボーンにおいて、より高速な伝送速度が求められるようになりました。

こうしたニーズに応えるために、**LAN技術の標準化を行うIEEE802.3委員会**は、1998年に**IEEE802.3z 1000BASE-X**を標準化しました。1000BASE-Xには、伝送媒体に同軸ケーブルを利用する1000BASE-CX、光ファイバを利用する1000BASE-SXおよび1000BASE-LXがあります。その翌年1999年にUTPケーブルを利用する**IEEE802.3ab 1000BASE-T**を標準化しています。

これら、1000Mbpsの伝送速度を持つイーサネット規格を総称して「ギガビットイーサネット」と呼びます。

1000BASE-CXは伝送媒体に同軸ケーブルを採用していますが、メディアの最大長がわずか25mしかありませんので、LANのバックボーンを構築するには向いていません。1000BASE-SXは最大550mのマルチモード光ファイバを利用し、

1000BASE-LXはマルチモードもしくはシングルモード光ファイバを利用します。シングルモード光ファイバを利用している場合、伝送媒体の最大長は5kmとなります。光ファイバはUTPケーブルに比べるとデリケートで高価なため、手軽にギガビットイーサネットを採用するというわけにはいきませんでした。

1000BASE-Tはこれまでの100BASE-TXと同じくカテゴリ5以上のUTPケーブルで1000Mbpsの伝送速度を実現することができます。100BASE-TXのファストイーサネットLANのためにすでに敷設されているケーブルをいかすことができ、スイッチやNICを1000BASE-T対応のものに置き換えれば、ギガビットイーサネットLANを構築することができます。ただし、100BASE-TXと同じケーブルを利用できるといっても、100BASE-TXではUTPケーブルの2対4線しか使っていないのに対して、1000BASE-Tでは4対8線すべて使います。4対8線すべてとハイブリッド回路を利用して、1000Mbpsの全2重通信が可能となっています。また、カテゴリ5UTPケーブルでは環境やケーブルの品質によっては十分な伝送速度が出ない場合があります。1000BASE-Tによるギガビットイーサネットではエンハンスドカテゴリ5（カテゴリ5e）以上のUTPケーブルの使用を推奨しています。

現在、新しくLANを構築するとき、100BASE-TXのファストイーサネットLANを構築するとしても、将来的な拡張を考えると、新しく敷設するケーブルはカテゴリ5eもしくはカテゴリ6といったより高品質なUTPケーブルを採用する方がよいでしょう。

ギガビットイーサネットの規格について、次の表にまとめます。

表3.7 ギガビットイーサネットの規格

| 規格 | 伝送速度 | 伝送媒体 | 伝送媒体の最大長 |
| --- | --- | --- | --- |
| 1000BASE-CX | 1000Mbps | 同軸ケーブル | 25m |
| 1000BASE-SX | 1000Mbps | マルチモード光ファイバ | 550m |
| 1000BASE-LX | 1000Mbps | マルチモード光ファイバ | 550m |
| | | シングルモード光ファイバ | 5km |
| 1000BASE-T | 1000Mbps | カテゴリ5以上のUTPケーブル（※カテゴリ5e以上を推奨） | 100m |

## 3.2.5 10Gbps のイーサネット

**10 ギガビットイーサネット**とは、10Gbps の伝送速度を持つイーサネット規格の総称です。ギガビットイーサネットが普及してくるにつれて、より高速な伝送速度が求められるようになりました。IEEE802.3 委員会は、ギガビットイーサネット標準化の直後の 1999 年から 10 ギガビットイーサネットの標準化作業を開始し、2002 年に **IEEE802.3ae** として標準化されました。

10 ギガビットイーサネットになって、これまでのイーサネットの共通要素が変更されました。前述したようにイーサネットからギガビットイーサネットまでは一貫して、

- 共通のフレームフォーマット
- CSMA/CD によるアクセス制御（半 2 重通信）

という 2 つの共通要素がありました。現在ではスイッチの導入と全 2 重通信によってCSMA/CD によるアクセス制御は実質的には利用されることはあまりありませんが、規格上 CSMA/CD をサポートしています。「イーサネット」と名のつくものはすべてこの 2 点の特徴を持っていて、いわば、イーサネットの定義ともいえます。

ところが、10 ギガビットイーサネットでは、**高速化するために CSMA/CD によるアクセス制御を仕様から削除**しました。前述のように、10 ギガビットイーサネットになって**「イーサネット」の定義は、共通のフレームフォーマットを持っている**ということになりました。

また、イーサネットというと LAN の代名詞でしたが、10 ギガビットイーサネットは単に LAN だけで使うことを想定していません。10 ギガビットイーサネットでは LAN の用途だけでなく、MAN（Metropolitan Area Network）/WAN（Wide Area Network）での用途も考えられています。

10 ギガビットイーサネットの標準規格は、符号化や光ファイバの波長など物理層の仕様の違いによって、**10GBASE-LX4/SR/LR/ER/SW/LW/EW** の 7 つあります。

これらの 7 つの規格は、大きく LAN 向けの「LAN PHY」と WAN 向けの「WAN PHY」があります。10GBASE-LX4/SR/LR/ER は LAN PHY、10GBASE-SW/LW/EW は WAN PHY です。

WAN 向けの WAN PHY が LAN 向けの LAN PHY よりも伝送距離が長いというわけではありません。どちらも最大で 40km までの伝送距離をサポートすることができます。WAN PHY は従来の高速な WAN 回線である SONET/SDH との接続性を考慮して作られていることを示しています。

表3.8 ギガビットイーサネットの規格

| 用途 | 規格 | 伝送媒体 | 伝送媒体の最大長（伝送距離） |
|---|---|---|---|
| LAN PHY | 10GBASE-LX4 | MMF | 240m |
| | | SMF | 10km |
| | 10GBASE-SR | MMF | 300m |
| | 10GGASE-LR | SMF | 10km |
| | 10GBASE-ER | SMF | 40km |
| WAN PHY | 10GBASE-SW | MMF | 300m |
| | 10GBASE-LW | SMF | 10km |
| | 10GBASE-EW | SMF | 40km |

MMF（Multi Mode Fiber）：マルチモード光ファイバ
SMF（Single Mode Fiber）：シングルモード光ファイバ

## 3.2.6 イーサネット上のTCP/IP通信の仕組み

　LANの代表的な規格であるイーサネットは、転送プロトコルの1つです。イーサネットは、IPなどのネットワーク層のパケットを転送します。そして、転送する範囲は1つのネットワーク内です。**「1つ」のネットワークとは、ルータやレイヤ3スイッチで区切られる範囲**です。ネットワークはルータやレイヤ3スイッチによって相互接続されていて、そのネットワーク内でイーサネットによってIPパケットを転送することができます。

　IPパケットをイーサネットで転送するために、イーサネットのヘッダを付加します。IPでは、IPアドレスによって送信先を識別します。そして、イーサネットではMACアドレスによって送信先を識別します。IPパケットを正しく同じネットワーク内で転送するためには、IPアドレスに応じたMACアドレスがわからなければいけません。

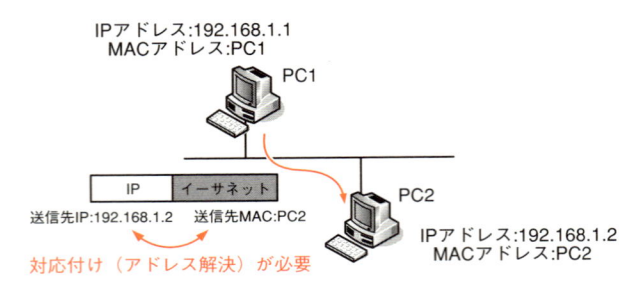

図3.15　イーサネットによるIPパケットの転送の様子

　IPアドレスに応じたMACアドレスを対応づけることを**アドレス解決**と呼びます。IPv4のアドレス解決を行うためのプロトコルが**ARP**（Address Resolution Protocol）です。

　なお、IPでの送信先が他のネットワークに所属している場合、イーサネットで同じネットワーク内のデフォルトゲートウェイ（ルータ）にIPパケットを転送します。そして、ルータがルーティングすることで目的のネットワークまでIPパケットを転送します。ルーティングすることで、他のネットワークの送信先にIPパケットを転送することができます。その際、下記の図のようにイーサネットのヘッダは書き換わっていくことになります

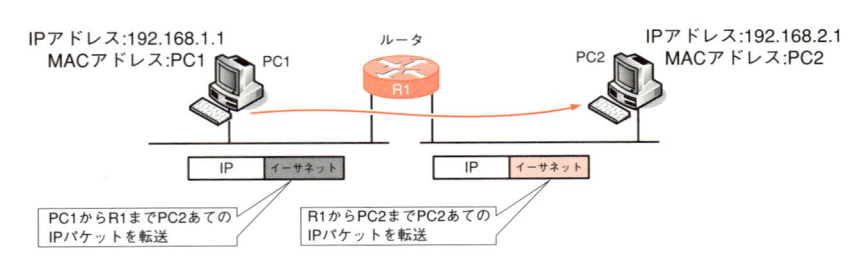

図3.16　ルーティングとイーサネットのヘッダ

## 3.2.7 ARP の仕組み

ARP は、

- ARP リクエスト
- ARP リプライ

によって、目的の IP アドレスに対応する MAC アドレスを求めるためのプロトコルです。

図 3.17「ARP の仕組み」のコンピュータ A からコンピュータ D へ IP パケットを転送する場合を考えます。コンピュータ A では、コンピュータ D の IP アドレス 192.168.1.4 を指定します。イーサネットで転送するためには、この 192.168.1.4 という IP アドレスに対応するコンピュータ D の MAC アドレスが必要です。そこで、コンピュータ A はコンピュータ D の MAC アドレスを求めるために ARP を利用します。A は、**ARP リクエストをブロードキャストで送信**します。この場合は、データリンクレベルでのブロードキャスト（送信先 MAC アドレス：`FF-FF-FF-FF-FF-FF`）です。ARP リクエストをコンピュータ D に送信したくても MAC アドレスがわかりません。相手の MAC アドレスがわからないのでとりあえず全員あてに送ればよいという考え方で、ARP リクエストをブロードキャストします。

ARP リクエストは「この IP アドレスが設定されているコンピュータは MAC アドレスを教えてください」といった内容です。ですから、この場合「IP アドレス 192.168.1.4 のコンピュータは MAC アドレスを教えてください」というリクエストを送ります（①）。

ARP リクエストはブロードキャストなので、コンピュータ B、C も受信します。しかし、問い合わせされている IP アドレスではないので、コンピュータ B や C は ARP リプライを返しません。

コンピュータ D がこのリクエストに返事をして、「こちらの MAC アドレスは D です」という ARP リプライをコンピュータ A に返信します（②）。こうしてアドレス解決を行い、イーサネットのフレームを作りネットワーク上に送信することができるようになります。

```
                                A                        C
                           IPアドレス 192.168.1.1      IPアドレス 192.168.1.3
                           MACアドレス A              MACアドレス C
```

①ARPリクエスト（ブロードキャスト）
IPアドレス 192.168.1.4 のコンピュータの
MACアドレスを教えてください

②ARPリプライ
MACアドレスはDです

B、CもARPリクエストを受
け取るが、問い合わせされ
ているIPアドレスではない
ので返答しない

```
                                B                        D
                           IPアドレス 192.168.1.2      IPアドレス 192.168.1.4
                           MACアドレス B              MACアドレス D
```

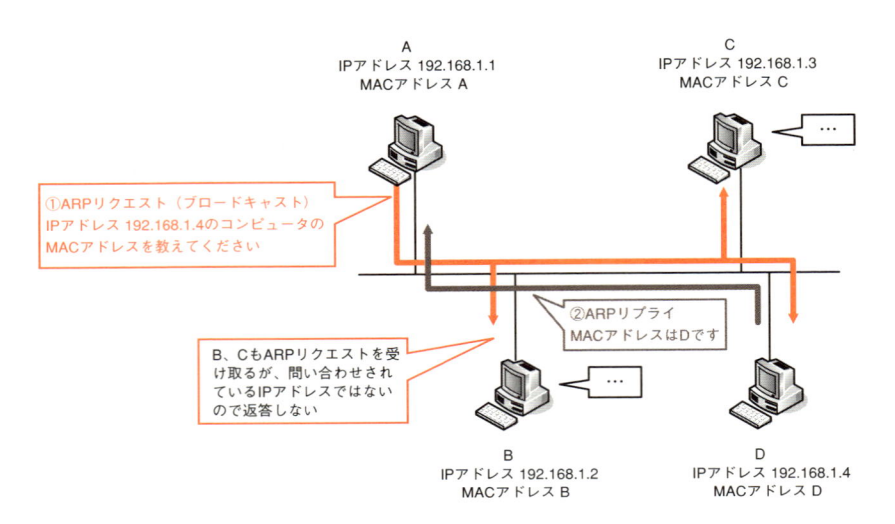

**図3.17　ARPの仕組み**

　以上のARPの処理は透過的に行われます。コンピュータやルータでARPについて特別な設定は必要ありません。

　また、いったんアドレス解決した情報は一定時間**ARPキャッシュ**に保存されます。Ciscoルータでは、「`show ip arp`」コマンドでARPキャッシュの内容を確認することができます。Windows OSではコマンドプロンプトから「`arp -a`」コマンドでARPキャッシュの内容を確認することができます。CiscoルータとWindows XPでのARPキャッシュの様子を下記に示します。

CiscoルータでのARPキャッシュの表示

```
Router# show ip arp

Protocol  Address        Age(min)  Hardware Addr   Type   Interface
Internet  171.69.233.22     9      0000.0c59.f892  ARPA   Ethernet0/0
Internet  171.69.233.21     8      0000.0c07.ac00  ARPA   Ethernet0/0
Internet  171.69.233.19     -      0000.0c63.1300  ARPA   Ethernet0/0
Internet  171.69.233.30     9      0000.0c36.6965  ARPA   Ethernet0/0
Internet  172.19.168.11     -      0000.0c63.1300  ARPA   Ethernet0/0
```

```
コマンド プロンプト
Microsoft Windows XP [Version 5.1.2600]
(C) Copyright 1985-2001 Microsoft Corp.

C:\Documents and Settings\Gene>arp -a

Interface: 10.200.2.32 --- 0x3
  Internet Address      Physical Address      Type
  10.200.0.1            00-50-e8-00-17-3d     dynamic

C:\Documents and Settings\Gene>
```

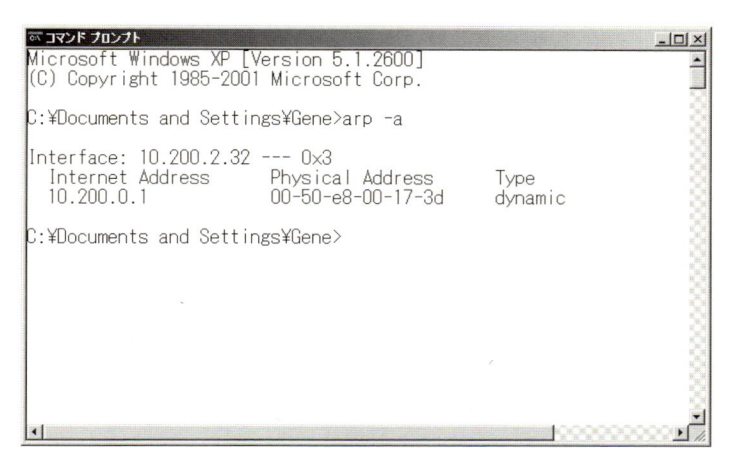

**図 3.18　Windows XP の ARP キャッシュの例**

　ちなみに IPv6 パケットをイーサネットで転送するときにも IPv6 アドレスに対応する MAC アドレスが必要です。つまり、IPv6 でもアドレス解決を行う必要があります。IPv6 アドレスのアドレス解決は ARP ではなく、**ICMPv6** の NS（Neighbor Solicitation）/NA（Neighbor Advertisement）というメッセージで行います。

## 3.3 レイヤ2スイッチング

ここでは、レイヤ2スイッチでのフレーム転送について解説します。また、フレーム転送以外のレイヤ2スイッチの機能についても解説します。

### 3.3.1 レイヤ2スイッチによるフレームの転送

前述のように、現在のイーサネットはスイッチを中心として接続されています。PCなどから送信されるイーサネットフレームは**レイヤ2スイッチ**によって転送されます。レイヤ2スイッチは、OSI参照モデルのデータリンク層で機能するネットワーク機器です。データリンク層で機能するとは、データリンク層のヘッダであるイーサネットヘッダを参照して、フレームを転送することを意味します。

イーサネットヘッダには、送信先および送信元MACアドレスが含まれています。レイヤ2スイッチは、まず自身のポートの先にどのようなMACアドレスが接続されているかを学習します。そのために、受信したイーサネットフレームの送信元MACアドレスをチェックします。あるポートで受信したイーサネットフレームの送信元MACアドレスを見れば、ポートの先に接続されているMACアドレスがわかります。レイヤ2スイッチは、ポートとその先に接続されているMACアドレスの情報をMACアドレステーブルに保存します。

次に、受信したイーサネットフレームの送信先MACアドレスをチェックします。MACアドレステーブルに送信先MACアドレスに一致する情報があるかどうかを検索します。MACアドレステーブルに一致する情報があれば、そのポートにのみイーサネットフレームを転送します。MACアドレステーブルに一致する情報がない場合は、受信したイーサネットフレームをコピーしてすべてのポートに転送します。この動作を**フラッディング**と言います。なお、MACアドレステーブルに登録されていないMACアドレスが送信元になっているイーサネットフレームを**Unknownユニキャストフレーム**と呼びます。

このような、レイヤ2スイッチのフレーム転送の動作について、具体的に次の図3.18で考えます。

## 3.3 レイヤ2スイッチング

**送信先MACアドレスとMACアドレステーブルから転送するポートを判断。エントリが存在しないときは、フラッディング**

レイヤ2スイッチ

**MACアドレステーブル**

| ポート | MACアドレス |
|---|---|
| 1 | A |

送信先MAC：B
送信元MAC：A

Bあてのフレーム

ポート1 ポート2 ポート3 ポート4

**スイッチは、受信したフレームの送信元MACアドレスをチェック。MACアドレステーブルに登録**

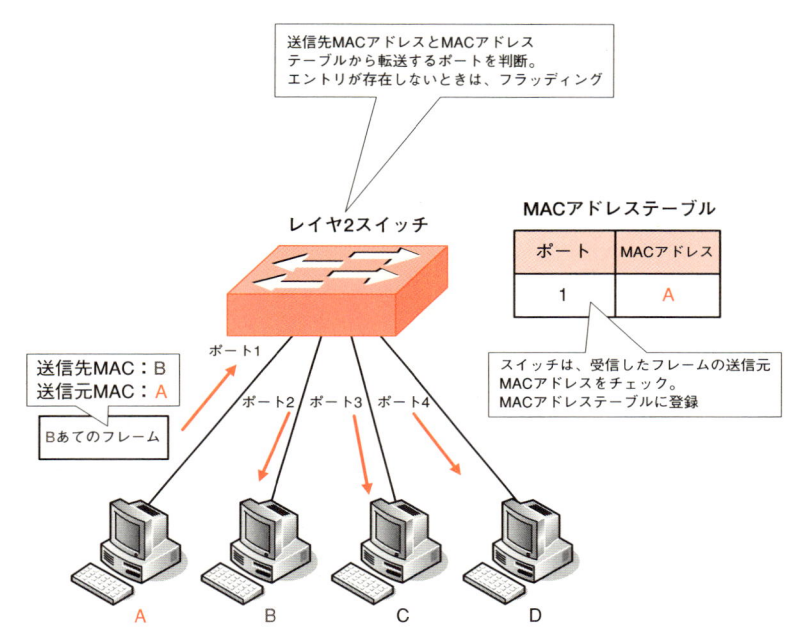

A　B　C　D

**図3.19　レイヤ2スイッチによるフレームの転送 その1**

図では4ポートのスイッチに4台のコンピュータが接続されています。それぞれMACアドレスは図に示されているA～Dです。スイッチは電源が入ったばかり状態であるとすると、MACアドレステーブルには何も入っていません。ここで、コンピュータAからコンピュータBにデータを送信するときを考えます。すると、送信先MACアドレスが「B」、送信元MACアドレス「A」というフレームがスイッチに届きます。

スイッチ、まずフレームの送信元MACアドレスを見てMACアドレステーブルに登録します。ポート1に入ってくるフレームの送信元MACアドレスがAであるということは、Aはポート1に接続されています。次にスイッチは、送信先MACアドレスとMACアドレステーブルを照合しますが、この場合、一致するエントリが見つかりません。すなわち、UnknownユニキャストフレームUnknownユニキャストフレームはフラッディングされます。つまり、ポート2、3、4すべてのポートに転送されることになります。

次にBからAへの返事が返ってきたと想定します。フレームの送信先MACアドレスは「A」、送信元MACアドレスが「B」です。スイッチはさきほどと同様に、受信したフレームの送信元MACアドレスからMACアドレステーブルのエントリを作成します。そして、フレームの送信先MACアドレスとMACアドレステーブ

ルから、コンピュータ A はポート1に接続されていることがわかります。そのため、スイッチは受信したフレームをポート1にだけ転送します。

送信先MACアドレスとMACアドレステーブルから転送するポートを判断。
「A」はポート1に存在するのでポート3、4には転送しない

レイヤ2スイッチ

MACアドレステーブル

| ポート | MACアドレス |
|---|---|
| 1 | A |
| 2 | B |

ポート1　ポート4
ポート2　ポート3

スイッチは、受信したフレームの送信元MACアドレスをチェックMACアドレステーブルに登録

Aあてのフレーム

送信先MAC：A
送信元MAC：B

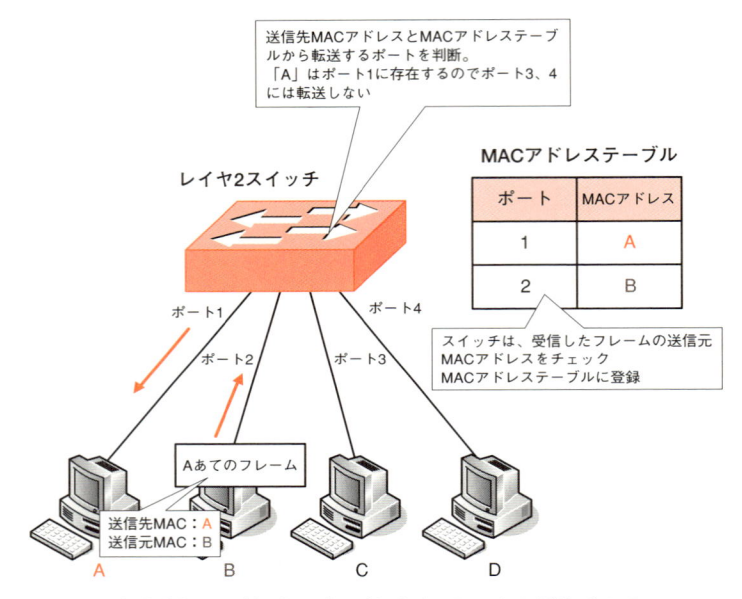

A　B　C　D

**図3.20　レイヤ2スイッチによるフレームの転送 その2**

　スイッチの MAC アドレステーブルの各エントリは**エージングタイム（制限時間）**があります。MAC アドレステーブルのあるエントリに一致するフレームを受信するたびにエージングタイムはリフレッシュされます。しかし、エージングタイムがタイムアウトするまでに、MAC アドレステーブルのエントリに一致するフレームを受信しなければそのエントリは削除されます。また、すでにエントリに登録されている MAC アドレスが送信元に指定されているフレームを異なるポートで受信した場合は、MAC アドレステーブルの書き換えが行われます。

　なお、MAC アドレステーブルには1ポートあたり複数の MAC アドレスが登録されることもあります。複数のスイッチが相互接続されているような場合、1つのポートに対して複数の MAC アドレスの情報が MAC アドレステーブルに登録されます。たとえば、次の図の SW1 の MAC アドレステーブルには、ポート1の先に接続されている MAC アドレスとして、「C」、「D」の複数の MAC アドレスが登録されます。SW2でも同様に、ポート1の先に接続される MAC アドレスとして、「A」、「B」の複数の MAC アドレスが登録されます。

3.3 レイヤ2スイッチング

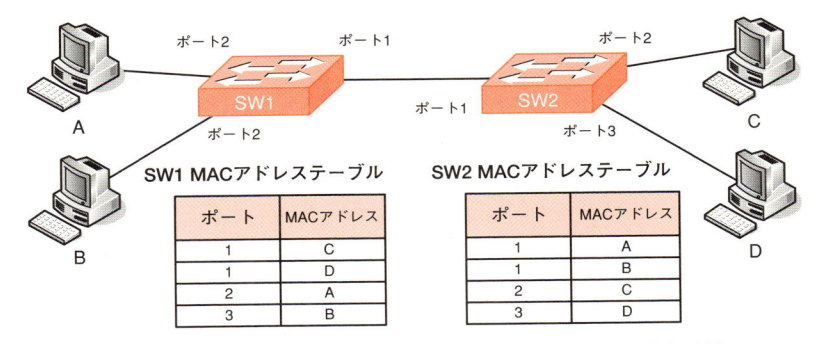

**図 3.21　1つのポートあたり複数の MAC アドレスが登録される例**

SW1 MACアドレステーブル

| ポート | MACアドレス |
|---|---|
| 1 | C |
| 1 | D |
| 2 | A |
| 3 | B |

SW2 MACアドレステーブル

| ポート | MACアドレス |
|---|---|
| 1 | A |
| 1 | B |
| 2 | C |
| 3 | D |

　なお、実際には各スイッチの MAC アドレステーブルに図にある以外の MAC アドレスも登録されます。レイヤ2スイッチ自体も MAC アドレスを保持していて、スイッチのさまざまな制御メッセージを送信します。たとえば、スパニングツリーの制御メッセージである BPDU などです。そのため、SW1 の MAC アドレステーブルのポート1の情報として、SW2 の MAC アドレスも登録されます。同じように、SW2 の MAC アドレステーブルのポート1の情報として SW1 の MAC アドレスも登録されます。

　また、VLAN を利用できるレイヤ2スイッチでは、MAC アドレステーブルにさらに VLAN の情報も含まれています。

### 3.3.2　コリジョンドメインとブロードキャストドメイン

　レイヤ2スイッチの各ポートからフレームを転送するときには、CSMA/CD にしたがっています。CSMA/CD で衝突が発生すると、フレームが壊れてしまって**ジャム信号**となります。レイヤ2スイッチは、衝突によって壊れてしまったフレームであるジャム信号を他のポートには転送しません。これにより、仮に衝突が発生しても他のポートには影響を及ぼさないようになります。衝突が発生してその影響がおよぶ範囲のことを**コリジョンドメイン**と呼びます。1つのコリジョンドメインは、伝送媒体を共有している範囲でもあります。レイヤ2スイッチは、ポートごとにコリジョンドメインを分割します。

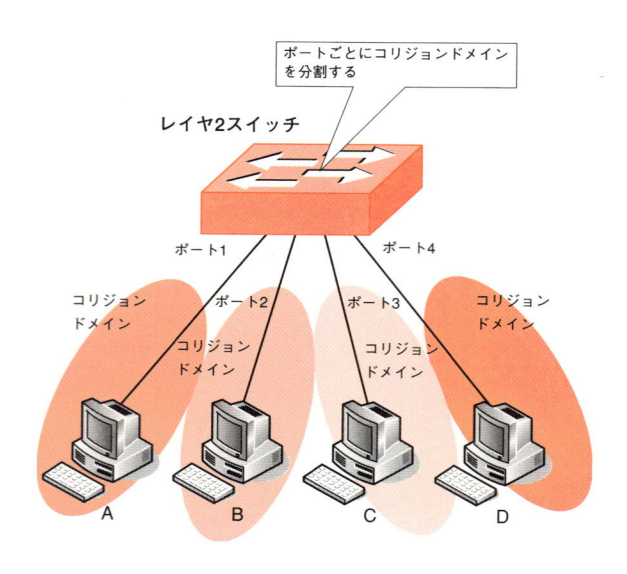

**図 3.22　スイッチとコリジョンドメイン**

　また、ブロードキャストフレームを転送する範囲を**ブロードキャストドメイン**と呼びます。ルータやレイヤ3スイッチはブロードキャストを転送しません。そのため、ブロードキャストドメインはルータやレイヤ3スイッチで区切られます。つまり、ブロードキャストドメインとは1つのネットワークです。

　スイッチはブロードキャストのフレームを受信したポート以外のすべてのポートに転送（フラッディング）します。そのため、スイッチは、単一のブロードキャストドメインを形成します。なお、スイッチがフラッディングするフレームは、ブロードキャストだけではありません。スイッチはブロードキャストフレーム、マルチキャストフレーム、Unknownユニキャストフレームをフラッディングします。

3.3 レイヤ2スイッチング

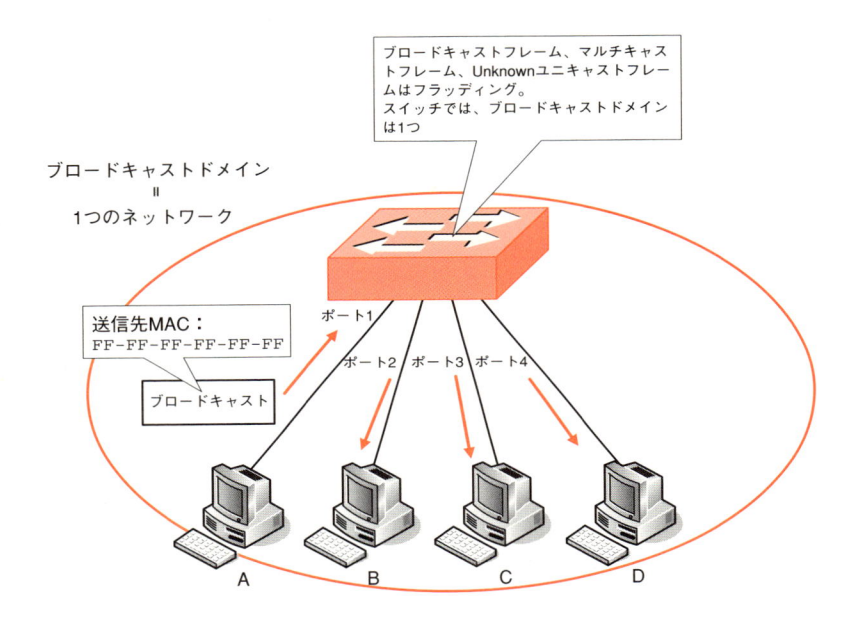

**図3.23 スイッチとブロードキャストドメイン**

ただし、VLAN（Virtual LAN）を利用すると、スイッチによってブロードキャストフレームのフラッディングを制御し、複数のブロードキャストドメインに分割することが可能です。VLANによって、より柔軟なネットワークデザインを実現することができます。VLANについては、▶**第5章**で詳しく解説します。

## 3.3.3 全2重通信

スイッチでは、**全2重通信**を行うことによってさらにネットワークのパフォーマンスを向上させることができます。全2重通信とは、データの送信・受信を同時に行うことができる通信方式です。全2重通信を行うには、データの送信用の回線とデータ受信用の回線が必要となります。一方、データの送信と受信を切り替えながら行う通信方式を**半2重通信**と呼んでいます。半2重通信は1つの回線を送信と受信で切り替えながら利用します。半2重通信は言い換えると、1つの回線を共用していることになります。

113

[全2重通信]

送信用と受信用の回線が分離されているので、いつでもデータを送受信できる

データ →
データ ←
A　　　　B

[半2重通信]

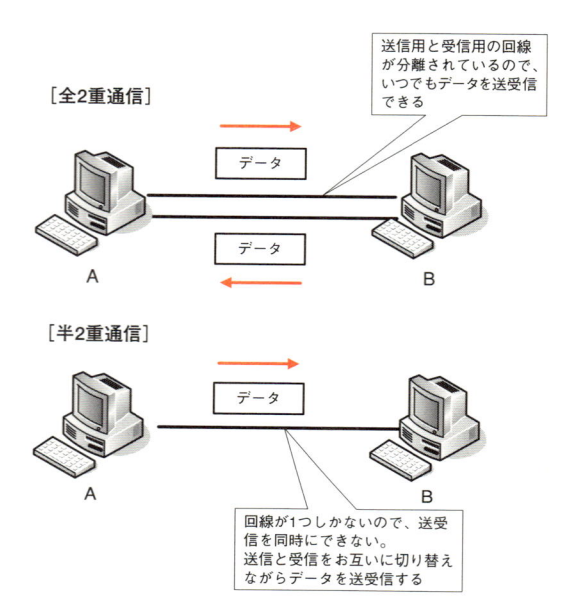

データ →
A　　　　B

回線が1つしかないので、送受信を同時にできない。送信と受信をお互いに切り替えながらデータを送受信する

**図3.24　全2重通信と半2重通信**

　スイッチで全2重通信を行うためには、1つのポートに1つのホスト（ノード）のみを接続します。このような接続形態を**マイクロセグメンテーション**と呼びます。スイッチのポートとホストを接続するUTPケーブルは、外見上は1本のケーブルですが、実際には8本の銅線が2本ずつ寄り合わされています。この4対8本の銅線で全2重通信を行います（▶**図3.6〜3.8参照**）。

　10BASE-T/100BASE-TXと1000BASE-Tでは、全2重通信の実現方法が異なります。10BASE-Tと100BASE-Tでは、4対8本の銅線のうち、2対4本のより対線で電気信号を送ります。1対を送信用、もう1対を受信用として物理的に回線を分けることで全2重通信を実現します。

3.3 レイヤ2スイッチング

[10BASE-T/100BASE-TXの全2重通信]

UTPケーブルの4対8本の銅線のうち、2対4本の銅線を利用。
スイッチとホストは2本の回線で接続されていて、それぞれ送信と受信で利用する

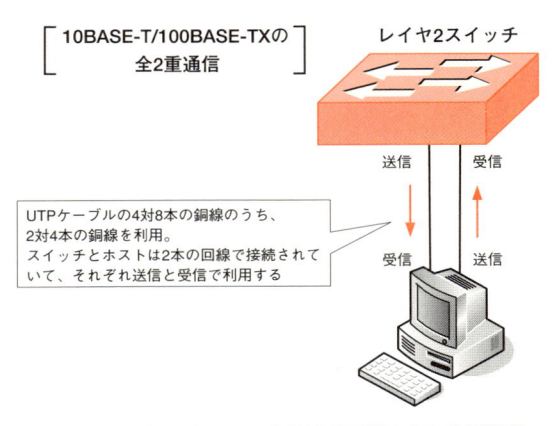

**図3.25　10BASE-T/100BASE-TXの全2重通信**

　一方、1000BASE-TではUTPケーブルの4対8本の銅線をすべて利用します。送信用と受信用で回線を物理的に分けるのではなく、すべてのより対線に送信と受信の電気信号を重ね合わせて送ります。ハイブリッド回路によって、送信と受信の電気信号を重ね合わせたり、分離することで全2重通信を実現します。

[1000BASE-Tの全2重通信]

UTPケーブルの4対8本の銅線をすべて利用。
4対すべてにハイブリッド回路で送信と受信の電気信号を重ね合わせた信号を流す

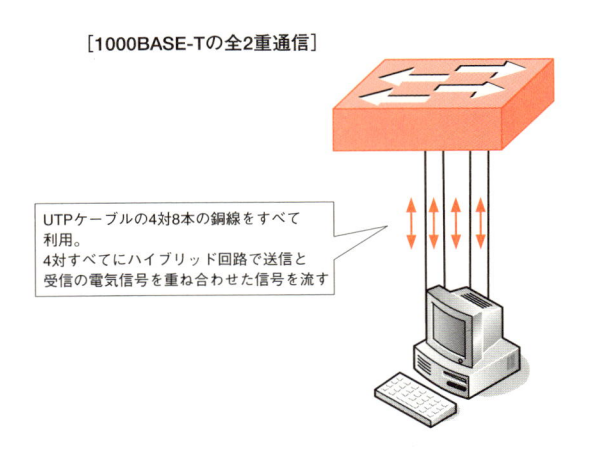

**図3.26　1000BASE-Tの全2重通信**

　このように、10BASE-T/100BASE-TXと1000BASE-Tでは仕組みが違うものの、スイッチとホストをマイクロセグメンテーションによって1対1で接続すれば全2重通信が可能です。そして全2重通信を行うということは、原理上、衝突は発生しないことになります。

## 3.3.4 オートネゴシエーション

　UTPケーブルを利用するイーサネット規格には、10BASE-Tや100BASE-TX、1000BASE-Tなどさまざまあります。これらさまざまなUTPケーブルを利用するイーサネット規格で、スイッチに接続されたコンピュータと通信速度、通信モードを自動的に最適化する機能を**オートネゴシエーション**と呼びます。

　オートネゴシエーション機能に対応したスイッチとコンピュータを接続した場合、それぞれ**FLP（Fast Link Pulse）バースト**と呼ばれるパルス信号を送出します。このFLPバーストのやり取りによって、互いの通信速度とサポートする通信モードを検出し、下の表の優先順位に従って最適なものを選択します。

表3.9 オートネゴシエーションの優先順位

| 優先順位 | 通信速度・モード |
|---|---|
| 1 | 1000BASE-T 全2重 |
| 2 | 1000BASE-T 半2重 |
| 3 | 100BASE-T2 全2重 |
| 4 | 100BASE-TX 全2重 |
| 5 | 100BASE-TX 半2重 |
| 6 | 100BASE-T2 半2重 |
| 7 | 100BASE-T4 |
| 8 | 10BASE-T 全2重 |
| 9 | 10BASE-T 半2重 |

　最近のスイッチおよびコンピュータに取り付けるネットワークインタフェースカードは、ほとんどの場合オートネゴシエーション機能をサポートしています。そのため、ネットワークに接続すれば自動的に最適な速度と通信モードで通信できます。ただし、オートネゴシエーションを無効化して、固定で速度や通信モードを設定する場合には、注意が必要です。

　たとえば、スイッチでオートネゴシエーション機能を無効にし、固定的に100BASE-TX全2重通信に設定しているとします。そのポートにクライアントコンピュータを接続し、クライアントコンピュータのオートネゴシエーション機能は有効のままとします。

## 3.3 レイヤ2スイッチング

　オートネゴシエーション機能を無効にして、固定的に通信速度と通信モードを設定したとき、10BASE-T なら **NLP**（Normal Link Pulse）、100BASE-TX なら**アイドル信号**を送出します。この場合、スイッチは 100BASE-TX のアイドル信号を送出します。クライアントは、アイドル信号から 100BASE-TX であることがわかります。しかし、スイッチから FLP バーストが送出されないので、クライアントは半2重通信なのか全2重通信なのかを判断することができません。オートネゴシエーションの動作では、全2重か半2重かを判断できないときは半2重となります。つまり、クライアントでは半2重通信で通信を行うことになります。

　すると、スイッチは 100BASE-TX 全2重、クライアントは 100BASE-TX 半2重で、通信モードが異なってしまいます。通信モードが一致していないと、あるときは通信でき、あるときは通信ができないという非常に不安定なネットワークになります。

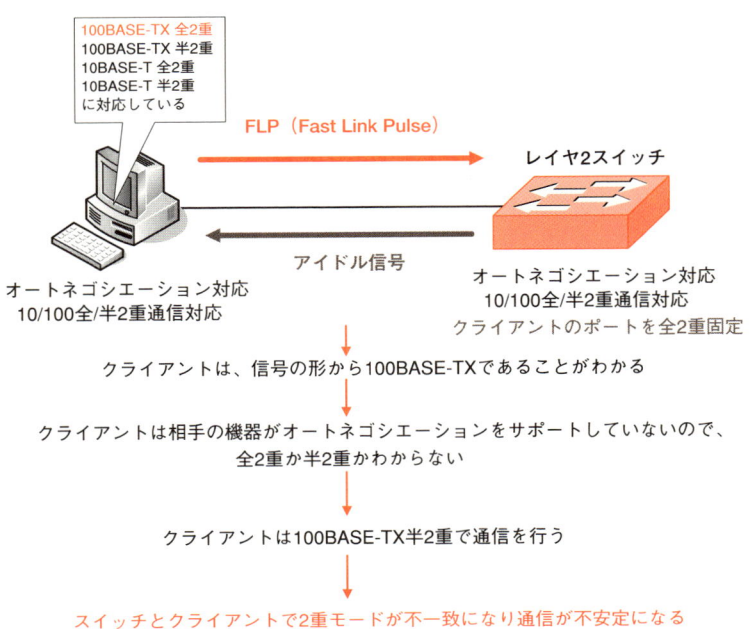

**図3.27　オートネゴシエーションが正しく機能しない例**

　これを防ぐためには、オートネゴシエーション機能を無効にするときには、きちんと両方で通信速度と通信モードを正しく設定する必要があります。このトラブルは、よく起こりがちなので特に注意してください。

## 3.3.5 認証機能

あるコンピュータをネットワークに参加させるためには、スイッチに接続します。スイッチはいわばネットワークの入口です。不正なコンピュータがスイッチに接続されて、ネットワークに不正侵入されてしまうと、ネットワーク内の重要な情報の盗聴や改ざんなどのおそれがあります。そこで、スイッチに接続できるコンピュータをきちんと認証することが必要です。

**スイッチで利用できる認証機能**として、主に次の2つがあります。

- ポートセキュリティ
- IEEE802.1x

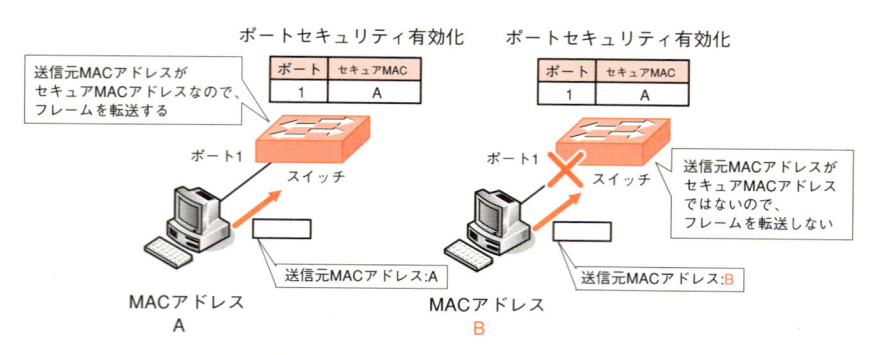

### ●●ポートセキュリティ

**ポートセキュリティ**は、スイッチに接続されるコンピュータのMACアドレスをチェックし、不正なMACアドレスであればポートを利用させないようにする機能です。つまり、ポートセキュリティによってポートに接続するコンピュータが正規のものであるかどうかをデータリンク層のレベル（MACアドレス）で認証します。

ポートセキュリティで接続を許可しているMACアドレスを**セキュアMACアドレス**といいます。スイッチでポートセキュリティを有効化すると、ポートで受信するイーサネットフレームの送信元MACアドレスがセキュアMACアドレスであるかをチェックします。フレームの送信元MACアドレスがセキュアMACアドレスであれば、スイッチはそのフレームを転送します。セキュアMACアドレスでなければ不正なコンピュータが接続されているとみなして、フレームを転送しません。設定によっては、ポート自体をシャットダウンします。

**図3.28　ポートセキュリティの概要**

ポートセキュリティは MAC アドレスを参照してポートの利用を許可します。そのため、NIC が変更されたりコンピュータ自体がリプレースされたりして MAC アドレスが変わってしまうと、ポートセキュリティによってポートが利用できなくなってしまうことがあるので注意してください。MAC アドレスが変わった場合、セキュア MAC アドレスの再設定が必要になることがあります。

ポートセキュリティのような NIC に固有な MAC アドレスに依存する認証では、このような問題点が出てきます。より効率よく LAN に接続するホストを認証するためには、さらに上位層の情報に基づいた認証を行います。そのための標準規格として、**IEEE802.1x** があります。

## ●● IEEE802.1x

IEEE802.1x の認証では、接続するホストを利用するユーザのユーザ名、パスワードによってポートを利用させるかどうかを決定することができます。データリンク層の MAC アドレスではなく、ユーザ名、パスワードといったアプリケーション層レベルの情報による認証です。また、有線 LAN だけでなく無線 LAN のクライアントが無線 LAN アクセスポイントを利用できるかどうかも認証することができます。

**IEEE802.1x** の認証には、

- サプリカント
- オーセンティケータ
- 認証サーバ（RADIUS）サーバ

の 3 つの要素が関連します。

**サプリカント**とは、IEEE802.1x の認証を行うためのクライアントソフトウェアです。現在の Windows や Mac OS などの OS では、サプリカントの機能が備わっています。

**オーセンティケータ**は、IEEE802.1x に対応した無線 LAN アクセスポイントやスイッチのことで、サプリカントからの認証要求を認証サーバへ中継する役割を持っています。

そして、**認証サーバ**によって実際にユーザ認証を行います。認証サーバは **RADIUS サーバ**です。

こうした3つの要素の間で使われるプロトコルが**EAP**（Extensible Authentication Protocol）です。EAPはもともとPPPから派生しています。さらに、EAPには次のようなさまざまな方式があります。

- EAP-TLS
- PEAP
- LEAP

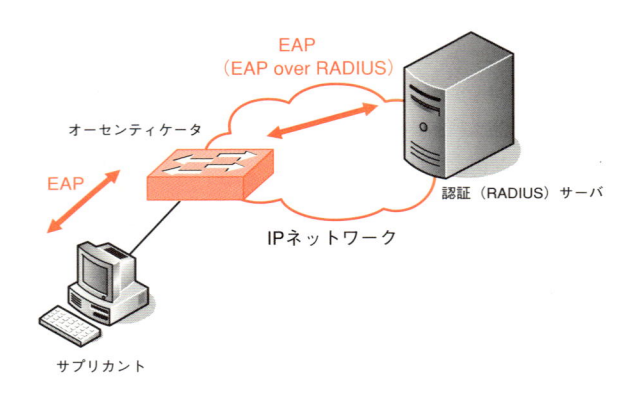

**図3.29　IEEE802.1xの概要**

# 4章

# 無線LANの基礎

4.1　無線LANの概要
4.2　無線LANの仕組み
4.3　無線LANのセキュリティ

## 4.1 無線 LAN の概要

ここでは、無線LANの特徴やさまざまな無線LAN規格についての概要を解説します。

### 4.1.1 無線 LAN の特徴

**無線 LAN** とは、ケーブルが不要で手軽に LAN を構築することができる LAN 技術です。2000 年ごろから低価格な製品が提供されるようになり、無線 LAN の普及が進んできました。当初は 2Mbps 程度の伝送速度でしたが、**IEEE802.11b** で 11Mbps の伝送速度になり、現在では **IEEE802.11g**、**IEEE802.11a** といった 54Mbps の伝送速度の無線 LAN 規格が幅広く普及しています。また、伝送速度が 100Mbps 超のより高速化された **IEEE802.11n** の規格も標準化されようとしています。

無線 LAN の特徴をまとめると、次のようになります。

- ケーブル敷設が不要
- 手軽に LAN を構築することができる
- 電波のカバー範囲や干渉の影響およびスループットを考慮した設計が必要
- 十分なセキュリティを考えなければいけない

無線 LAN の最大の特徴は、冒頭にも述べたとおり**ケーブルが不要**であることです。有線 LAN ネットワークの構築においてケーブル敷設のコストは無視できません。一旦、ケーブルを敷設すれば、そのケーブルを取り替えることは難しく、長期的な視野に立って敷設するケーブルを選定しなければいけません。無線 LAN であれば、ケーブルの敷設が不要なので、低コストで簡単に LAN を構築することができます。

反面、**電波のカバー範囲やノイズによる干渉の考慮**も必要です。導入するフロアの壁の材質や人の移動によって、電波の到達範囲は変化しますので、無線 LAN 導入時にはアクセスポイントの配置について十分に検証しなければいけません。また、**無線 LAN の通信のスループットは規格上の伝送速度の半分程度**で、複数の無線 LAN クライアントで帯域幅を共有します。そのため、利用するアプリケーション

に必要なスループットをきちんと考慮した設計が求められます。
　そして、電波にデータを載せて通信するので、電波を傍受されるとデータの内容が外部に漏れてしまうことも考えられます。無線 LAN の導入には**十分なセキュリティを考慮**する必要もあります。

## 4.1.2　無線 LAN の機器

無線 LAN の通信には、次の 2 つの種類があります。

- インフラストラクチャモード
- アドホックモード

**インフラストラクチャモード**（infrastructure mode）と**アドホックモード**（ad hoc mode）で必要な機器が異なります。インフラストラクチャモードでは、

- 無線 LAN アクセスポイント
- 無線 LAN カード

が必要です。
　このモードは無線 LAN アクセスポイントを中心として、無線 LAN カードを搭載しているクライアントコンピュータが接続する形です。無線 LAN アクセスポイントは有線 LAN に接続することが一般的で、無線 LAN アクセスポイントを通じて無線 LAN クライアントは有線 LAN との通信が可能です。
　一方、アドホックモードでは、

- 無線 LAN カード

のみ必要です。アクセスポイントは必要なく、無線 LAN カードを搭載しているコンピュータがそれぞれ直接通信を行うのがアドホックモードです。

［インフラストラクチャモード］　　　　　　　　［アドホックモード］

レイヤ2スイッチ

アクセスポイントを有線LANに接続することで、無線LANクライアントと有線LAN間の通信が可能になる

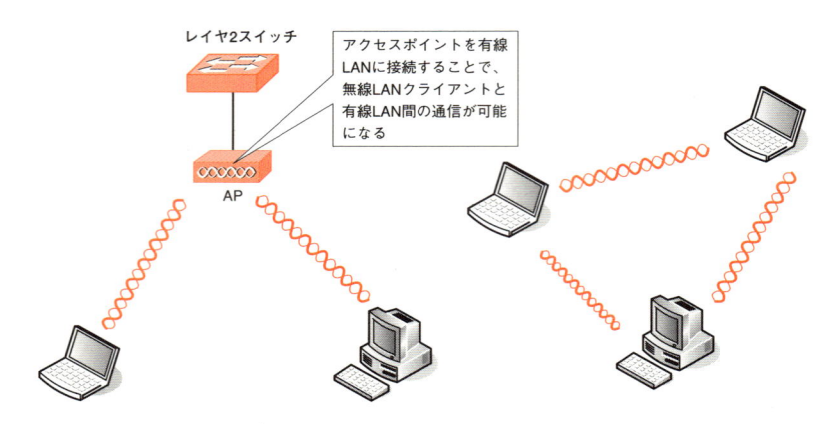

AP

**図 4.1　インフラストラクチャモードとアドホックモード**

　上記のように、インフラストラクチャモードとアドホックモードの2つの通信モードがありますが、企業で無線LANを導入する際は**インフラストラクチャモードを利用するのが一般的**です。ケーブル配線が難しい、あるいは頻繁に移動するためケーブル配線が面倒なコンピュータを既存の有線LANに接続する目的で無線LANを利用するからです。

## 4.1.3 無線 LAN の規格

現在、主流の無線 LAN 規格は **IEEE802.11 ワーキンググループ** が策定しています。IEEE802.11 ワーキンググループが策定した主な無線 LAN 規格は次の通りです。

- IEEE802.11b
- IEEE802.11g
- IEEE802.11a
- IEEE802.11n

無線 LAN の規格は、物理層とデータリンク層（MAC 副層）の階層について定義しています。上記の無線 LAN 規格は、利用する周波数帯域やデータを電波に載せるための変調方式などの物理層レベルの違いがあります。MAC 副層の媒体アクセス制御方式は **CSMA/CA** で共通しています。次に、各規格の概要をまとめています。

### ●● IEEE802.11b

**IEEE802.11b** の無線 LAN には次のような特徴があります。

- 1999 年策定
- 2.4GHz 帯の周波数を利用
- CCK（Complementary Code Keying）の変調方式
- 最大 11Mbps の伝送速度

IEEE802.11b は ISM（Industry Science Medical）バンドと呼ばれる 2.4GHz 帯の周波数の電波を利用します。1999 年に規格が策定されました。

ISM バンドは、その名前の通り工業・科学・医療用の機器で利用するための周波数帯です。

CCK の変調方式を採用することで、最大 11Mbps の伝送速度を実現しています。

## ●● IEEE802.11g

**IEEE802.11g** の無線 LAN には次のような特徴があります。

- 2003 年策定
- 2.4GHz 帯の周波数を利用
- OFDM（Orthogonal Frequency Division Multiplexing）の変調方式
- 最大 54Mbps の伝送速度

　IEEE802.11g の規格は 2003 年に策定され、IEEE802.11b と同じく 2.4GHz 帯の周波数の電波を利用します。同じ周波数帯を利用しますが、変調方式に OFDM を利用することでより高速でノイズに強い通信が可能です。最大で 54Mbps の伝送速度を実現しています。

　**IEEE802.11b と同じ周波数帯を利用** しているので、IEEE802.11b と IEEE802.11g は相互接続性があります。しかし、IEEE802.11b と IEEE802.11g の機器が混在すると、伝送速度の低い IEEE802.11b に引きずられて、データ転送のスループットが低下するので注意が必要です。

## ●● IEEE802.11a

**IEEE802.11a** の無線 LAN 規格には次のような特徴があります。

- 1999 年策定
- 5GHz 帯の周波数を利用
- OFDM の変調方式
- 最大 54Mbps の伝送速度

　IEEE802.11a の無線 LAN 規格は 1999 年に策定されました。5GHz 帯の周波数の電波で変調方式に OFDM を利用することで、最大 54Mbps の伝送速度を実現します。5GHz 帯の周波数は屋内での使用に限って免許不要です。また、2.4GHz 帯の周波数よりも比較的ノイズが少ないという特徴があります。

　IEEE802.11a で利用する 5GHz 帯の周波数は、以前は日本独自のチャネルの割り当て（J52）でした。2005 年の電波法改正に伴って、世界標準のチャネルの割り当て（W52、W53）となっています。日本独自のチャネルの割り当てを旧 5GHz 帯、世界標準のチャネルの割り当てを新 5GHz 帯と呼ぶこともあります。旧 5GHz 帯対応の製品と新 5GHz 帯対応の製品では通信ができないので注意が必要です。たいて

## IEEE802.11n

IEEE802.11n の無線 LAN 規格には次のような特徴があります。

- 2009 年策定予定
- 2.4GHz 帯 /5GHz 帯の周波数を利用
- 100Mbps 以上のスループットを確保

IEEE802.11n は、本書執筆時の 2009 年 5 月時点ではドラフト段階です。ドラフトの規格での製品自体は出荷されています。正式な規格は 2009 年 9 月に策定される予定です。ドラフト準拠の多くの製品は、ファームウェアのアップデートで正式規格に対応するとしています。

IEEE802.11n では、周波数帯域は IEEE802.11b/g/a と同じものを利用します。高速化を行うために、MIMO（Multiple Input Multiple Output）や転送時の処理の効率化を図っています。MIMO は送受信で利用するアンテナを複数利用することで高速化を図ります。そして、後で説明する CSMA/CA によるデータ転送の無駄を少なくすることで、高速化を行っています。

## Wi-Fi（Wireless Fidelity）

IEEE802.11 シリーズの規格とは別に、Wi-Fi Alliance が無線 LAN 機器の相互接続性を認定したブランド名を **Wi-Fi**（ワイ ファイ）といいます。Wi-Fi の相互接続テストをクリアした無線 LAN 機器は、図4.2のような Wi-Fi CERTIFIED のロゴを使用することができます。

図 4.2　Wi-Fi CERTIFIED ロゴ

Wi-Fi CERTIFIED のロゴが付けられている無線 LAN 機器であれば、異なるベンダであっても相互接続性が保証されています。

Wi-Fi Alliance
http://www.wi-fi.org/

Wi-Fi Ⓡ、Wi-Fi Alliance Ⓡ、Wi-Fi CERTIFIED™、および Wi-Fi Alliance ロゴは Wi-Fi Alliance の認定マークです。

## 4.2 無線 LAN の仕組み

ここでは、無線LANでどのようにして通信を行っているのかという、無線LANの仕組みについて解説します。

### 4.2.1 有線 LAN と無線 LAN の対比

　無線 LAN のインフラストラクチャモードの通信は、有線 LAN における共有ハブによる接続とよく似ています。

　有線 LAN での共有ハブの接続は、共有ハブを中心としたスター型の接続を行います。共有ハブに接続されたコンピュータは、物理的な接続はスター型ですが、実際には1本のケーブルを共有するバス型で接続されているのと同じです。1本のケーブル（メディア）を共有して複数のコンピュータが通信を行うために、CSMA/CD（Carrier Sense Multiple Access with Collision Detection）による媒体アクセス制御方式を利用します。

　インフラストラクチャモードの**無線 LAN アクセスポイントは、有線 LAN での共有ハブに相当**します。無線 LAN クライアントは、LAN ケーブルの代わりに電波で無線 LAN アクセスポイントに接続します。複数の無線 LAN クライアントは、伝送メディアである電波を共有する形になります。

　複数の無線 LAN クライアントが電波を共有して通信を行うための媒体アクセス制御方式が **CSMA/CA**（Carrier Sense Multiple Access with Collision Avoidance）です。

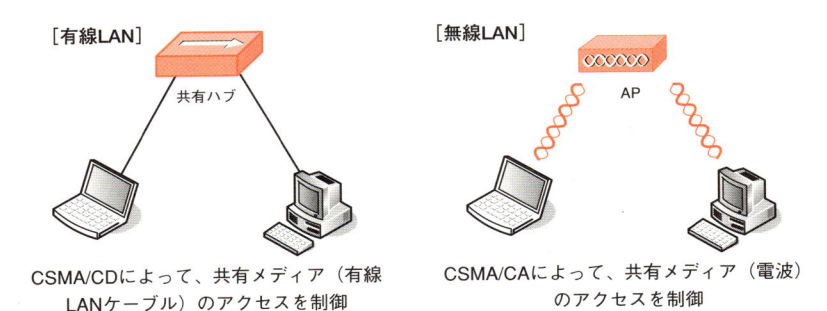

## 4.2 無線LANの仕組み

[有線LAN]　共有ハブ　　　　[無線LAN]　AP

CSMA/CDによって、共有メディア（有線LANケーブル）のアクセスを制御

CSMA/CAによって、共有メディア（電波）のアクセスを制御

共に共有メディアで提供される帯域幅を複数のクライアントで共有する

**図4.3　有線LANと無線LANの対比**

　共有ハブに複数クライアントを接続すると、接続したクライアントでネットワークの帯域幅を共有します。無線LANでも同様に、複数のクライアントを無線LANアクセスポイントに接続すると、接続したクライアントでネットワークの帯域幅を共有します。そのため、無線LANアクセスポイントにたくさんのクライアントを接続すると、データを転送する際のスループットが低下するので注意が必要です。

### 4.2.2　無線LANクライアントと無線LANアクセスポイントの接続

　有線LANであれば、クライアントコンピュータのNICとハブやスイッチのイーサネットポートをUTPケーブルで接続します。無線LANでは、無線LANクライアントとアクセスポイントは**アソシエーション**というプロセスで接続します。

　アソシエーションには、**SSID**（Service Set Identifier）が必要です。SSIDとは、無線LANの論理的なグループを識別する識別情報です。あらかじめ無線LANアクセスポイントには最大32文字の文字列で、SSIDを設定します。SSIDは**ESSID**（Extended Service Set Identifier）と呼ぶこともあります。ESSIDは複数のアクセスポイントをまたがった無線LANの論理的なグループです。このテキストでは単純にSSIDと記述していますが、複数のアクセスポイントにまたがった論理的な無線LANのグループとして考えています。

　また、1つのアクセスポイントに複数のSSIDを設定することも可能です。SSIDごとに認証や暗号化などのセキュリティの設定が可能です。後で述べるように、SSIDと有線LANで展開しているVLANを対応付けて、無線LANクライアントと有線LANのクライアントをグループ化することもできます。

### ●●アソシエーションの手順

**アソシエーションの手順**は、次の通りです。無線 LAN クライアントは、アクセスポイントが出している**制御信号（ビーコン）**から利用可能な**周波数（チャネル）**を探します。利用可能なチャネルがわかれば、SSID を指定して無線 LAN アクセスポイントにアソシエーション要求を出します。無線 LAN アクセスポイントは、アソシエーション応答で接続の可否を通知します。

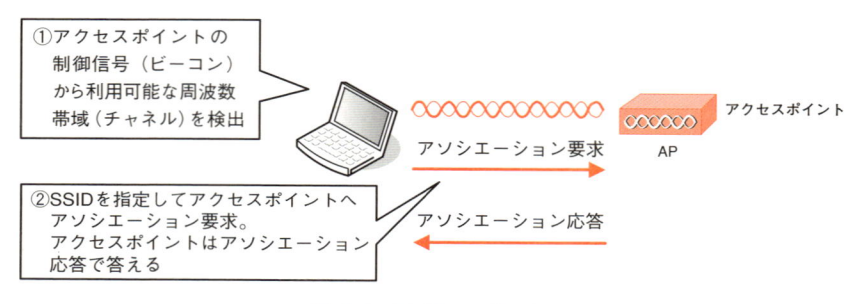

①アクセスポイントの制御信号（ビーコン）から利用可能な周波数帯域（チャネル）を検出

②SSIDを指定してアクセスポイントへアソシエーション要求。アクセスポイントはアソシエーション応答で答える

アソシエーション要求 →
アソシエーション応答 ←

アクセスポイント AP

図 4.4　アソシエーション

ここまでのプロセスで無線 LAN クライアントは無線 LAN アクセスポイントに接続します。有線 LAN において UTP ケーブルをハブやスイッチのイーサネットポートに接続することに相当します。また、無線 LAN アクセスポイントに認証の設定がされていれば、アソシエーション後に認証のプロセスを行います。

無線 LAN アクセスポイントにアソシエーションした無線 LAN クライアントがデータを送信するときは、CSMA/CA に従います。CSMA/CA でデータ送信可能であることを確認すれば、IP などのレイヤ 3 のパケットに IEEE802.11 のヘッダを付加して、電波に載せて無線 LAN アクセスポイントへ送信します。

## 4.2.3　VLAN と SSID のマッピング

SSID は、1 つのアクセスポイントで複数設定することができます。SSID ごとに**無線 LAN のポリシー**を変えることができます。無線 LAN のポリシーとは、認証方式や暗号化方式などのセキュリティ設定や利用する無線周波数帯、電波出力などの各種無線 LAN のパラメータを意味しています。

SSID を複数設定しておいて、それを使い分けることで無線 LAN クライアントの制御を柔軟に行うことができます。たとえば、アクセスポイントに**社内用 SSID**

## 4.2 無線 LAN の仕組み

とゲスト用 SSID を設定します。社内用 SSID には強固なセキュリティ設定をしておき、ゲスト用 SSID にはセキュリティ設定しないでおきます。社内にゲストを迎えたときは、ゲスト用 SSID を利用してインターネットへの閲覧を可能にするなどの使い方ができます。

SSID ごとの無線 LAN クライアントの制御をより確実に行うためには、さらに**アクセスポイントで SSID と VLAN のマッピングを設定**します。SSID を特定の VLAN にマッピングすれば、無線 LAN クライアントが所属するサブネットを指定することができます。SSID と VLAN のマッピングをして、アクセス制御する例として次の図の構成を考えます。

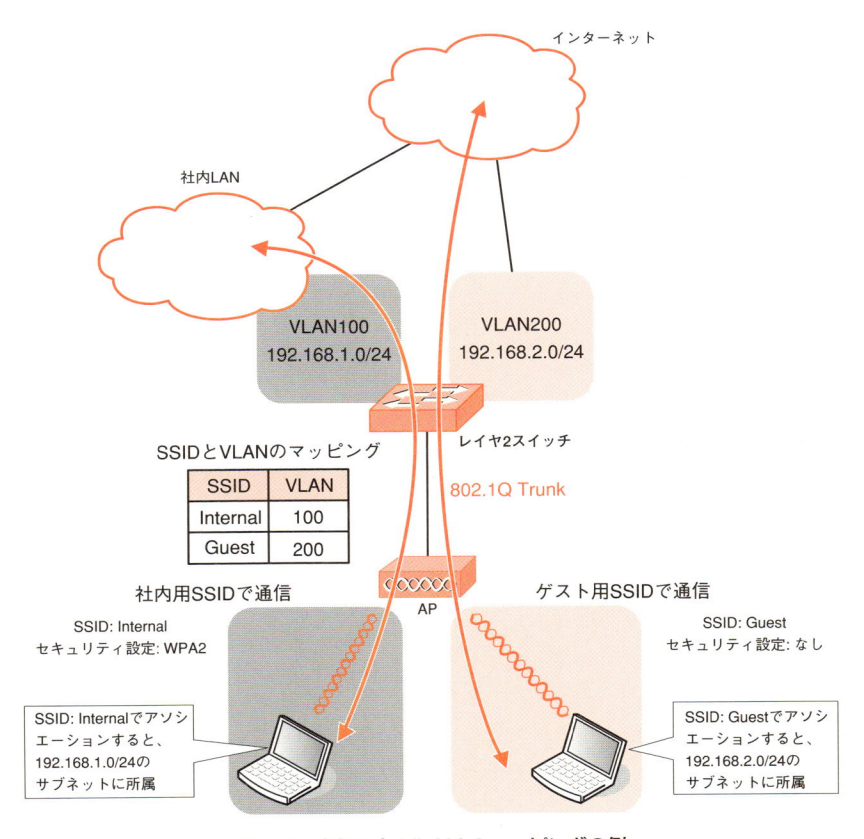

**図 4.5　SSID と VLAN のマッピングの例**

ここ（図 4.5 の例）では、社内用 SSID として「Internal」を設定し、VLAN100（192.168.1.0/24）と対応付けます。社内用 SSID なので、セキュリティをきちんと

考慮してWPA2によるユーザ認証/暗号化の設定をしているものとします。SSID「Internal」でアクセスポイントにアソシエーションすると、クライアントは192.168.1.0/24のサブネットに所属することになります。

また、ゲスト用SSIDとして「Guest」を設定し、VLAN200（192.168.2.0/24）と対応付けます。ゲスト用SSIDは認証や暗号化など行わず、SSIDさえ知っていればアソシエーションできるようにします。「Guest」のSSIDでアソシエーションすると、クライアントは192.168.2.0/24のサブネットに所属することになります。アクセスポイントとスイッチ間のリンクは、複数のVLANを多重化しなければいけないので**IEEE802.1Qトランクの設定**が必要です。

クライアントのサブネットがそれぞれ異なるので、後はルータやレイヤ3スイッチなどのパケットフィルタリングでアクセス制御が可能です。社内用の192.168.1.0/24のサブネットからは社内LANおよびインターネット接続ができるようにします。そして、ゲスト用の192.168.2.0/24のサブネットからはインターネット接続のみを許可するようにアクセス制御を行うといった具合です。

社内用についても、さらにいくつかのSSIDを設定してアクセス制御できます。たとえば、無線IP電話用のSSIDを設定して、その**SSIDを特定のVLANとマッピング**すれば、無線IP電話だけが所属するサブネットを構築して、**QoS制御**などを簡単に行うことも可能です。

以上のように、SSIDをVLANにマッピングすることで無線LANクライアントをさまざまにグループ化して、暗号化や認証だけでなくサブネットごとのアクセス制御ができるようになります。

VLANおよびIEEE802.1Qについては、▶**第5章**で解説します。

## 4.2.4　CSMA/CA

先にも述べましたが、複数の無線LANクライアントが電波を共有して通信を行うための媒体アクセス制御方式が**CSMA/CA**（Carrier Sense Multiple Access with Collision Avoidance）です。CSMA/CAの仕組みは、CSMA/CDとよく似ています。そのプロセスは次の通りです。

1）キャリアセンス
　・データを送信しようとするとき、電波の周波数帯（チャネル）が利用されているかどうかを確認します

2）電波が未使用：アイドル状態
電波が使用中：ビジー状態
- 他の機器が電波を利用している（ビジー状態）場合は待機します
- ビジー状態からアイドル状態に移行した後、さらに IFS（Inter Frame Space）時間待機します

3）ランダム時間待機（衝突の回避）
- キャリアセンスによって電波が未使用だと判断しても、すぐにはデータを送信しません
- 衝突を回避するために、さらにランダム時間（バックオフ時間）待機してキャリアセンスを続けます

4）データの送信開始
- バックオフ時間待機して、アイドル状態であることを確認してからデータを送信します
- IP などのレイヤ3のデータに IEEE802.11 のヘッダを付加し、さらにその前に物理層ヘッダを付加して転送します
  物理層ヘッダ:PLCP（Physical Layer Convergence Protocol）プリアンブル +PLCP ヘッダ

　有線 LAN の CSMA/CD であれば、メディアがアイドル状態であればデータの送信を開始します。そのため、複数のホストがほぼ同じタイミングでデータを送信しようとすると、複数のホストがデータの送信を開始し衝突が発生します。もし、衝突が発生した場合、共有メディア上のすべてのホストがその衝突を検出できます。しかし、無線 LAN では衝突の検出ができません。そこで、キャリアセンスを行ってアイドル状態と認識しても、さらにランダムなバックオフ時間待機することで、複数のホストの送信タイミングをずらして衝突が発生しないように制御しています。

　ただし、無線 LAN クライアントの位置関係や電波の遮蔽物などがあれば、キャリアセンスによりビジー状態を検出できないことがあります。すると、衝突回避が機能せず、衝突が発生してデータが壊れてしまうことがあります。このような CSMA/CA の衝突回避の制御を行いながらも衝突が発生してしまう問題を**隠れ端末問題**といいます。隠れ端末問題を回避するために、**RTS**（Request To Send）/ **CTS**（Clear To Send）の制御メッセージを利用します。

　さらに、無線 LAN の通信ではデータを受信したことを示す確認応答（ACK）を返します。ACK によって、無線 LAN 区間のデータ通信の信頼性を高めています。データを受信したら、次にそのデータに対する ACK を返すために、ACK を送信するときの **IFS** は短い **SIFS**（Short IFS）になり、バックオフ時間はありません。

次の図は、CSMA/CA によるアクセス制御を示したものです。

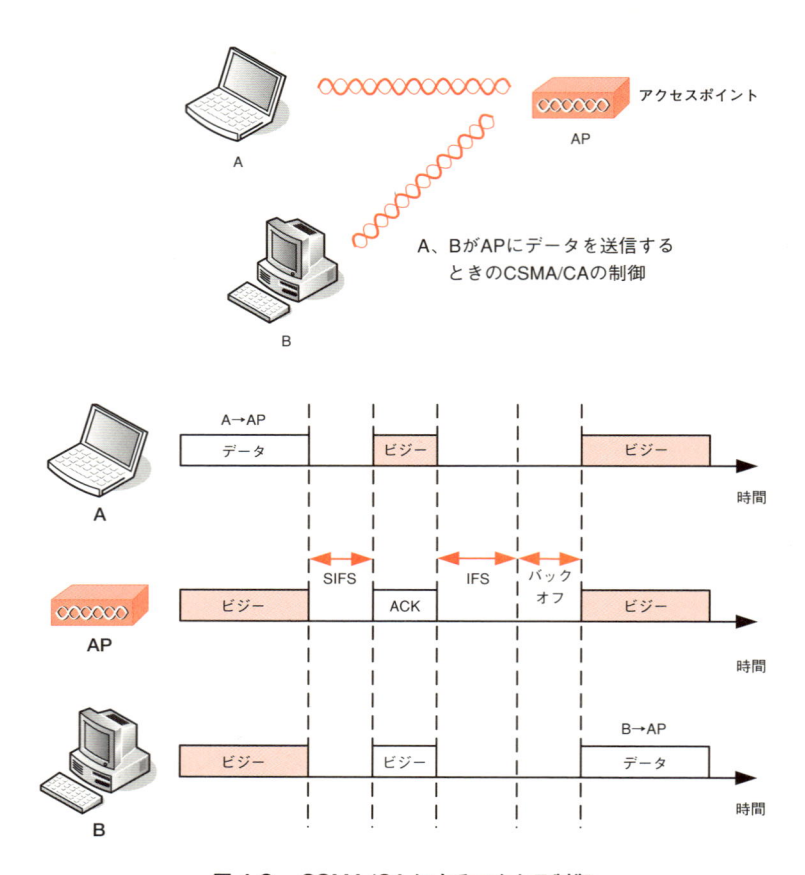

**図 4.6　CSMA/CA によるアクセス制御**

　上の図のような CSMA/CA によるアクセス制御を見ると、実際にデータを送信している時間が少ないことがわかります。CSMA/CA のアクセス制御は、衝突回避のためのバックオフ時間や ACK による確認応答などの**オーバーヘッド**が非常に大きくなっています。また、無線 LAN の制御を行うための物理層ヘッダもオーバーヘッドです。このようなオーバーヘッドの影響で、無線 LAN での**実効速度（スループット）**は、規格上の伝送速度の半分程度になってしまいます。

## 4.2.5 無線 LAN の伝送速度とアクセスポイントのカバー範囲

無線 LAN アクセスポイントと無線 LAN クライアントの距離が離れれば離れるほど、無線 LAN での伝送速度は低くなります。このとき、**送信速度の低下は連続的ではなく不連続**です。各無線 LAN 規格における取り得る伝送速度は次のようになります。

表 4.1 　無線 LAN の伝送速度

| 無線 LAN 規格 | 伝送速度 |
| --- | --- |
| IEEE802.11b | 11Mbps/5.5Mbps/2Mbps/1Mbps |
| IEEE802.11g | 54Mbps/48Mbps/36Mbps/24Mbps/18Mbps/12Mbps/11Mbps/9Mbps/6Mbps/5.5Mbps/2Mbps/1Mbps |
| IEEE802.11a | 54Mbps/48Mbps/36Mbps/24Mbps/18Mbps/12Mbps/9Mbps/6Mbps |

　伝送速度が高速であるとは、1 つの電波によりたくさんのビットを乗せることができるということです。電波自体が伝わっていく速度が高速であるわけではありません。高度な変調を行い、1 つの電波にたくさんのビットを載せて送信することができれば、短時間でデータの転送を完了できるので「高速」ということです。ただし、高速な伝送速度を実現するための変調の仕組みはノイズの影響を受けやすいので、無線 LAN で高速な伝送速度が可能な範囲は限られてしまいます。

　1 つのアクセスポイントがカバーする無線 LAN の範囲を**セル**や**カバレッジエリア**、あるいは単に**カバレッジ**といいます。伝送速度によって、セルの範囲は違ってきます。伝送速度が高速な場合のセルの範囲は狭く、伝送速度が低速な場合のセルの範囲は広くなります。たとえば、IEEE802.11b の無線 LAN アクセスポイントのセルの範囲は次の図 4.7 のようになります。

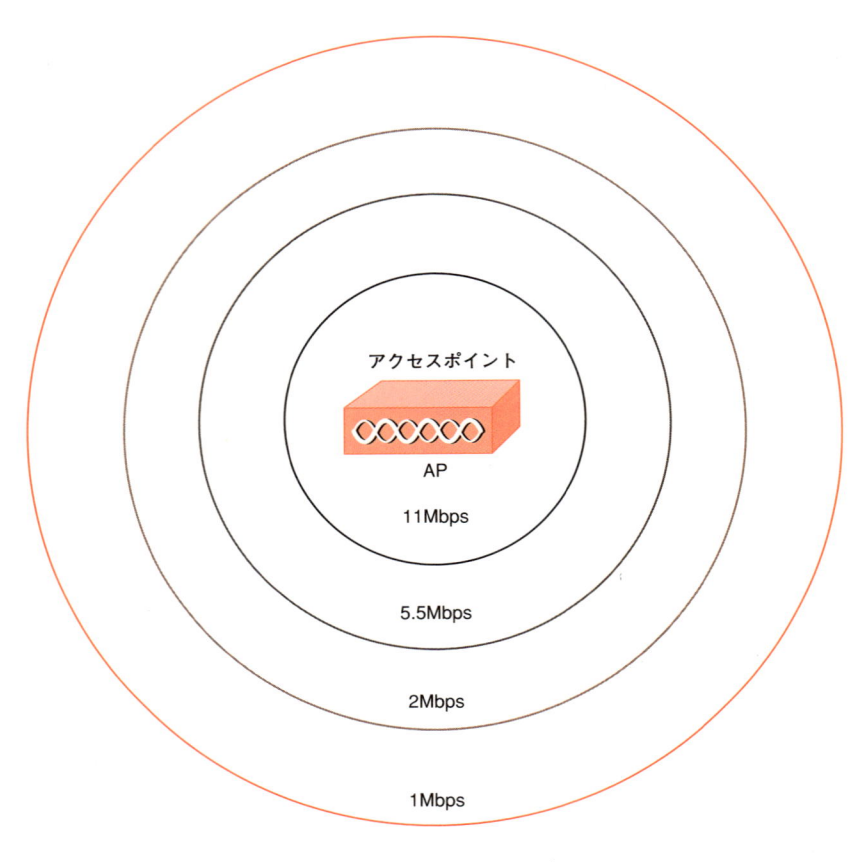

**図4.7　IEEE802.11bのセル**

　無線LANクライアントは、ビーコン信号で利用可能な伝送速度を検出しています。また、電波の出力強度が大きければ、全体的なセルの範囲は広くなります。
　複数のアクセスポイントで無線LANネットワークを構築する場合は、チャネルの設定も考慮する必要があります。各無線LAN規格で利用する周波数帯はいくつかのチャネルから構成されています。無線LAN規格ごとのチャネルは次の表のようになります。

## 4.2 無線LANの仕組み

表4.2 無線LANのチャネル

| 無線LAN規格 | チャネル | 干渉せずに利用できる チャネル数 |
|---|---|---|
| IEEE802.11b/g<br>（2.4GHz帯） | 1～13 | 3（1/6/11） |
| IEEE802.11a<br>（5GHz帯） | 36/40/44/48（W52）<br>52/56/60/64（W53）<br>100/104/108/112/116/120/124/128/<br>132/136/140（W56） | 19 |

　隣接するアクセスポイントで同じチャネルを利用すると、電波干渉の恐れがあります。そのため、隣接するアクセスポイントでは、干渉しないチャネルを利用して無線LANネットワークを構築します。

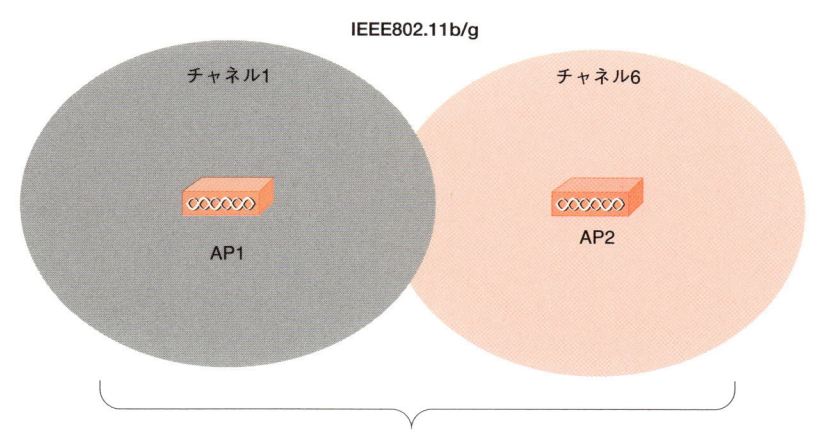

IEEE802.11b/g

チャネル1　AP1　　　チャネル6　AP2

隣接するアクセスポイントでは、干渉しないチャネルを利用

図4.8　チャネルの例

　アクセスポイントからの電波が到達せず、無線LANでの通信ができない部分を**カバレッジホール**といいます。アクセスポイントの設置は、**サイトサーベイ**という調査を行い、カバレッジホールや電波の干渉がないようにセルの範囲・チャネル設定を考慮して設置する台数および場所を決定します。

## 4.2.6　無線 LAN 上での TCP/IP 通信

　無線 LAN でも無線 LAN クライアントは **MAC アドレスを持ち**、TCP/IP の通信を行うときは有線 LAN と同じ手順です。無線 LAN クライアントは通信相手の IP アドレスと MAC アドレスの対応を ARP によって解決して、IP パケットを無線 LAN の MAC フレームでカプセル化してアクセスポイントへ送信します。

　次の図の無線 LAN クライアント A から TCP/IP の通信を行うとき、3 通りの通信相手のフローを具体的に考えます。

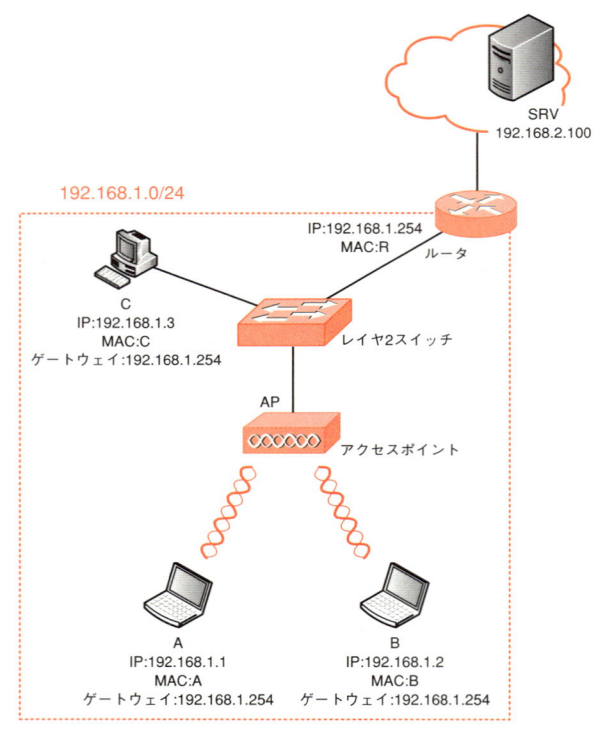

図 4.9　無線 LAN のネットワーク構成例

- 無線 LAN クライアント：送信先 B
- 同じサブネット上の有線 LAN クライアント：送信先 C
- 他のサブネット上の有線 LAN クライアント：送信先 SRV

## 4.2 無線 LAN の仕組み

### ●●無線 LAN クライアント 送信先 B

無線 LAN クライアント A から無線 LAN クライアント B へ TCP/IP の通信を行うときの手順は、次の通りです。

1) 無線 LAN クライアント A は無線 LAN クライアント B の IP アドレス 192.168.1.2 に対する ARP リクエストを送信
2) 無線 LAN クライアント B が ARP リプライを送信
3) 無線 LAN クライアント A は IP パケットを暗号化し、無線 LAN の MAC フレームでカプセル化してアクセスポイントへ送信
   送信先 MAC:B、送信元 MAC:A、BSSID: 無線 LAN AP
4) アクセスポイントは IP パケットを復号し、再度 IP パケットを暗号化し MAC フレームでカプセル化して無線 LAN クライアント B へ転送

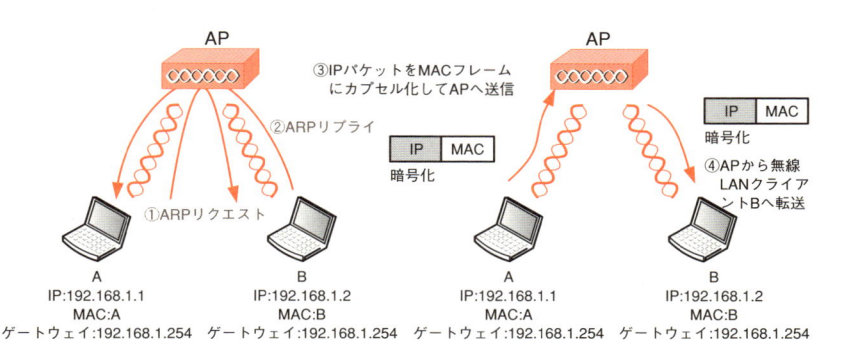

**図 4.10　無線 LAN クライアント B への TCP/IP 通信**

### ●●同じサブネット上の有線 LAN クライアント 送信先 C

無線 LAN クライアント A から同じサブネット上の有線 LAN クライアント C へ TCP/IP の通信を行うときの手順は、次の通りです。

1) 無線 LAN クライアント A は有線 LAN クライアント C の IP アドレス 192.168.1.3 に対する ARP リクエストを送信
2) 有線 LAN クライアント C が ARP リプライを送信
3) 無線 LAN クライアント A は IP パケットを暗号化し、無線 LAN の MAC フレームでカプセル化してアクセスポイントへ送信
   送信先 MAC:C、送信元 MAC:A、BSSID: 無線 LAN AP

4）アクセスポイントはIPパケットを復号し、IPパケットをイーサネットフレームでカプセル化して有線LANクライアントBへ転送

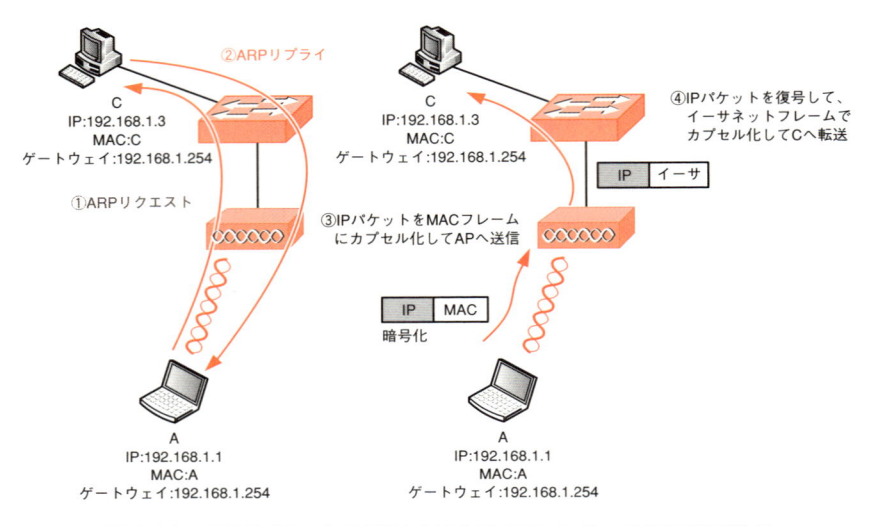

**図4.11　同じサブネットの有線LANクライアントCへのTCP/IP通信**

## ●●他のサブネット上の有線LANクライアント 送信先SRV

無線LANクライアントAから他のサブネット上の有線LANクライアントSRVへTCP/IPの通信を行うときの手順は、次の通りです。

1）無線LANクライアントAはデフォルトゲートウェイのIPアドレス192.168.1.254に対するARPリクエストを送信
2）ルータがARPリプライを送信
3）無線LANクライアントAはIPパケットを暗号化し、無線LANのMACフレームでカプセル化してアクセスポイントへ送信
　送信先MAC:R、送信元MAC:A、BSSID:無線LAN AP
4）アクセスポイントはIPパケットを復号し、IPパケットをイーサネットフレームでカプセル化してルータへ転送
5）ルータはIPパケットをルーティングして、目的のSRVが所属するサブネットへ転送

## 4.2 無線LANの仕組み

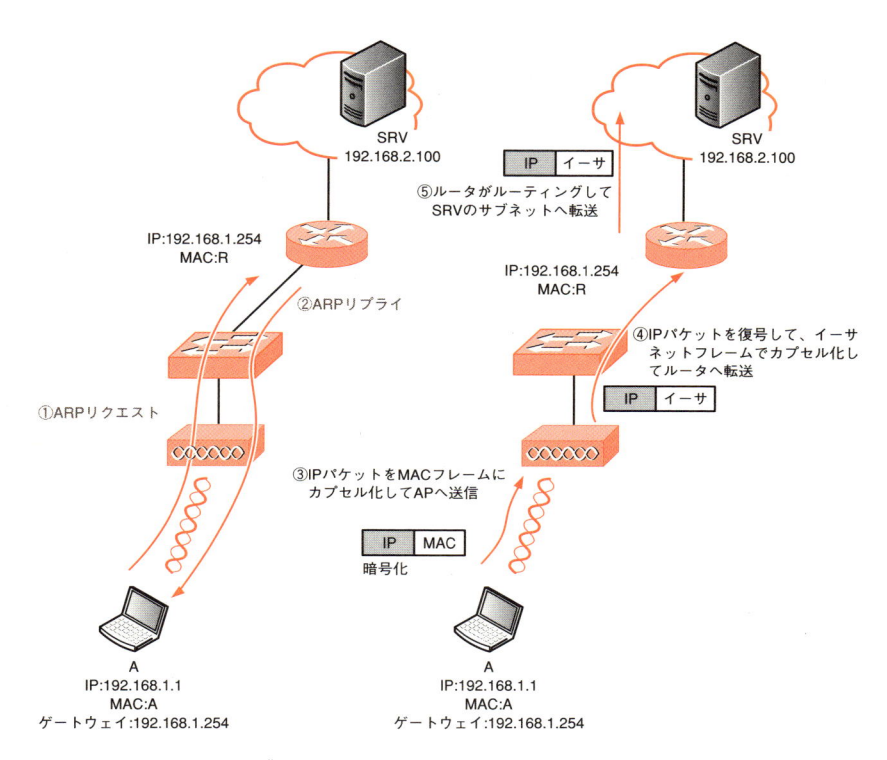

**図4.12 他のサブネットの有線LANクライアントSRVへのTCP/IP通信**

以上、3通りの通信相手に応じたTCP/IP通信の手順について解説しました。ここで、無線LANクライアントと無線LANアクセスポイント間でIPパケットが暗号化されていることに気をつけてください。図中では明示していませんが、ARPリクエスト/ARPリプライも無線LANの区間では暗号化されます。

また、無線LANのMACフレームのヘッダには送信先/送信元MACアドレスに加えて、経由する無線LANアクセスポイントのMACアドレスがBSSIDとして記述されます。

## 4.3 無線 LAN のセキュリティ

ここでは、セキュリティの考え方の基本と、無線LANにおけるセキュリティ機能ついて解説します。

### 4.3.1 セキュリティの基本

　ネットワーク上のデータ転送におけるセキュリティの基本的な考え方は、次の3つです。

- データの機密性
- データの整合性
- データの可用性

　**データの機密性**は、正規のユーザのみがネットワーク上で転送されるデータを見られるようにして、権限のないユーザがデータを見られないようにすることです。
　そして、**データの整合性**とは、送信元ホストが送信したデータが途中で改ざんされることなく送信先に転送されるようにすることです。
　また、**データの可用性**とは、いつでも利用したいときにネットワーク上のデータ転送ができるようにすることです。

　データの機密性に対する脅威は**データの盗聴**です。不正なユーザがネットワーク上を転送されているデータを途中で盗聴すると、そのデータの中身が知られてしまうことになります。有線 LAN では、データは LAN ケーブル上を流れていくので、盗聴するためには物理的にケーブルに特殊な機器を備え付けるなどが必要です。しかし、無線 LAN では、データは電波に載せて転送されていきます。電波は空気中を拡散して伝わっていくので、データの盗聴が非常に容易です。

## 4.3 無線LANのセキュリティ

盗聴を防止するためには、

- ユーザ認証
- データの暗号化

が効果的です。

アクセスポイントでのユーザ認証を行い、正規のユーザのみがアクセスポイントにアソシエーションできるようにすることで、盗聴の危険性を減らすことができます。ただし、アソシエーションしていなくても、無線LANの電波を傍受すれば、データの盗聴が可能です。そのため、アクセスポイントのユーザ認証だけでなくデータの暗号化も行い、電波を傍受されてもデータの中身がわからないようにすることも重要です。

データの整合性に対する脅威はデータの改ざんです。送信元から送信したデータを途中で改ざんされてしまうと、そのデータを利用するシステムの整合性が取れなくなるなどのさまざまな問題が発生します。

データを改ざんされないようにするためには、

- データの暗号化
- パケット認証

が有効です。

**暗号化**すれば、データの中身を勝手に書き換えられる危険性が少なくなります。**パケット認証**とは、パケットが改ざんされていないかどうかをチェックする仕組みです。

可用性に対する脅威は、**DoS**（Denial of Service）攻撃です。DoS攻撃とは、大量のデータを送信することでネットワークを利用できないようにする攻撃です。DoS攻撃に対する対策として**IDS**（Intrusion Detection System, 侵入検知システム）**/IPS**（Intrusion Prevension System, 侵入防止システム）の導入があります。

無線 LAN で考えるセキュリティ対策で重要なものはデータの機密性とデータの整合性です。つまり、ユーザ認証とデータの暗号化が重要です。無線 LAN アクセスポイントにアソシエーションできる無線 LAN クライアントを限定するために、ユーザ認証を行います。そして、無線区間のデータの盗聴防止のために暗号化を行います。ユーザ認証とデータの暗号化について、無線 LAN で利用できるセキュリティ機能には、次のようなものがあります。

表 4.3　無線 LAN で利用できるセキュリティ

| ユーザ認証 | データの暗号化 |
| --- | --- |
| ・SSID の隠蔽<br>・MAC アドレスによるフィルタリング<br>・WPA<br>・IEEE802.11i（WPA2） | ・スタティック WEP<br>・WPA<br>・IEEE802.11i（WPA2） |

　これらのセキュリティ機能の変遷は次のようになります。

- 初期の無線 LAN セキュリティ機能
    - SSID の隠蔽
    - MAC アドレスによるフィルタリング
    - スタティック WEP

↓

- WPA － 2002 年 10 月

↓

- IEEE802.11i（WPA2）－ 2004 年 7 月

　初期の無線 LAN セキュリティから **WPA、IEEE802.11i（WPA2）** へとよりセキュリティ機能が強化されています。WPA2 は IEEE802.11i の標準に準拠していて、ほぼ同義です。

## 4.3.2 初期の無線 LAN セキュリティの脆弱性

初期の無線 LAN セキュリティ機能には、次のような脆弱性があります。

### SSID の隠蔽

　無線 LAN クライアントは、SSID がわからなければ無線 LAN アクセスポイントにアソシエーションできません。無線 LAN アクセスポイントは**ビーコン**と呼ぶ管理用のフレームで SSID を送信していますが、この送信を止めることで SSID を知らない無線 LAN クライアントが無線 LAN ネットワークに接続できなくすることができます。つまり、SSID はユーザ認証を行っているといえます。しかし、SSID はすでにアクセスポイントにアソシエーションしている無線 LAN クライアントのデータを盗聴すれば簡単にわかってしまいます。

### MAC アドレスによるフィルタリング

　MAC アドレスによるフィルタリングもユーザ認証の一種として考えられます。これはレイヤ 2 スイッチでのポートセキュリティに相当し、無線 LAN アクセスポイントに登録されている MAC アドレスしかアソシエーションできないようにします。つまり、MAC アドレスによるユーザ認証といえます。しかし、無線 LAN アクセスポイントに登録されている MAC アドレスを偽装することはそれほど難しくありません。

### スタティック WEP（Wired Equivalent Privacy）

　WEP による暗号化は、平文データと暗号キーで **RC4** という暗号化アルゴリズムを用いて暗号化します。**スタティック WEP** は暗号キーをスタティックに設定していることに問題があります。実際の暗号キーはスタティックに設定した WEP キーと **IV**（Initial Vector）を組み合わせたものから生成されますが、周期的に同じ暗号キーを利用した暗号化になります。そのため、ある程度の時間、暗号化されたデータをキャプチャして解析すると暗号化されたデータや設定されている WEP キーそのものを解析されてしまう危険性があります。

　またスタティック WEP、はアクセスポイントにアソシエーションしているすべての無線 LAN クライアントで共通した WEP キーを利用します。もし WEP キーを解析されてしまっていれば、すべての無線 LAN クライアントのデータを盗聴されてしまいます。さらに、スタティック WEP はデータの改ざんの検出メカニズムが強力なものではありません。暗号化されたデータでも特定のデータを改ざんして、Man-in-the-middle 攻撃（中間者攻撃）が行われてしまう危険性があります。

こうした初期の無線 LAN のセキュリティ機能における脆弱性は、重要なデータを扱う企業ネットワークでは致命的で、企業では無線 LAN を導入することは危険だとみなされていたこともあります。そこで、より強固なセキュリティを実現するために、IEEE802.11i の標準化をはじめました。しかし、IEEE802.11i の標準化にはかなりの時間がかかってしまうため、簡易版として **WPA**（WiFi Protected Access）を策定しています。

### 4.3.3　WPA

WPA では、ユーザ認証および暗号化で次のような機能を採用し、より強固なセキュリティを提供しています。

ユーザ認証
- ▶ IEEE802.1x によるユーザ認証
  - ・RADIUS サーバを利用した一元的なユーザ認証が可能
  - ・ユーザ名 / パスワードによる認証だけでなく、デジタル証明書による認証などのオプションもサポート
  - ・ユーザ認証と同時に暗号キーの生成も可能
- ▶ WPA-PSK
  - ・RADIUS サーバの運用が難しい環境では、PSK（Pre Shared Key）による認証をサポート

暗号化
- ▶ TKIP（Temporal Key Integrity Protocol）
  - ・暗号アルゴリズム自体は WEP と同じ
  - ・暗号キーをユーザごとにダイナミックに生成する。さらに周期的に暗号キーを変更して暗号化
- ▶ MIC（Message Integrity Check）
  - ・データの整合性をチェックして改ざんを検出するメカニズム

## 4.3.4 IEEE802.11i（WPA2）

IEEE802.11iでは、次のようなセキュリティ機能の強化を行っています。

ユーザ認証
▶ IEEE802.1xによるユーザ認証
・RADIUSサーバを利用した一元的なユーザ認証が可能
・ユーザ名/パスワードによる認証だけでなく、デジタル証明書による認証などのオプションもサポート
・ユーザ認証と同時に暗号キーの生成も可能

暗号化
▶ AES（Advanced Encryption Standard）
・DES/3DESに取って代わるアメリカ政府で採用される暗号化アルゴリズム
▶ CCMP（Counter-mode with CBC MAC Protocol）
・データの整合性をチェックして改ざんを検出するメカニズム

# 5章

# VLANの基礎

5.1 VLANの定義
5.2 VLANと関連したスイッチのポート種類
5.3 どのようにVLANを展開するか

# 5.1 VLANの定義

ここではVLANとは何かという基本的な定義と、VLANの仕組みについて解説します。

## 5.1.1 VLANとは

**VLAN**（Virtual LAN）とは、日本語では「仮想LAN」と訳されています。一口にLANといっても家庭で構築するようなコンピュータが数台規模の小さなLANから、企業の社内ネットワークに見られるような数百台ものコンピュータを接続する大規模なLANまでさまざまです。VLANのLANとは**ルータによって区切られるネットワークの範囲**、つまり「**ブロードキャストドメイン**」を指しています。ブロードキャストドメインは「ブロードキャストフレーム（送信先MACアドレスがすべてビット1）」が届く、**直接通信を行うことができる範囲**です。なお、ブロードキャストドメインは厳密にはブロードキャストフレームだけではなく、マルチキャストフレーム、Unknownユニキャストフレームの3種類のフレームが届く範囲となります。

**レイヤ2スイッチ**ではブロードキャストフレームをフラッディング（▶ **3.3.1項参照**）するために、1つのブロードキャストドメインを構成します。ところが、VLANによって論理的に複数のブロードキャストドメインに分割することができます。

## 5.1 VLANの定義

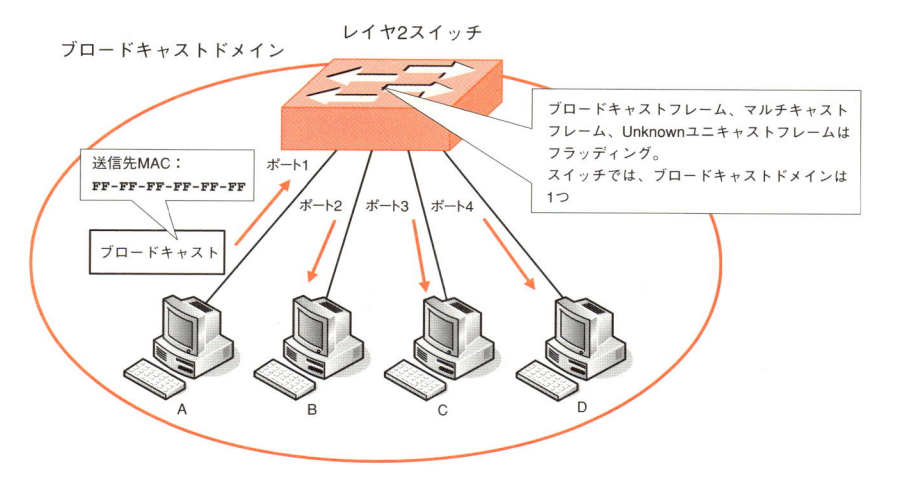

**図5.1 スイッチとブロードキャストドメイン**

ブロードキャストドメインが1つならば、ブロードキャストフレームはネットワーク上すべてに行き渡ってしまいます。さらにネットワーク上の各コンピュータに負荷をかけてしまいます。このことから、LAN の設計を行う上のポイントとして「**ブロードキャストドメインをいかに効率よく分割するか**」ということがあげられます。

ブロードキャストドメインを分割するために、通常は**ルータを利用**します。ルータの LAN インタフェースごとにブロードキャストドメインを分割することができます。しかし、ルータはそれほどたくさん LAN インタフェースを持っていません。ルータが持つ、LAN インタフェースの数は1〜4つ程度がほとんどです。これでは、分割できるブロードキャストドメインの数がルータの LAN インタフェースの数に依存してしまうことになります。これでは、LAN の設計において、自由にブロードキャストドメインを分割することができず、制約ができてしまいます。

ルータに対して、たくさんの LAN インタフェースを持つレイヤ2スイッチでブロードキャストドメインを分割する技術が VLAN です。VLAN を利用することによって、ブロードキャストドメインを自由に構成し、ネットワーク設計の柔軟性が向上します。

## 5.1.2　VLAN の仕組み

　VLAN の仕組みは、**フレームの転送範囲を制限**することにあります。同じVLAN のポート間でしかフレームの転送を行わないようにすることで、ブロードキャストドメインを分割します。ここで、ブロードキャストフレームの転送について考えます。VLAN を考えていない通常のレイヤ2スイッチであれば、ブロードキャストフレームは受信ポート以外のすべてのポートにフラッディングします。それがVLAN を作成すると、フラッディングは同じ VLAN のポートのみに限定されるようになります。

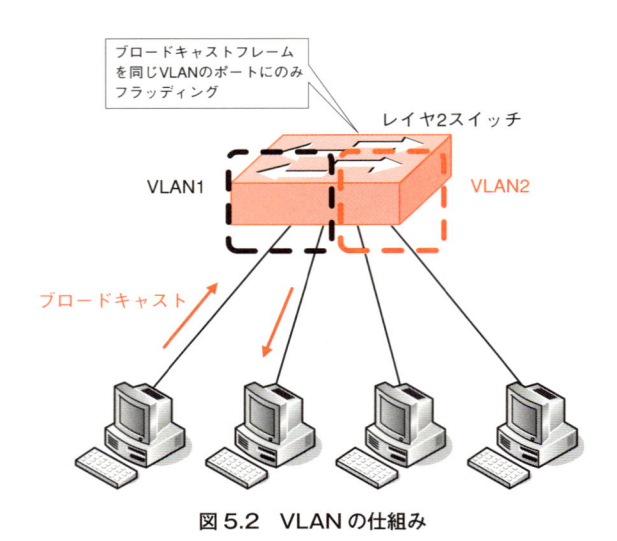

図 5.2　VLAN の仕組み

　上記の図では、ブロードキャストフレームの転送について考えていますが、ユニキャストフレーム / マルチキャストフレームでも同様です。スイッチは、フレームを受信したポートと同じ VLAN に属するポートにしか転送しません。

## 5.1 VLAN の定義

　VLAN の仕組みについて、**スイッチの内部を考慮**し、もう少し考えてみましょう。

　VLAN を考えるとき、スイッチの内部の構造—スイッチ内部に VLAN が存在する—を意識することがポイントです。VLAN をサポートしている多くのスイッチは、デフォルトでイーサネット用の VLAN として VLAN1 があります。VLAN1 に加えて、VLAN を作成することができます。そして、物理的なポートは特定の VLAN に所属します。VLAN を考慮したスイッチの内部構造をモデル化したものが図 5.3 です。このモデル化した図をベースにブロードキャストドメインを分割する仕組みを考えます。この仕組みは非常にシンプルです。ブロードキャストを転送するポートを同じ VLAN のポートのみに制限することで、ブロードキャストドメインを分割します。

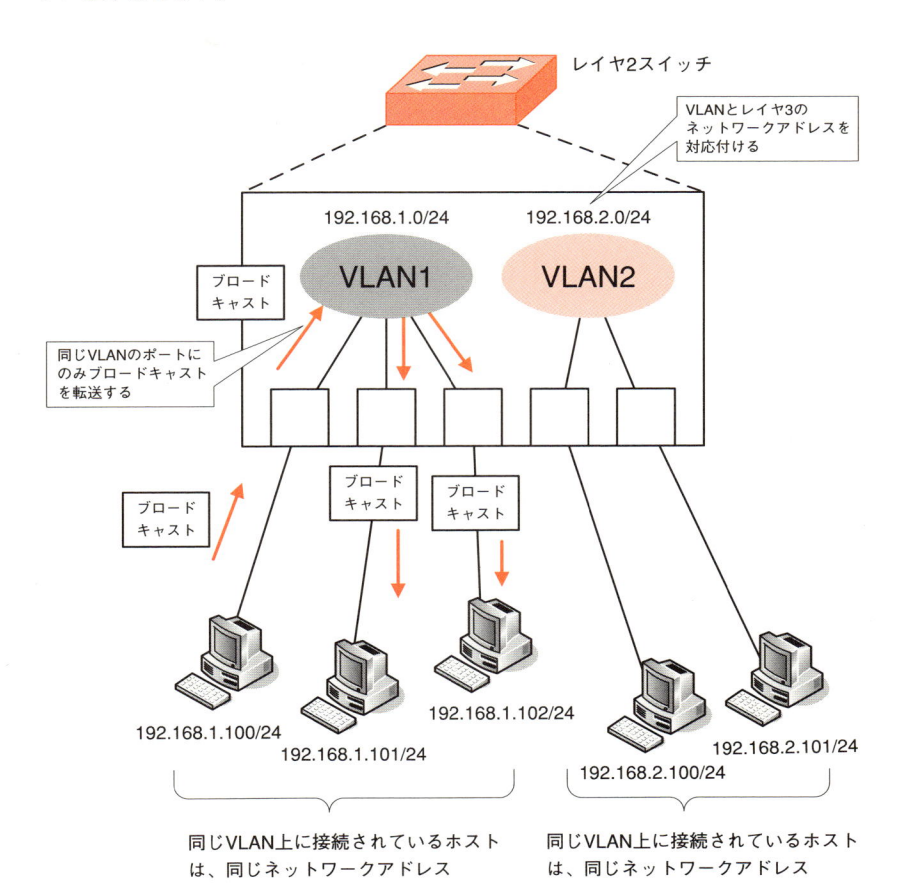

**図 5.3　VLAN とスイッチの内部構造**

VLANを考える上で、大切なポイントがもう1点あります。それは、**VLANとレイヤ3のネットワークアドレスのマッピング**を考えることです。1つのVLANが1つのブロードキャストドメインで、1つのネットワークアドレスに対応します。TCP/IPの通信を行うためには、同じVLANに接続されるホストは同じネットワークアドレスである必要があります。

### 5.1.3　VLANによるネットワーク構成の柔軟性

　スイッチでVLANを作成して特定のポートをVLANに所属させるということは、わかりやすく考えると「**物理的に1台のスイッチを、仮想的に複数台のスイッチに分割する**」イメージです。VLANは設定でいくつも作成することができますし、スイッチのポートが所属するVLANも設定で自由に決められます。そして、VLANはレイヤ3のネットワークアドレスに対応付けられるので、VLANを利用することでネットワークを自由に分割することになります。

　見た目のホストやスイッチの接続の様子を**物理構成**といいます。そして、レイヤ3のネットワークアドレスで考えた接続の様子を**論理構成**といいます。
　VLANを利用すれば「物理構成にとらわれずに管理者が意図した論理構成で柔軟にネットワークを構築する」ことができます。これが**VLANの大きなメリット**です。

[物理構成] [論理構成]

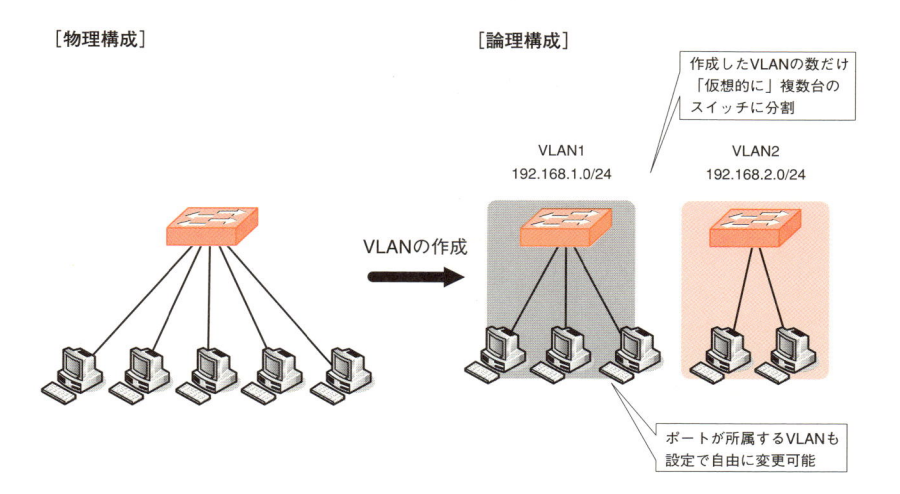

作成したVLANの数だけ「仮想的に」複数台のスイッチに分割

VLAN1
192.168.1.0/24

VLAN2
192.168.2.0/24

VLANの作成

ポートが所属するVLANも設定で自由に変更可能

物理構成と論理構成が1対1に対応しなくなる

**図 5.4　VLAN による物理構成と論理構成の対応**

　ただし、VLAN のメリットは逆にデメリットにもなっています。VLAN を利用した場合、ネットワーク構成が複雑化します。スイッチで設定されている VLAN やポートがどの VLAN に所属しているかは、見た目ではわからないからです。同じスイッチに接続されているホストでも、スイッチの VLAN の設定次第では通信ができなくなってしまうことがあります。異なる VLAN 間の通信を行うためには、ルータやレイヤ 3 スイッチによる VLAN 間ルーティングが必要です。

　**VLAN を利用しているときは、物理構成と論理構成の対応を明確にしておく必**要があります。つまり、ネットワーク構成図として、物理的なポートの接続を描いたものだけでなく、論理構成図もきちんと作成しておく必要があります。物理構成図と論理構成図の対応は、VLAN 間ルーティングにも大きく関わります。この 2 つの対応の例について、VLAN 間ルーティングを解説した ▶第 7 章 で改めて解説します。

## 5.2 VLANと関連したスイッチのポート種類

スイッチのポートは、内部のVLANとどのように関連付けられるかによってアクセスポートとトランクポートに分かれます。ここでは、アクセスポートとトランクポートについて解説します。

### 5.2.1 アクセスポート

**アクセスポート**とは、スイッチ内部の1つのVLANにのみ接続しているポートです。そして、アクセスポートが接続しているVLANのことを**VLANメンバーシップ**と呼びます。アクセスポートは、接続しているVLANのイーサネットフレームのみを送受信します。

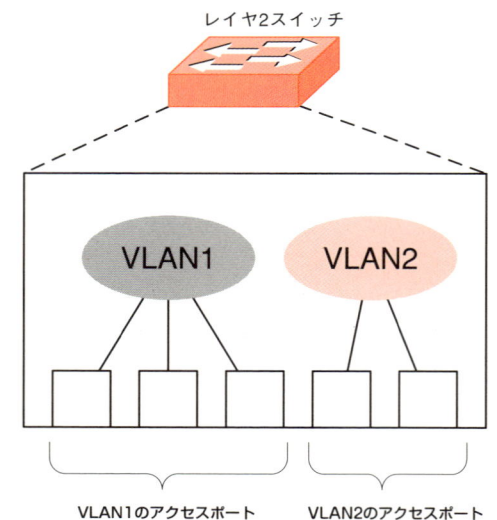

レイヤ2スイッチ

VLAN1 VLAN2

**VLAN1のアクセスポート**
VLAN1にのみ接続されているVLAN1のイーサネットフレームのみを送受信。

**VLAN2のアクセスポート**
VLAN2にのみ接続されているVLAN2のイーサネットフレームのみを送受信。

図5.5 アクセスポート

## 5.2 VLANと関連したスイッチのポート種類

アクセスポートのVLANメンバーシップの決定方法は、次の2通りあります。

- スタティックVLAN（ポートVLANまたはポートベースVLAN）
- ダイナミックVLAN

**スタティックVLAN**は、あらかじめポートが接続される内部のVLANをスタティックに設定します。「**ポートVLAN**」または「**ポートベースVLAN**」ともいいます。スタティックVLANはシンプルでわかりやすく、よく行われているVLANメンバーシップの設定といえます。ただし、ポート数が多いとスタティックVLANの設定は煩雑なものになります。また、スイッチとコンピュータの配線が変更されれば、スタティックVLANの設定も変更しなければいけません。

一方、**ダイナミックVLAN**はポートにつながるコンピュータによって、ダイナミックにポートが接続される内部のVLANが変わります。ダイナミックVLANでのVLANメンバーシップのVLANは、コンピュータのMACアドレスやコンピュータを利用するユーザによって決めることができます。そのため、ダイナミックVLANを利用すると、スイッチとコンピュータの配線が変更されてもポートベースVLANのように特別な設定変更は必要ありません。

ユーザベースのダイナミックVLANは、**IEEE802.1xのユーザ認証**と組み合わせます。IEEE802.1xのユーザ認証には**RADIUSサーバ**を利用します。RADIUSサーバにユーザ名/パスワードとそのユーザに対するVLAN番号を設定することができます。スイッチは、IEEE802.1xのユーザ認証に成功したら、ポートのVLANメンバーシップをユーザに対応したVLANにします。

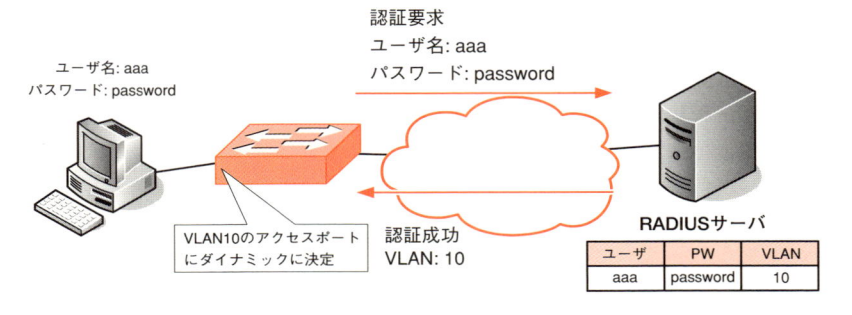

図5.6 ユーザベースのダイナミックVLAN（IEEE802.1X）

このようなIEEE802.1XによるユーザベースのダイナミックVLANを応用して、**検疫ネットワーク**を実現することもできます。

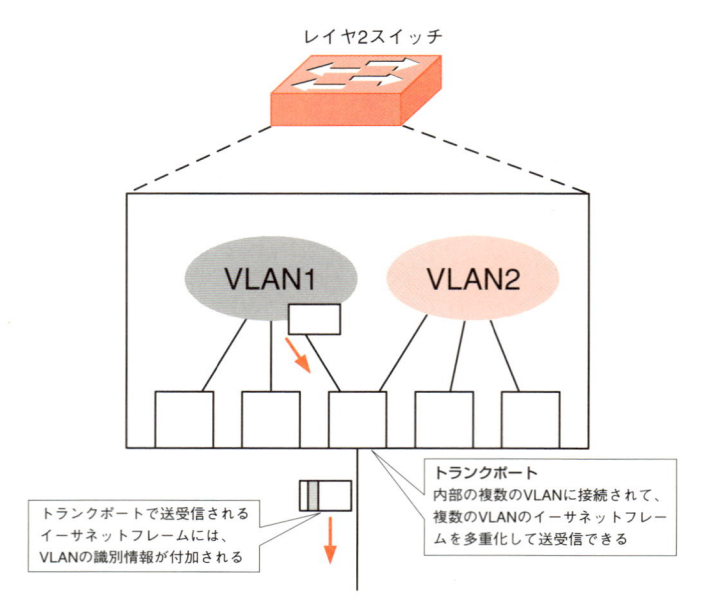

### 5.2.2 トランクポート

**トランクポート**は、スイッチ内部の複数のVLANに接続しているポートです。「トランク（trunck）」とは「束ねる」という意味を持っています。トランクポートを介して、接続されている複数のVLANのイーサネットフレームを多重化して転送することができます。1つのポートでたくさんのVLANのフレームを「束ねて」扱うことができるのがトランクポートの特徴です。トランクポートが接続されるスイッチ内部のVLANは、デフォルトではスイッチに存在するすべてのVLANです。設定によって、トランクポートが接続されるスイッチ内部のVLANを制限することができます。

1つのポートで複数のVLANのイーサネットフレームを多重化するためには、各VLANを識別するための識別情報を付加します。VLANが異なればネットワークが異なるので、VLAN間のフレームが混ざってしまってしまわないようにするために、VLANの識別情報を利用します。**VLANの識別情報を付加するトランクプロトコル**として、主なものが次の2つです。

- IEEE802.1Q
- ISL（Inter Switch Link）

図5.7　トランクポート

## 5.2 VLANと関連したスイッチのポート種類

　トランクポートを利用することで、スイッチをまたがった複数のVLANを効率よく構成することができます。たとえば、次の図5.8で考えます。SW1とSW2をまたがってVLAN1とVLAN2を構成したいとします。アクセスポートでは、1つのVLANのフレームしか扱うことができません。そして、スイッチでのフレームの転送は同じVLANのポートだけに限定されます。そのため複数のスイッチをまたがってVLANを構成したいときは、スイッチ間をそれぞれのVLANのアクセスポートで接続することになります。

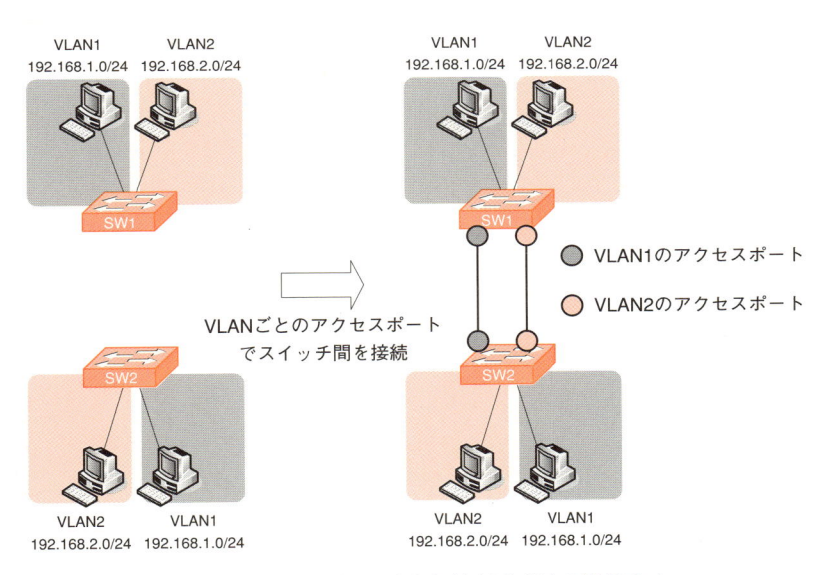

**図5.8　複数のスイッチをまたがるVLANの例 その1**

　スイッチ間をそれぞれのVLANのアクセスポートで接続すると、拡張性に問題があります。新しくVLANを追加した場合、それぞれのスイッチに追加したVLANのアクセスポートを設定し、ケーブルを配線しなければいけません。VLANが増えれば増えるほど、スイッチのポートをたくさん消費してスイッチ間で必要なケーブルも増えてしまいます。

　スイッチ間をトランクポートで接続すれば、このような拡張性の問題点は解決します（図5.9）。トランクポートでは、複数のVLANのフレームを扱うことができます。スイッチ間の接続は、1つのトランクポートだけであっても、複数のVLANを多重化して転送できます。そのため、アクセスポートで接続するときのような拡張性の問題はありません。

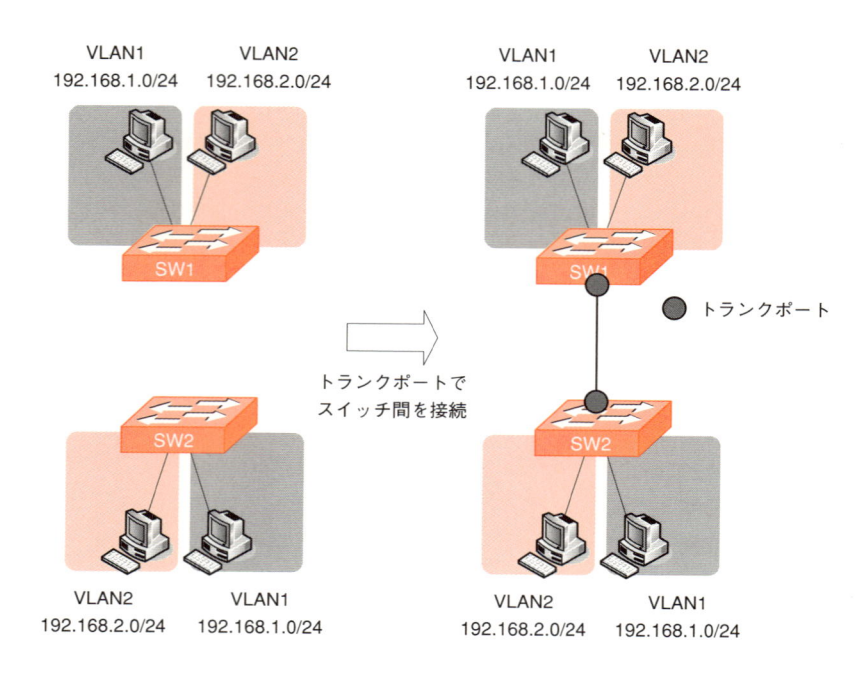

図 5.9　複数のスイッチをまたがる VLAN の例 その 2

　「スイッチ間は必ずトランクポートにするものだ」と言われることがありますが、これは正しくありません。スイッチ間はトランクポートにすることが多いのですが、アクセスポートにすることもあります。どちらの設定を行うかは、そのポートにどんな VLAN のフレームを転送する必要があるかによって決めます。1つの VLAN のフレームしか転送しないのであれば、スイッチ間を転送する VLAN のアクセスポートにすればよいです。一方、複数の VLAN のフレームを転送する必要があれば、スイッチ間をトランクポートにします。

## 5.2　VLANと関連したスイッチのポート種類

## ●●トランクポートのイメージ

　トランクポートを直観的に考えると、1つのポートを仮想的にVLANごとに分割すると考えてください。VLANは、1台のスイッチを仮想的にVLANごとに分割します。トランクポートは、次の図5.10のように仮想的にVLANごとの複数のポートとして扱うことができるようになります。

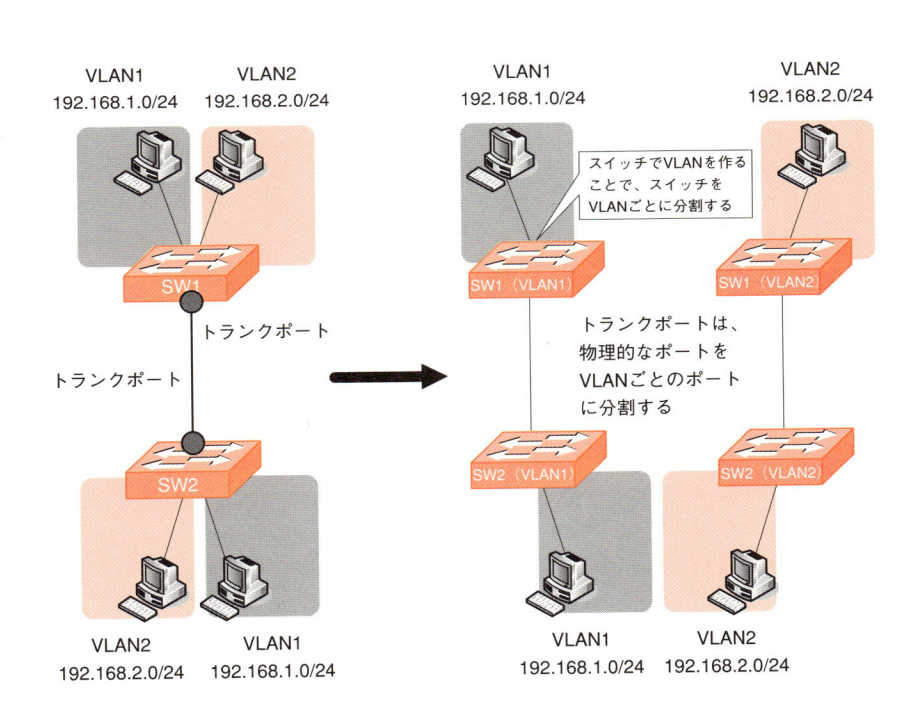

図5.10　トランクポートの考え方

### ●● PC やサーバでのトランクポート

トランクポートは、スイッチやルータなどのネットワーク機器だけでなく、PCやサーバなどの通常のコンピュータでも利用することができます。PCやサーバなど通常のコンピュータでトランクポートを利用するためには、**IEEE802.1Q**（▶ 5.2.4 項参照）をサポートする NIC を搭載します。そして、IEEE802.1Q をサポートする NIC を持つコンピュータとスイッチを接続して、それぞれでトランクポートの設定を行います。そうすれば、物理的には 1 つのポートを VLAN ごとに複数に分割して扱うことができます。

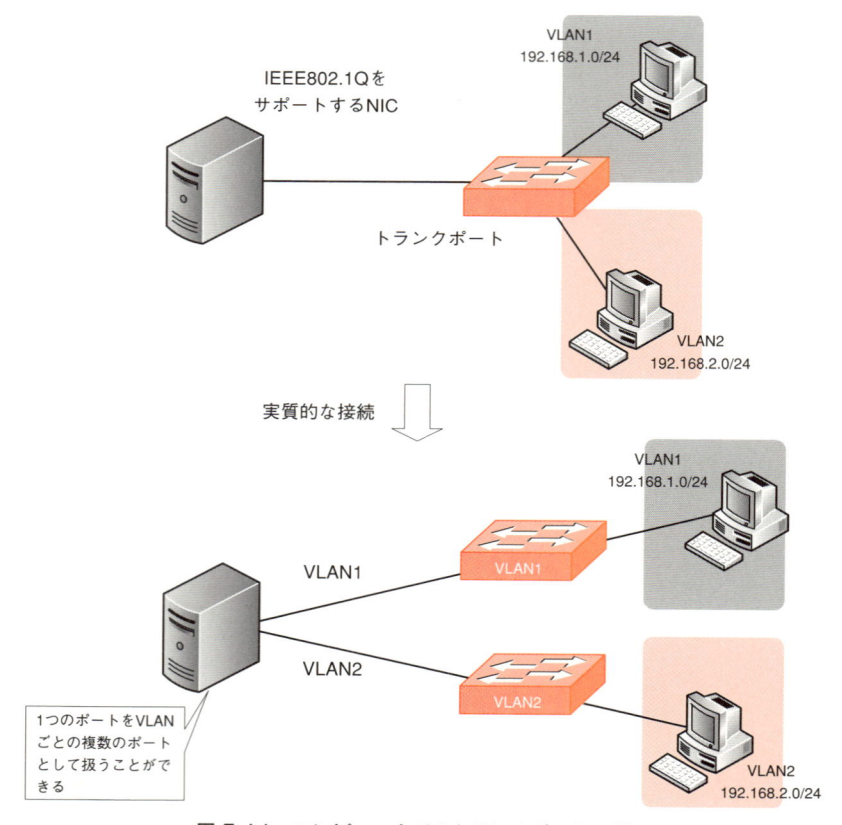

図 5.11　コンピュータでのトランクポートの利用

以降では、トランクポートでフレームを扱うときに付加する VLAN の識別情報について見ていきます。

## 5.2.3 ISL

ISL（Inter Switch Link）は、Cisco独自のプロトコルでIEEE802.1Qと同様にトランクリンク上でVLAN識別情報を付加します。ISLでは、フレームの先頭に26バイトの「ISLヘッダ」が付加され、ISLヘッダを含めたフレーム全体で、新たに計算した4バイトのCRC付加がされます。すなわち、合計30バイトの情報が付加されることになります。ISLヘッダの中には、10ビットのVLAN番号や3ビットのCoS（Class of Service）などが含まれています。

ISLでは、トランクリンクから出て行くときには、単純にISLヘッダと新CRCを取り除くだけです。もともとのフレームのCRCは保存されているので、CRCの再計算は必要ありません。

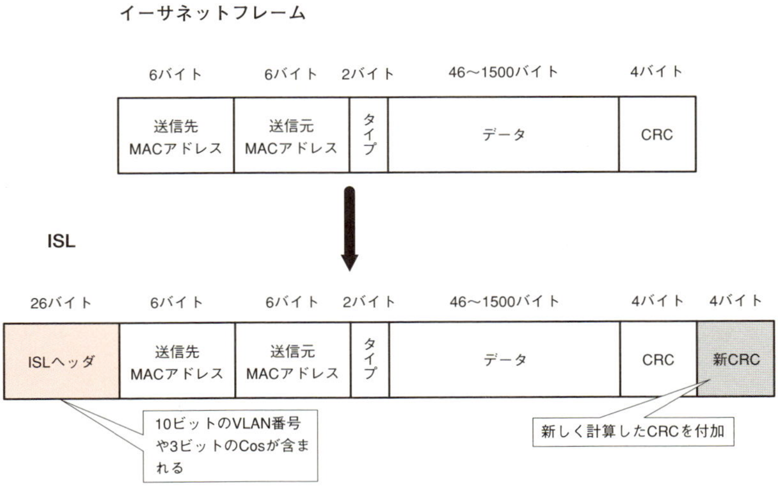

**イーサネットフレーム**

| 6バイト | 6バイト | 2バイト | 46～1500バイト | 4バイト |
|---|---|---|---|---|
| 送信先MACアドレス | 送信元MACアドレス | タイプ | データ | CRC |

**ISL**

| 26バイト | 6バイト | 6バイト | 2バイト | 46～1500バイト | 4バイト | 4バイト |
|---|---|---|---|---|---|---|
| ISLヘッダ | 送信先MACアドレス | 送信元MACアドレス | タイプ | データ | CRC | 新CRC |

- ISLヘッダ：10ビットのVLAN番号や3ビットのCosが含まれる
- 新CRC：新しく計算したCRCを付加

**図5.12　ISL**

ISLはフレームをISLヘッダと新CRCで包み込むようなイメージから**カプセル化VLAN**とも呼ばれることもあります。ただし、IEEE802.1Qの「タギングVLAN」（164ページ参照）とISLの「カプセル化VLAN」という呼び方は厳密なものではありません。さまざまな書籍によって、これらの表現が混在していることがあるので、注意してください。またISLはCisco独自なので、もちろんCisco機器同士での接続でしか使うことができません。ただし、Cisco機器でもISLをサポートせずにIEEE802.1Qのトランクプロトコルのみをサポートしている機器も増えています。

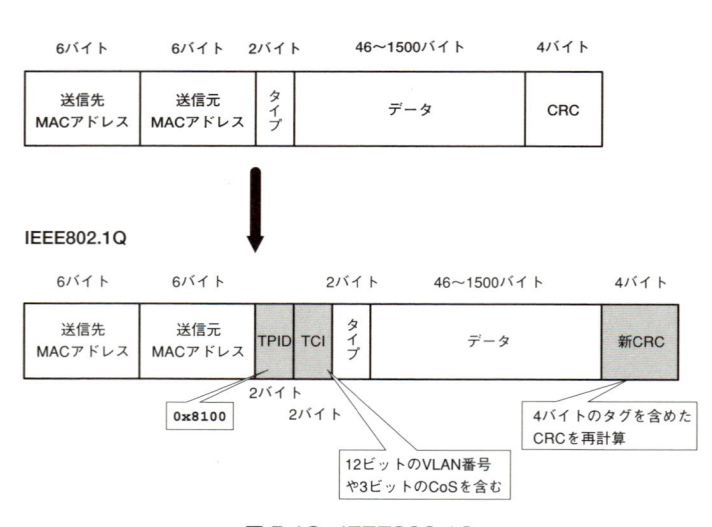

## 5.2.4 IEEE802.1Q

**IEEE802.1Q** は、通称「ドットワンキュー」あるいは「ドットイチキュー」と呼ばれています。トランクポート上で、VLAN を識別する識別情報を付加するためのプロトコルです。IEEE802.1Q による VLAN 識別情報は、フレームの「送信元 MAC アドレス」と「タイプ」の間に挿入されます。挿入される情報は、2 バイトの TPID と 2 バイトの TCI の合計 4 バイトです。フレームに 4 バイトの情報が挿入されるので、当然 CRC の値が変わってしまいます。既存の CRC にとって変わって、挿入された TPID、TCI を含めて CRC 計算を行うことになります。

また、トランクポートからアクセスポートにフレームを転送するときには、TPID、TCI が取り除いて元のイーサネットフレームに戻します。その際、新たに CRC を再計算します。

イーサネットフレーム

| 6バイト | 6バイト | 2バイト | 46〜1500バイト | 4バイト |
|---|---|---|---|---|
| 送信先MACアドレス | 送信元MACアドレス | タイプ | データ | CRC |

IEEE802.1Q

| 6バイト | 6バイト | 2バイト | | 2バイト | 46〜1500バイト | 4バイト |
|---|---|---|---|---|---|---|
| 送信先MACアドレス | 送信元MACアドレス | TPID | TCI | タイプ | データ | 新CRC |

- TPID: 2バイト `0x8100`
- TCI: 2バイト 12ビットのVLAN番号や3ビットのCoSを含む
- 新CRC: 4バイトのタグを含めたCRCを再計算

図 5.13 IEEE802.1Q

**TPID** は、固定値で `0x8100` です。TPID によって、フレームに IEEE802.1Q の VLAN 情報が付加されていることがわかります。実際に VLAN 番号が入るのは、TCI のうち **12 ビット**です。12 ビットですから、**合計 4096 個の VLAN を識別**することができます。IEEE802.1Q による VLAN 情報の付加は、ちょうど手荷物に荷札を付けるイメージなので、「**タギング VLAN**」または「**タグ VLAN**」と呼

ばれることもあります。

## ●●ネイティブ VLAN

IEEE802.1Q トランクでは、**ネイティブ VLAN** が用意されています。ネイティブ VLAN とは、トランクポートからフレームを転送するときに**タグを付加しない VLAN** です。ネイティブ VLAN は、トランクポートごとに 1 つの VLAN を指定することができます。

ネイティブ VLAN 以外の VLAN には、トランクポート上でタグが付加されて、タグに含まれる VLAN ID を元に VLAN を識別します。それに対して、ネイティブ VLAN で指定されている特定の VLAN のフレームには、タグを付加しません。そのため、タグが付加されていないフレームは、ネイティブ VLAN 上のフレームと判断することができます。つまり対向のスイッチ同士で共通してタグを付加しないネイティブ VLAN を決めることで VLAN を識別しています。

たとえば次の図では、SW1 と SW2 のネイティブ VLAN が VLAN1 に設定されています。そのため SW2 が、ネイティブ VLAN である VLAN1 上のコンピュータ D からのブロードキャストフレームをトランクポートに転送する際には、フレームにタグを付加しません。そして、このタグが付加されていないフレームを受信した SW1 は、ネイティブ VLAN（VLAN1）上のフレームと判断し、そのフレームを VLAN1 に所属するポートにフラッディングします。

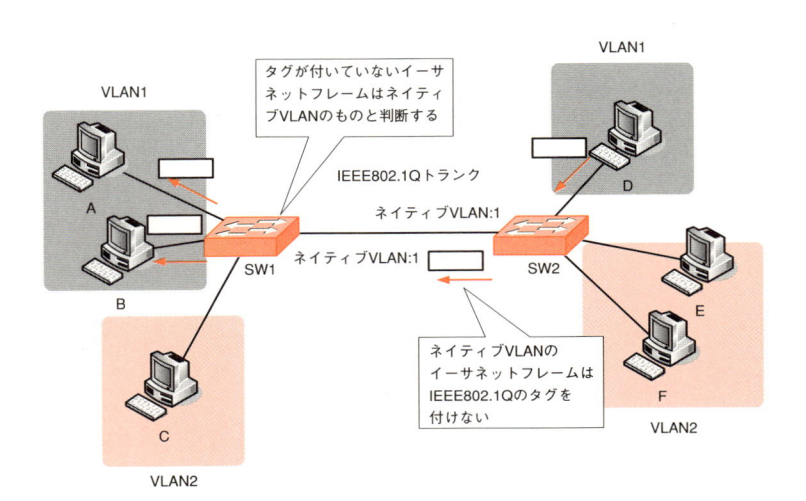

図 5.14　ネイティブ VLAN

## 5.3 どのように VLAN を展開するか

企業のLANは多くのスイッチで構成されます。ここでは、多くのスイッチで構成されるLAN上で、VLANをどのように展開するかについて解説します。

### 5.3.1 VLAN 展開のコンセプト

ここまでは、VLAN に関しての基本的な仕組みを説明するため、1 台もしくは 2 台のスイッチで VLAN を考えてきました。企業の LAN はさらにたくさんのスイッチで構成されることがほとんどです。その際、VLAN をどのように展開するかという設計コンセプトとして、次の 2 つがあります。

- ローカル VLAN
- エンドツーエンド VLAN

**ローカル VLAN** は、収容するクライアントコンピュータの物理的な配置によって VLAN を展開します。一方、**エンドツーエンド VLAN** はクライアントコンピュータの物理的な配置にかかわらず VLAN を展開します。

この 2 種類の VLAN 展開のコンセプトは、どちらかのみを採用するのではなく、必要に応じて組み合わせて企業の LAN 全体に VLAN の展開を行っていきます。

## 5.3.2　ローカル VLAN

先に述べたように、ローカル VLAN はクライアントコンピュータの物理的な配置によって VLAN を展開します。2 章で簡単に解説したように、ビル（建物）内の各フロアにはアクセススイッチ（ASW）を設置して、PC などを接続します。「同じフロア」といった**物理的な配置に応じて考えている VLAN がローカル VLAN**です。フロア内のアクセススイッチに VLAN を作成し、その VLAN にクライアントコンピュータを収容することを意味します。あるアクセススイッチの VLAN は、物理的に離れている他のフロアのアクセススイッチ内には作成しません。なお、VLAN 間ルーティングを行うために、ディストリビューションスイッチ（DSW）にもローカル VLAN の VLAN を作成する必要があります。

1 つのアクセススイッチに複数のローカル VLAN を作成することも可能です。その場合、**アクセススイッチとディストリビューションスイッチ間はトランク**にします。これは、VLAN 間ルーティングのために、アクセススイッチからディストリビューションスイッチに複数のローカル VLAN のフレームを多重化して転送できるようにするためです。1 つのアクセススイッチに単一のローカル VLAN のみを展開している場合は、アクセススイッチとディストリビューションスイッチ間をトランクにする必要はありません。1 つの VLAN のフレームのみを転送すればよいからです。

同じ業務に利用するクライアントコンピュータは、ほとんどの場合、それぞれ物理的に近く配置されます。そのため、ローカル VLAN の展開は理にかなったものといえます。また、ローカル VLAN の VLAN 展開はシンプルになるので、トラフィックフローを把握しやすくなり、トラブル時のトラブルシューティングも行いやすくなります。

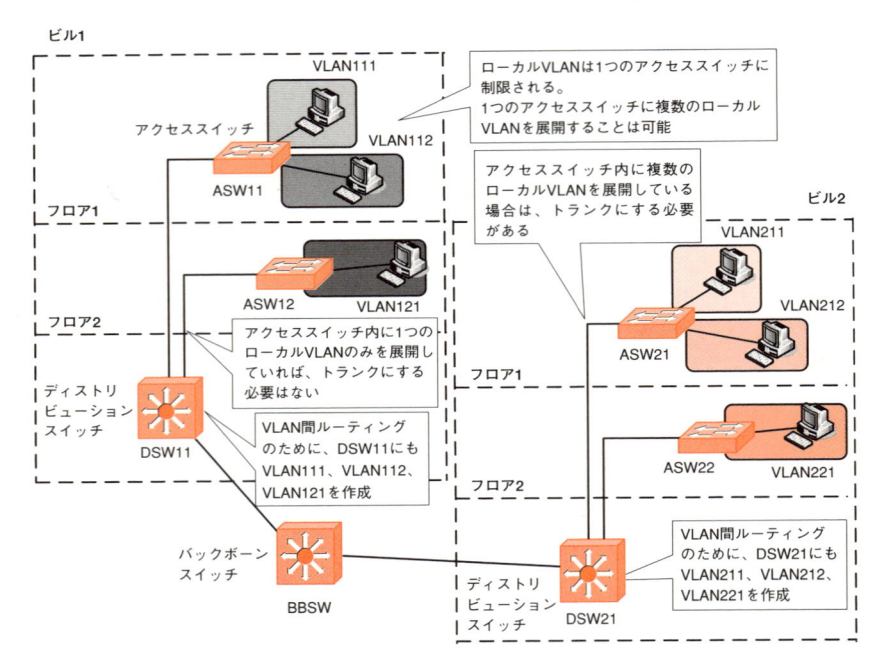

### ●●ローカル VLAN の例

ローカル VLAN の展開の例を次の図 5.15 に示します。

**図 5.15 ローカル VLAN の例**

この図 5.15 では、2 つのビル内においてローカル VLAN を展開している様子を示しています。ビル 1 の ASW11 には VLAN111 と VLAN112 の 2 つのローカル VLAN を作成し、クライアントコンピュータを収容しています。この 2 つの VLAN 間のルーティングを DSW11 で行います。2 つのローカル VLAN のフレームを転送するために、ASW11-DSW11 間はトランクにしなければいけません。

一方、ASW12 には VLAN121 という 1 つのローカル VLAN のみを作成してクライアントコンピュータを収容しています。VLAN 間ルーティングを行う DSW11 に VLAN121 のフレームを転送するために、ASW11-DSW11 間はトランクにする必要はありません。ASW11-DSW11 間は VLAN121 のアクセスポートで接続することもできます。また、VLAN 間ルーティングを行う DSW11 にもルーティングするローカル VLAN を作成しておく必要があります。同様にビル 2 のローカル VLAN も展開しています。

### 5.3.3 エンドツーエンド VLAN

**エンドツーエンド VLAN** を展開すると、物理的な配置によらずクライアントコンピュータを論理的にグループ化し、同じサブネットに所属させることができます。エンドツーエンド VLAN は多くのアクセススイッチをまたがって展開される VLAN となります。エンドツーエンド VLAN を展開して、クライアントコンピュータを論理的にグループ化することで、次のような機能を提供できます。

- ルーティングの必要がなくレイヤ 2 レベルで通信が可能になる
- 一貫したセキュリティポリシーを適用する
- 一貫した QoS ポリシーを適用する

同じ VLAN 内のクライアントコンピュータ同士の通信では、ルーティングの必要がありません。**MAC アドレスをベースにしたレイヤ 2 スイッチングでフレームを転送**することができます。そして、エンドツーエンド VLAN で同じサブネットに所属させることで、そのサブネットに対して一貫した**セキュリティポリシー**、**QoS ポリシー**を適用できます。一貫したセキュリティ/QoS ポリシーでエンドツーエンド VLAN のトラフィックを柔軟に制御することができます。

ただし、エンドツーエンド VLAN には、次のようなデメリットがあります。

- トラフィックフローの把握が難しい
- エンドツーエンド VLAN 全体にわたってブロードキャストがフラッディングされる

エンドツーエンド VLAN の通信はさまざまなスイッチを経由することになり、構成が複雑になります。その結果、トラフィックフローの把握が難しくなり、トラブルが発生したときなどトラブル箇所の特定が困難になります。また、ブロードキャストがエンドツーエンド VLAN 全体にわたってフラッディングされるため、ネットワークに負荷をかけてしまう可能性があります。エンドツーエンド VLAN は、その特徴とデメリットを考慮して展開する必要があります。

次ページにエンドツーエンド VLAN の例を紹介します。

## ●●エンドツーエンド VLAN の例

エンドーエンド VLAN の用途として、次のようなものがあります。

- ゲスト用 VLAN
- マルチキャスト用 VLAN
- 音声用 VLAN

社内にゲストを迎えたときに利用するのが**ゲスト用 VLAN** です。ゲスト用 VLAN にゲストのノート PC などを接続すれば、セキュリティポリシーに基づいて社内 LAN に限定的にアクセスできます。

企業 LAN 全体にわたってマルチキャストトラフィックを転送するには、通常はマルチキャストルーティングを行う必要があります。マルチキャストルーティングプロトコルとして **PIM-SM**（Protocol Independent Multicast Sparse Mode）が一般的です。PIM-SM の設定自体は簡単ですが、その仕組みは複雑なものです。また、すべてのレイヤ 3 デバイスで PIM-SM の設定をしなければいけません。そこで、ルーティングせずにマルチキャストトラフィックを転送するためにマルチキャスト用のエンドツーエンド VLAN を作成することもできます。

また、VoIP のトラフィックを転送するための専用の VLAN としてエンドツーエンドの**音声用 VLAN** を展開することができます。音声用 VLAN をエンドツーエンド VLAN として展開すれば、VoIP パケットの送信元および送信先 IP アドレスがすべて音声用 VLAN のサブネットのものになります。そうすれば、音声トラフィックの識別が容易になり、QoS 制御を行いやすくなります。

エンドツーエンド VLAN の例として、音声用 VLAN とゲスト用 VLAN の展開を表しているのが図 5.16 です。

## 5.3 どのようにVLANを展開するか

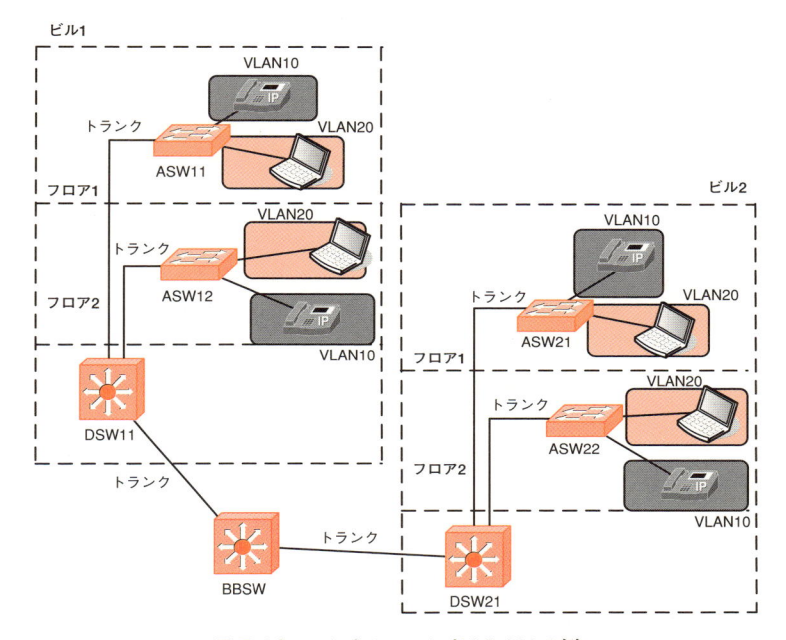

**図5.16 エンドツーエンドVLANの例**

この図では、次のようにエンドツーエンドVLANを定義しています。

- 音声用VLAN：VLAN10
- ゲスト用VLAN：VLAN20

VLAN10、VLAN20が企業LAN内のすべてのアクセススイッチ上に存在しています。このように多くのアクセススイッチにまたがって展開されているVLANがエンドツーエンドVLANです。VLAN10、VLAN20を転送するための経路上に配置されているディストリビューションスイッチやバックボーンスイッチにもVLAN10、VLAN20が必要です。

また、この図の場合、複数のエンドツーエンドVLANを展開しているので、スイッチ間はすべてトランクにしなければいけません。この例の論理構成を考えると、次の図5.17のようになります。

ゲスト用VLAN
VLAN10　10.10.0.0/16

音声用VLAN
VLAN20　10.20.0.0/16

バックボーンスイッチ

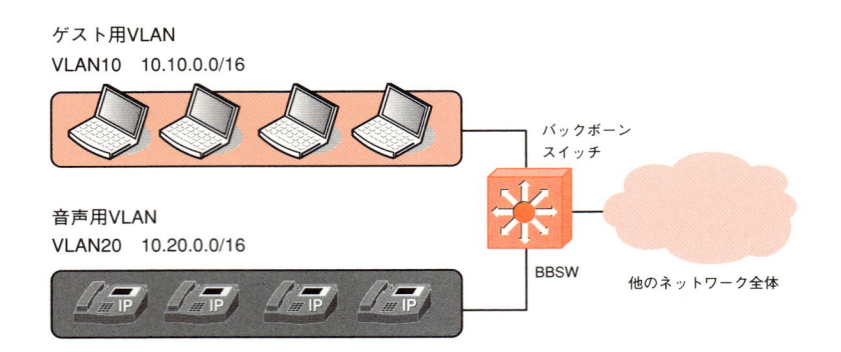

BBSW

他のネットワーク全体

**図 5.17　エンドツーエンド VLAN の論理構成例**

　この論理構成では、ゲスト用 VLAN として VLAN10 を定義し、そのサブネットを 10.10.0.0/16 とします。そして音声用 VLAN として VLAN20 を定義して、サブネットを 10.20.0.0/16 とします。

　ゲスト用ポートとして、各アクセススイッチに VLAN10 のアクセスポートを作成しておきます。社内にゲストがやってきた場合、VLAN10 のアクセスポートに接続すれば、どのアクセススイッチであったとしても、ゲストの PC は 10.10.0.0/16 のサブネットに所属することになります。同様に、IP 電話を接続するポートを VLAN20 のアクセスポートにしておけば、IP 電話の IP アドレスはすべて 10.20.0.0/16 のサブネットのものになります。ゲスト用 VLAN および音声用 VLAN から他の VLAN のネットワークに出て行くためにデフォルトゲートウェイが必要です。デフォルトゲートウェイとなるデバイスは設定次第で、任意のディストリビューションスイッチやバックボーンスイッチを選択することができます。上の図では、バックボーンスイッチ（BBSW）をゲスト用 VLAN と音声用 VLAN のゲートウェイとして設定していることを想定しています。BBSW において、ルーティングに加えてパケットフィルタなどのセキュリティ機能や QoS 機能を実装して、トラフィックの制御を行います。このように、クライアントコンピュータの物理的な配置によらずに、さまざまな制御が可能であることがエンドツーエンド VLAN の大きなメリットです。

　ただし、トラフィックフローが複雑になるデメリットがあります。具体的にゲスト用 VLAN20 のトラフィックフローを考えると、次の図 5.18 のようになります。

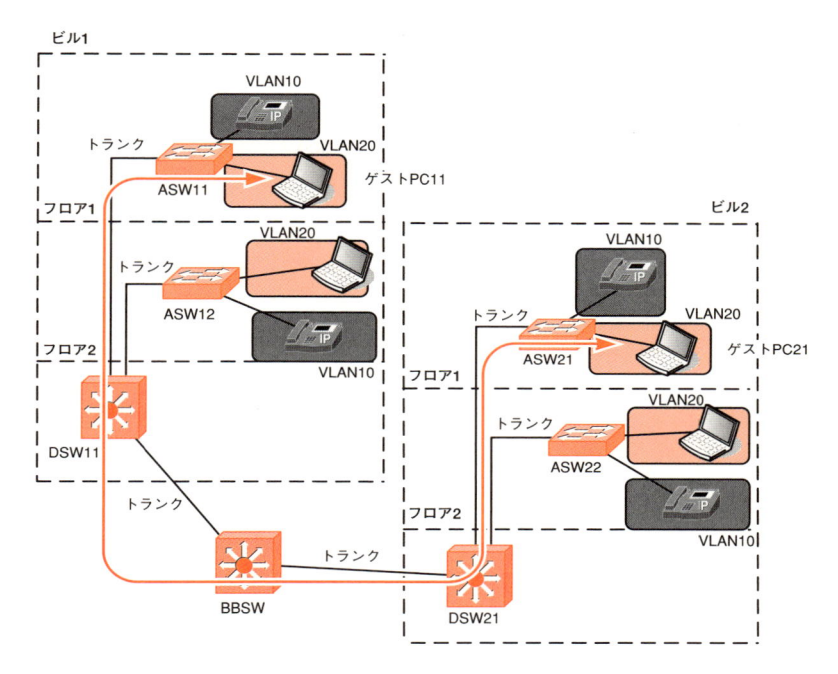

## 5.3 どのようにVLANを展開するか

**図5.18 エンドツーエンドVLANのトラフィックフローの例**

ASW11に接続されているゲストPC11からASW21に接続されているゲストPC21まで、

ゲストPC11 → ASW11 → DSW11 → BBSW → DSW21 → ASW21 → ゲストPC21

という経路で転送されます。

ゲストPC11とゲストPC21は同じVLANであるのにも限らず、このように多くのスイッチを経由してデータが転送される場合が出てきます。複雑なトラフィックフローは、障害が発生した場合にその原因となる箇所を特定することが難しくなります。また、ブロードキャストがフラッディングされるため、エンドツーエンドVLANの構成しているすべてのスイッチにブロードキャストが転送され、ネットワークに負荷がかかることもデメリットの1つです。

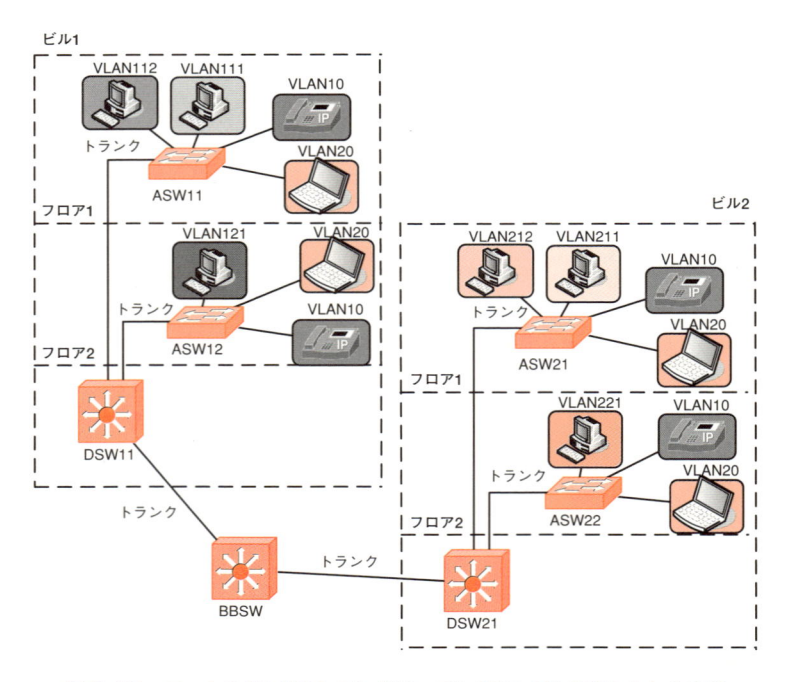

## 5.3.4 ローカル VLAN とエンドツーエンド VLAN の組み合わせ

ローカル VLAN とエンドツーエンド VLAN の展開は、前述したようにどちらかだけというわけではなく必要に応じて組み合わせます。どのように組み合わせるかは設計者が自由に決められますが、次のように組み合わせることが多いです。

ローカル VLAN
・社内のクライアントコンピュータを物理的な配置に従ってローカル VLAN を展開します。

エンドツーエンド VLAN
・音声用 VLAN やゲスト用 VLAN など企業 LAN 全体で統一したポリシーが必要なクライアントコンピュータを収容するためにエンドツーエンド VLAN を展開します。

**ローカル VLAN とエンドツーエンド VLAN の組み合わせ**の例が次の図です。

図 5.19　ローカル VLAN とエンドツーエンド VLAN の組み合わせの例

## 5.3 どのようにVLANを展開するか

この図5.18では、次のようにローカルVLANとエンドツーエンドVLANを展開しています。

ローカルVLAN
▶ VLAN111、VLAN112、VLAN121
・ビル1の社内各フロアのクライアントコンピュータを収容
▶ VLAN211、VLAN212、VLAN221
・ビル2の社内各フロアのクライアントコンピュータを収容

エンドツーエンドVLAN
▶ VLAN10
・音声用VLANとしてIP Phoneを収容
▶ VLAN20
・ゲスト用VLANとして、ゲストのノートPCを収容

VLAN間ルーティングを扱った▶第7章で改めて詳しく解説しますが、**VLANの環境では物理構成と論理構成の対応をきちんと考えることが重要**です。論理構成は、ディストリビューションスイッチ（DSW）やバックボーンスイッチ（BBSW）の設定次第で、さまざまな構成にすることができます。論理構成の1つの例を考えると、次の図のようになります。

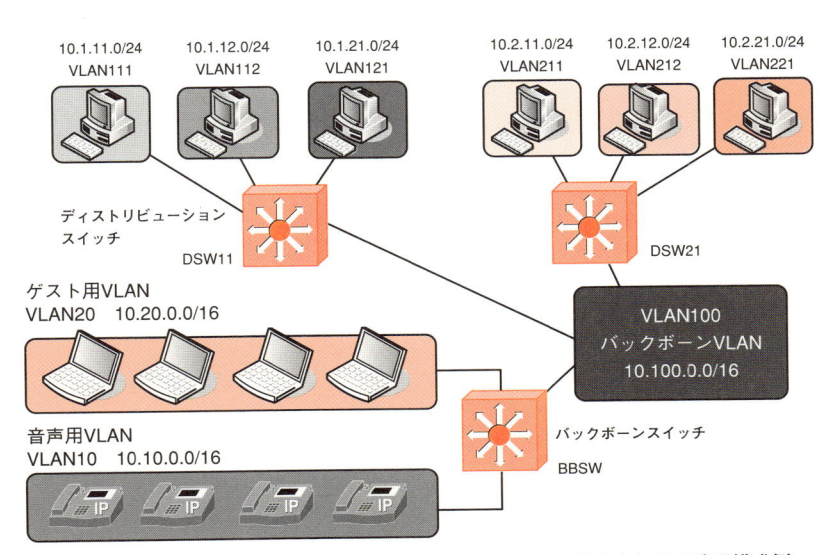

図 5.20　ローカルVLANとエンドツーエンドVLANの組み合わせの論理構成例

# 6章

# スパニングツリーの基礎

6.1 スパニングツリーの概要
6.2 スパニングツリーの動作
6.3 PVSTによる負荷分散
6.4 スパニングツリーの拡張
6.5 リンクアグリゲーション

# 6.1 スパニングツリーの概要

ここでは、スイッチを冗長化したときに必要となるスパニングツリープロトコルの概要について解説します。

## 6.1.1 スイッチ冗長化の問題点

大規模なネットワーク、特に銀行や証券会社のオンラインシステムなどは「絶対にダウンしてはいけない」システムです。これらのシステムが万が一ダウンしてしまうと、その損害は計り知れません。また、金銭的な損害だけでなく企業の信用問題に発展する可能性もあるほど重要な問題となります。そのために、ネットワークを利用していつでもこれらのシステムにアクセスできなければいけません。したがって、大規模なネットワークでは「いつでもネットワークを利用できること」が要求されます。このようなネットワークを「**高可用性**（High Availability）**ネットワーク**」と呼びます。

高可用性ネットワークを実現するためには、一般的に**ネットワークの冗長化**を行います。「冗長化」とは、ネットワーク機器やネットワーク回線を余分に確保し、それらを**バックアップ系として待機すること**をいいます。もし、現在稼動しているネットワーク機器や回線がダウンすると、待機しているバックアップ系に切り替えることにより、ネットワークをダウンさせずに、引き続き運用することができます。これにより、高可用性ネットワークを実現することができます。

ネットワークを冗長構成にすると可用性を高めることができますが、闇雲にルータやスイッチなどのネットワーク機器や回線を余分に確保しても、適切な設定を行わなければ意味がありません。特に、スイッチを冗長化した場合には、最悪のケースとしてネットワークがダウンしてしまう可能性があります。

例として、次の図6.1のようなネットワーク構成を考えます。もともと、スイッチ1とスイッチ2を経由してクライアントコンピュータからサーバへアクセスしていましたが、スイッチ3をさらに追加して**冗長構成**をとっています。クライアントコンピュータからサーバへアクセスするための通信経路は、「スイッチ2－スイッチ1」と「スイッチ2－スイッチ3－スイッチ1」の2通りあります。もし、スイッチ1－スイッチ2間の接続が切れてしまったとしても、スイッチ3を経由してサーバへアクセスできることを期待しています。しかし、何もしなければこの構成はうまく動作しません。

## 6.1 スパニングツリーの概要

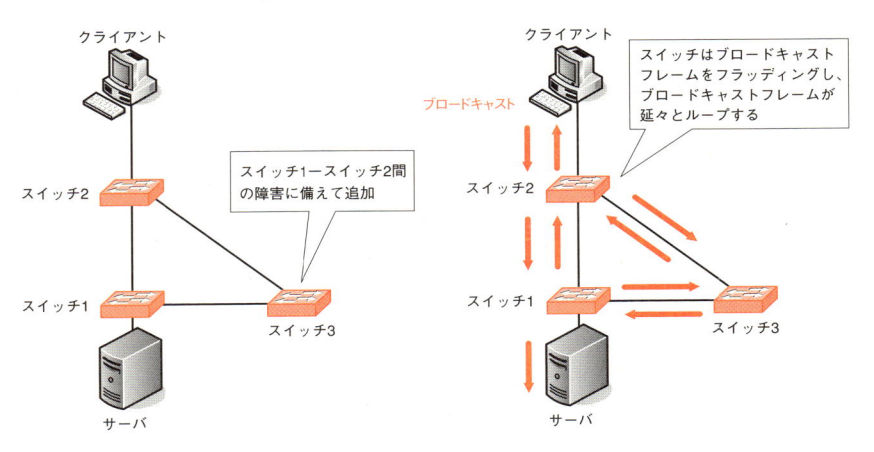

**図6.1** スイッチを冗長化したネットワーク

**図6.2** ブロードキャストストーム

　クライアントコンピュータがサーバへアクセスするために、まずARPリクエストを送信します。ARPリクエストはブロードキャストで送信されます。ARPリクエストを受信したスイッチ2はブロードキャストですから、入ってきたポート以外にフラッディングします。すると、スイッチ1もブロードキャストを受信することになるので、フラッディングします。スイッチ1がフラッディングしたブロードキャストをスイッチ3が受信すると、これもフラッディングされてスイッチ2に戻ってしまいます。スイッチ3には、もちろんスイッチ2からフラッディングされたブロードキャストも届くので、これもフラッディングします。結局、スイッチ2にブロードキャストが戻ってきますが、戻ってきたブロードキャストもフラッディングして…という具合に、いつまでもブロードキャストがネットワーク上を「ぐるぐると」ループしてしまいます。このような状況を**ブロードキャストストーム**と呼んでいます。

　ブロードキャストストームが発生してしまうと、ネットワークの帯域幅を使い切ってしまい、その他の通信を行うことができなくなります。ブロードキャストストームを止めるためには、ケーブルを抜くか、スイッチの電源を切ってしまうしかありません。

　スイッチ3を追加したのは、スイッチ1とスイッチ2の間で障害が起こったときでもネットワークを止めないようにするためでした。しかし、このままではあるコンピュータがブロードキャストを送信するたびにブロードキャストストームが起こり、**ネットワークを止めないどころかネットワークがダウン**してしまいます。スイッチや回線を追加してネットワークを冗長化した意味がまったくなく、わざわざ

お金をかけて使えないネットワークを作ってしまったことになります。

## 6.1.2 スパニングツリーの必要性

　ブロードキャストストームのような、スイッチを冗長化した際の問題点を解消し、障害発生時にフレームを転送する経路を切り替えるために**スパニングツリー**が必要となります。

　スパニングツリープロトコルによって、あるポートをブロックしてブロードキャストがネットワーク上をループしないようにします。正常時のフレームの転送経路に障害が発生してフレームを転送できなくなると、ブロックしていたポートを解除して、迂回経路でフレームを転送できるようにします。

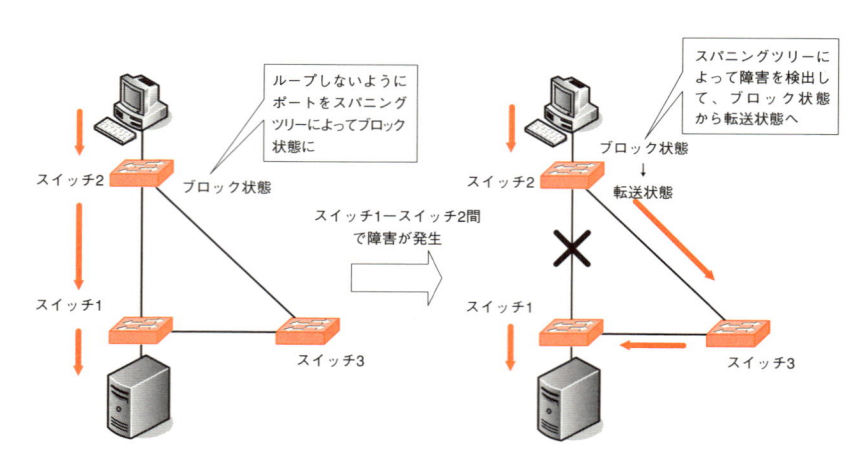

　次の図 6.3 は、スパニングツリーの概要を表しています。

　正常時は、PC からサーバへのイーサネットフレームは**スイッチ 2 ースイッチ 1** という経路で転送します。スイッチ 2 ースイッチ 3 間はループしないようにするためのブロック状態として、フレームを転送しません。スイッチ 1 ースイッチ 2 間で障害が発生すると、スパニングツリーによってそれを検出してブロック状態を解除します。PC からサーバまで**スイッチ 2 ースイッチ 3 ースイッチ 1** という経路でイーサネットフレームを転送できるようにします。

　こうした動作を行うためのスパニングツリープロトコルは、**IEEE802.1D** で標準化されています。

**図 6.3　スパニングツリーの概要**

## 6.2 スパニングツリーの動作

ここでは、スパングツリープロトコルによってどのようにブロックするポートが決定され、障害が起こったときにどのように切り替えていくのか？という具体的なスパニングツリープロトコルの動作について解説します。

### 6.2.1 スパニングツリーの動作の概要

先に述べましたが、スパニングツリープロトコルは、IEEE802.1D として標準化されています。IEEE802.1D に準拠したスイッチは、次のような手順でスパニングツリーを構成していきます。

1）ルートブリッジ（スイッチ）の決定
2）ルートポート、代表ポートの決定
3）ブロックポートの決定
4）スパニングツリーの維持と障害検出

まず、**ルートブリッジ**を選定します。ルートブリッジとは、その名前の通り**スパニングツリーの「根っこ」になるスイッチ**です。もともとスパニングツリーはブリッジの機能だったので「ルートブリッジ」と呼びますが、現在の LAN はスイッチを中心に構成されるので、実際にはスイッチです。スパニングツリープロトコルによって、ループ状のネットワークを、ルートブリッジを中心としたツリー上のネットワーク（スパニングツリー）に再構成します。

ルートブリッジが決まれば、次にルートポート、代表ポートを決定していくことになります。**ルートポート、代表ポートになったポートは必ず転送状態**となり、イーサネットフレームの転送を行います。ルートポートでもなく、代表ポートでもないポートがブロックされ、ネットワーク上でループが発生しないようにします。ここまででスパニングツリーの完成です。

そのあとは、スイッチ同士で定期的に制御情報をやり取りしてネットワークが正しく動作しているかを確認しています。もし、障害を検出するとスパニングツリーを再計算し、ブロックされたポートを転送状態にすることによって、ネットワークを引き続き利用することができます。

こうした一連の動作は **BPDU**（Bridge Protocol Data Unit）という制御情報のやり取りによって進められます。

## 6.2.2 BPDU

BPDUは、スパニングツリープロトコルにおいて重要な役割を果たします。BPDUの役割として、次の項目があげられます。

- ルートブリッジの選定
- ループ位置の検出
- ネットワークへの変更通知
- スパニングツリーの状態監視

これらの役割を果たすために、スパニングツリーを有効にしているスイッチは各ポートでHelloタイマごと（デフォルト2秒）にBPDUを送信します。BPDUはデータリンクレベルのマルチキャスト（01-80-c2-00-00-00）で送信し、スパニングツリーを有効にしているスイッチだけが受信することになります。

**BPDUのメッセージフォーマット**は以下の表の通りです。この中から重要な情報をピックアップして解説します。

| バイト | フィールド |
| --- | --- |
| 2 | プロトコルID |
| 1 | バージョン |
| 1 | メッセージタイプ |
| 1 | フラグ |
| 8 | ルートID |
| 4 | パスコスト |
| 8 | ブリッジID |
| 2 | ポートID |
| 2 | メッセージエージタイマ |
| 2 | 最大エージタイマ |
| 2 | ハロータイマ |
| 2 | 転送遅延タイマ |

図6.4　BPDUのメッセージフォーマット

表6.1　BPDUメッセージフォーマットの各フィールドとその内容

| | |
| --- | --- |
| ルートID | ルートブリッジのブリッジID。スイッチ起動時には、自分をルートブリッジと仮定してこのフィールドに自分のブリッジIDを入れて送信する。 |
| ブリッジID | スイッチ自身のブリッジID。 |
| パスコスト | ルートブリッジに到達するまでのコストの総計。ルートポートや代表ポートの決定に利用される。 |
| フラグ | ネットワークの変更を通知するためのフラグ。 |
| ポートID | スイッチのポート番号。代表ポートの決定に関与する。 |
| 最大エージタイマ | 受信したBPDUを保持する時間。標準では20秒。 |
| ハロータイマ | スイッチがBPDUを送信する間隔。標準では2秒に一度BPDUを送信する。 |
| 転送遅延タイマ | スパニングツリーのポート状態の遷移において、あるポート状態にとどまる時間。標準では転送遅延タイマは15秒。ポート状態の遷移については後述。 |

また、BPDUに含まれる**ブリッジID**とは、スパニングツリーに参加するスイッチを識別するIDで2バイトのブリッジプライオリティとMACアドレスから構成されています。

| 2バイト | 6バイト |
|---|---|
| ブリッジプライオリティ | MACアドレス |

図6.5　ブリッジIDの構成

ブリッジプライオリティのデフォルトはIEEE802.1Dの規格では「32768」です。ただし、現在のCisco CatalystスイッチはIEEE802.1Tの拡張規格をサポートしていて、ブリッジプライオリティのデフォルトは「32768+VLAN番号」です。ルートブリッジの選出を行うために、コマンドでブリッジプライオリティを変更することができます。

## 6.2.3　ルートブリッジの決定

次の図のような3台のスイッチがループ状に接続されているネットワークを例にして、**スパニングツリーの動作**を考えましょう。なおこの構成は、スイッチ間の接続はすべて100Mbpsで、単一のVLANのみを考えています。

まずは、**ルートブリッジの決定**です。

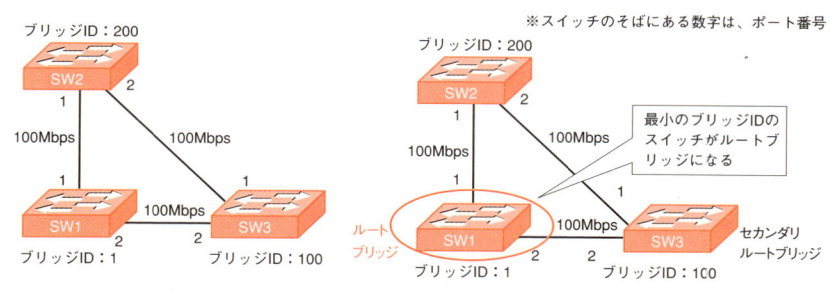

図6.6　スパニングツリーの動作の構成例

図6.7　ルートブリッジの決定

ルートブリッジの決定は、各スイッチの**ブリッジID**によって行われます。スパニングツリーを有効にすると、スイッチ同士でBPDUをやり取りします。この

BPDU の中に各スイッチのブリッジ ID の情報が含まれており、**最もブリッジ ID が小さいスイッチがルートブリッジ**となります。スイッチでブリッジプライオリティを変更しない限り、MAC アドレスが最も小さいスイッチがルートブリッジになります。逆にいうと、ブリッジプライオリティを小さくしてやりさえすれば、そのスイッチをルートブリッジにすることができます。

　BPDU によって、それぞれのスイッチが BPDU を認識する様子を簡単に解説します。スイッチを起動すると、まず自分がルートブリッジであると仮定して BPDU を他のスイッチに送信します。BPDU を受信すると、BPDU に書かれているルートブリッジのブリッジ ID と自分のブリッジ ID を比較して、ルートブリッジになることができるかどうかを判断します。受信した BPDU 内に含まれるルートブリッジのブリッジ ID よりも自身のブリッジ ID が小さければ、自分がルートブリッジとして BPDU の送信を継続します。受信した BPDU に含まれるルートブリッジのブリッジ ID よりも自身のブリッジ ID の方が大きければ、BPDU の送信をやめて受信した BPDU を転送します。このような BPDU のやり取りでお互いのブリッジ ID を交換しています。

　この例（図 6.7）のネットワーク構成では、ブリッジ ID が最も小さいスイッチは SW1 なので SW1 がルートブリッジになります。

　また、2 番目にルートブリッジが小さいスイッチを**セカンダリルートブリッジ**とも呼びます。ここまで考えている構成例では、SW3 がセカンダリルートブリッジです。

## 6.2.4　ポートの役割の決定

ルートブリッジが決まると、以下のポートの役割を決定します。

- ルートポート（Root Port）
  ルートブリッジ以外のスイッチにおいて、ルートブリッジに最も近いポート
- 代表ポート（Designated Port）
  スイッチ間の各リンクでルートブリッジに最も近いポート
- 非代表ポート（Non Designated Port）
  ルートポートでも代表ポートでもないポート。ブロックされる

**ルートポート**、**代表ポート**はブロックされることがなく、必ず転送状態になります。ここでルートブリッジへの「近さ」は**ルートパスコスト**と呼ばれる値によって

## 6.2 スパニングツリーの動作

判断します。スパニングツリーコストが各リンクに割り当てられ、ルートブリッジから特定のスイッチまでのスパニングツリーコストの総計をルートパスコストといいます。そして、ルートパスコストが小さいほどルートブリッジに「近い」と考えます。各リンクのスパニングツリーコストは、ネットワークの帯域幅の関数になっていて、帯域幅が大きいほどスパニングツリーコストの値は小さくなります。したがって、スパニングツリーコストが小さい経路を優先して利用するということは、帯域幅が大きい経路を優先して利用するということになります。IEEE802.1Dの規格の中で、スパニングツリーコストは以下の計算式から求められています。

> スパニングツリーコスト =1000÷リンクの帯域幅（Mbps）
> ※小数点以下は切り上げて整数になる

しかし、最近ではギガビットイーサネットなどの高速なネットワークの登場によって、この計算式では、実際のネットワークを反映できなくなってしまいました。そこで、IEEEはスパニングツリーコストを次の表のように修正しています。

表6.2 リンクの帯域幅とスパニングツリーコスト

| 帯域幅 | コスト |
| --- | --- |
| 10Gbps | 2 |
| 1Gbps | 4 |
| 100Mbps | 19 |
| 10Mbps | 100 |

なお、スパニングツリーコストは通常、自動的に計算されますが、ネットワーク管理者が手動でスパニングツリーコストを設定することも可能です。

ここで注意すべき点は、この修正されたスパニングツリーコストを用いているスイッチと、以前の計算式に従ってスパニングツリーコストを算出したスイッチが混在している環境では、意図したとおりにルートポート、代表ポートが決まらないことがあることです。たとえば、100MbpsのリンクはIEEEの以前の計算式を採用しているスイッチではスパニングツリーコストは「10」です。しかし、同じ100Mbpsのリンクでも、新しいスパニングツリーコストを採用しているスイッチではコストが「19」となります。そのため同じ帯域幅のリンクでも、スパニングツリーコストの小さい以前のIEEE計算式を採用しているスイッチのポートが優先されることになりますから、できればこのような混在環境は避けるようにしてくださ

い。避けられない場合には、意図したとおりにルートポート、代表ポートが決定されるようスパニングツリーコストを調整する必要があります。
　コストが同じポートの場合は、次の情報を基にルートブリッジまでの「**近さ**」を判断します。

- BPDU内の送信元ブリッジIDが小さい
- ポートIDが小さい

　では、先ほどの図6.7から具体的にルートポート、代表ポートの決定の様子を見ていきましょう（図6.8参照）。
　まず、ルートブリッジ以外のSW2とSW3の**ルートポート**を考えます。SW2からルートブリッジであるSW1に最も近いポートはルートパスコストの計算をするまでもなく、ポート1です。SW3のルートポートはポート2になることがすぐにわかるでしょう。ルートパスコストをきちんと考えてみましょう。SW2、SW3はルートブリッジであるSW1と100Mbps（コスト19）で直接接続されているので、ルートパスコストは「19」です。
　次に**代表ポート**を考えます。この例では、SW1－SW2間のリンク、SW2－SW3間のリンク、SW1－SW3間のリンクという3つのリンクがあります。このリンクごとに代表ポートを決めていきます。ルートブリッジのポートはルートブリッジに一番近いはずです。ですから、ルートブリッジであるSW1のポート1はSW1－SW2間のリンクの代表ポートであり、ポート2はSW1－SW3間のリンクの代表ポートになります。残ったSW2－SW3間のリンクの代表ポートは、SW3のポート1です。これを決めるのは、SW2とSW3のどちらがよりルートブリッジに近いかを考えます。SW2、SW3はどちらもルートパスコスト「19」で、同じぐらいルートブリッジに近いです。その場合は、次にブリッジIDを比較し、ブリッジIDが小さい方が優先されます。SW3はSW2より小さいブリッジを持っているので、SW3のポート1が代表ポートです。なお、現在ではスイッチ間はポイントツーポイントの接続がほとんどなので、あまり気にしなくなっていますが、代表ポートを持つスイッチは、そのリンクの代表ブリッジとなります。
　ルートポートでもなく、代表ポートでもないポートを**非代表ポート**（**NDP**、Non Designated Port）といいブロック状態になります。今回のネットワークでは、SW2のポート2がブロックされます。よく勘違いしがちなのですが、ブロックされたポートがまったく使えなくなってしまうわけではありません。ブロック状態とポートが無効化されている状態とはまったく違います。ブロック状態のポートで何らかの制御用データ（CiscoのCDP、Cisco Discovery Protocolなど）を送受信できます。**ブロック状態のポートは、ポートが無効化されているのではなく、フレー**

## 6.2 スパニングツリーの動作

ムの転送がブロックされます。また、ブロック状態で受信したイーサネットフレームの MAC アドレスを学習することもありません。つまり、他のポートで受信したフレームがブロック状態のポートに転送されることがなく、ブロック状態のポートで受信したフレームがその他のポートに転送されることがなくなります。そのため、ブロック状態のポートの先に接続されているコンピュータなどとは通信できなくなるのですが、この違いはしっかりと認識しておいてください。

以上から、次の図 6.8 のようにルートブリッジ、ルートポート、代表ポート、ブロックされる非代表ポートが決まります。

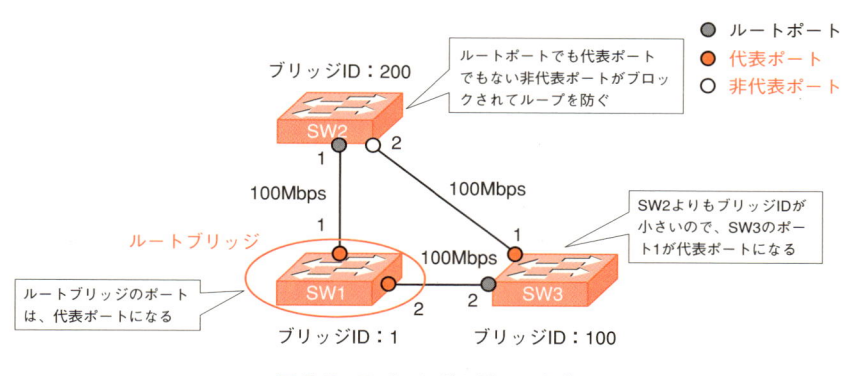

**図 6.8 スパニングツリーの完成**

- ● ルートポート
- ● 代表ポート
- ○ 非代表ポート

ブリッジID：200（SW2）
ルートポートでも代表ポートでもない非代表ポートがブロックされてループを防ぐ

ルートブリッジ
ルートブリッジのポートは、代表ポートになる
SW1 ブリッジID：1

SW2よりもブリッジIDが小さいので、SW3のポート1が代表ポートになる
SW3 ブリッジID：100

このようにして完成したスパニングツリーの状態は、ルートブリッジから Hello タイマの間隔で定期的に BPDU を送信することで維持します。また、スパニングツリーでは、次のようなタイマを利用しています。

**表 6.3 スパニングツリーのタイマ**

| タイマ名 | 機能 | 標準値（秒） |
|---|---|---|
| 最大エージタイマ | 受信した BPDU を保持する時間 | 20 |
| Hello タイマ | ルートブリッジが BPDU を送信する間隔 | 2 |
| 転送遅延タイマ | リスニング状態、ラーニング状態の継続時間 | 15 |

タイマを調整することで、スパニングツリーの**コンバージェンス時間**（▶ 6.2.6項参照）を短縮することができます。

## 6.2.5 スパニングツリーの経路の切り替え

スイッチ間の接続に障害が発生した場合のスパニングツリーの経路の切り替えを考えましょう。図 6.8 をベースにして、

- SW1 － SW2 間の障害
- SW1 － SW3 間の障害

について、どのようにスパニングツリーの構成が変更されるかについて見ていきましょう。なお、想定している障害はケーブルの片方向障害などではなく、スイッチの両端のポートがダウンするものとして考えます。

### ●● SW1 － SW2 間の障害

SW1 － SW2 間に障害が発生すると、SW2 のポート 1 がダウンし SW2 のルートポートがなくなってしまいます。そこで、SW2 はスパニングツリーの再計算を行い非代表ポートだったポート 2 を新しいルートポートとして利用します（図 6.9）。

### ●● SW1 － SW3 間の障害

SW1 － SW3 間で障害が発生すると、SW3 のポート 2 がダウンし SW3 のルートポートがなくなってしまいます。SW3 は、スパニングツリーの再計算を行い代表ポートだったポート 1 を新しいルートポートとします。

また、SW2 はそれまで SW3 経由で転送されポート 2 で受信していた BPDU を受信できなくなります。ポート 2 で最大エージタイマの間 BPDU を受信しなければ、スパニングツリーの再計算を行います。その結果、SW2 のポート 2 は代表ポートになります（図 6.10）。

6.2 スパニングツリーの動作

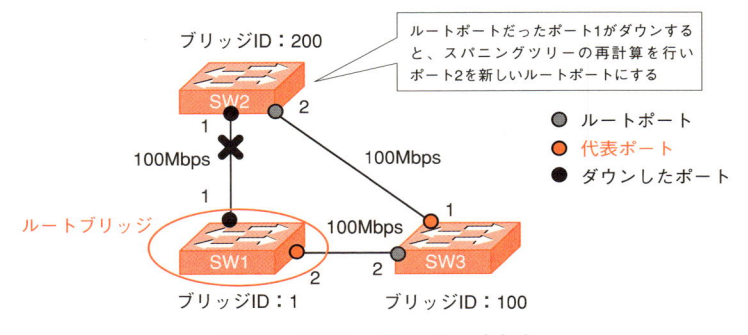

**図6.9 SW1－SW2間の障害時**

ルートポートだったポート1がダウンすると、スパニングツリーの再計算を行いポート2を新しいルートポートにする

- ● ルートポート
- ● 代表ポート
- ● ダウンしたポート

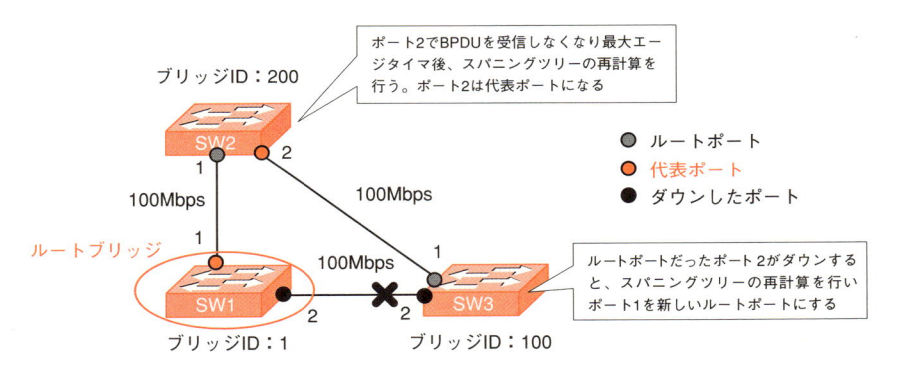

**図6.10 SW1－SW3間の障害時**

ポート2でBPDUを受信しなくなり最大エージタイマ後、スパニングツリーの再計算を行う。ポート2は代表ポートになる

ルートポートだったポート2がダウンすると、スパニングツリーの再計算を行いポート1を新しいルートポートにする

- ● ルートポート
- ● 代表ポート
- ● ダウンしたポート

　また、障害発生時には、ネットワークの構成変更に応じて、上記のようなポートの役割だけでなく**各スイッチのMACアドレステーブルも変更**しなければいけません。ネットワークの構成変更を検出したルートブリッジは、BPDU内の**TC**（Topology Change）ビットで、他のスイッチのMACアドレステーブルの制限時間を短くするように通知します。これにより、スパニングツリーの再計算にともなって、MACアドレステーブルも更新されるようにしています。

## 6.2.6 スパニングツリーのポートの状態

　転送状態、ブロック状態については、スパニングツリープロトコルの動作の解説で触れていますが、これら以外にもポートの状態があり、スパニングツリーのプロセスに従ってポート状態が遷移していきます。まず、各ポート状態についてまとめると次のようになります。

### ブロック状態

　すべてのポートは、まずブロック状態となります。これは、スパニングツリーの計算が終了するまでは、ネットワーク上にループが存在する可能性があるためです。ただし、ブロック状態はデータの転送をブロックしているだけでポートがまったく使えないということではありません。ブロック状態に入ってきたポートは他のポートに転送されませんし、他のポートに入ってきたデータはブロック状態のポートに転送されません。

### リスニング状態

　BPDUを「聞いて」、ルートブリッジの選出やルートポート、代表ポートの決定など、実際のスパニングツリーの計算を行っている状態です。リスニング状態においても、フレームの転送はブロックされています。またリスニング状態では、受信したフレームの送信元MACアドレスをMACアドレステーブルに登録することはありません。転送遅延タイマの間、ポートはリスニング状態となります。

### ラーニング状態

　リスニング状態とよく似ていますが、ラーニング状態では受信したフレームの送信元MACアドレスからMACアドレステーブルを構築していきます。しかし、フレームの転送はやはりブロックされています。転送遅延タイマを経過すると、ルートポートおよび代表ポートに決まったポートは転送状態へと移行します。

### 転送状態

　転送状態においてのみ、フレームの転送を行うことができます。

これらのポートを次のように遷移します。

- ブロック状態からリスニング状態（最大エージタイマ 20 秒）
- リスニング状態からラーニング状態（転送遅延タイマ 15 秒）
- ラーニング状態から転送状態もしくはブロック状態（転送遅延タイマ 15 秒）

## 6.2 スパニングツリーの動作

初期状態では、すべてのポートがブロック状態です。初期のブロック状態からリスニング状態、ラーニング状態を経て、転送状態もしくはブロック状態へ至り、スパニングツリーが完成することを**コンバージェンスする（収束する）**といいます。コンバージェンスという言葉は、スパニングツリープロトコルだけでなく、ルーティングプロトコルでもよく利用されます。一般的に「コンバージェンス」とは「安定した状態に至ること」を指していると考えてください。また、コンバージェンスに要する時間を**コンバージェンス時間**といいます。そして、コンバージェンス時間が短いことを指して、「コンバージェンス速度が速い」や「コンバージェンスが高速」と表現します。

スパニングツリープロトコルのコンバージェンス時間は、標準では次の計算で求まります。

最大エージタイマ（20秒）＋転送遅延タイマ（15秒）＋転送遅延タイマ（15秒）＝50秒

### 6.2.7 フレームの転送経路

スパニングツリーでは、**フレームの転送**はルートポートと代表ポートの間で行われることになります。前述のように、ブロックされる非代表ポートへはフレームの転送を行いません。基本的にはルートブリッジを中心としたイーサネットフレームの転送経路になります。次の図のネットワーク構成を基にして、具体的にスパニングツリーでのフレーム転送経路を考えます。

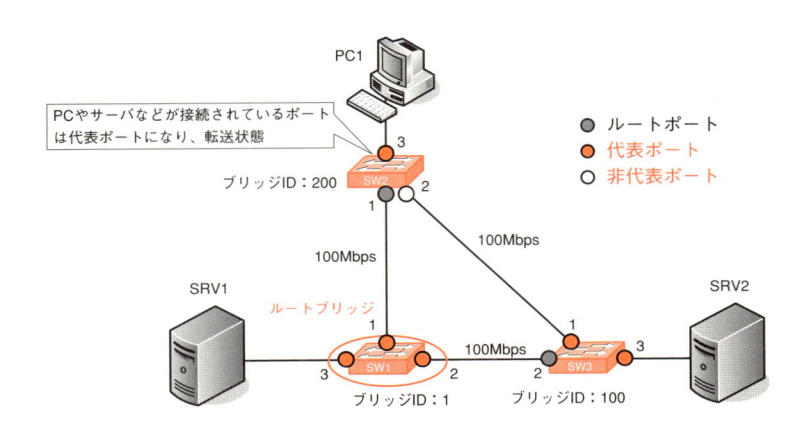

図 6.11 転送経路を考えるネットワーク構成

PCやサーバなどが接続されるポートは代表ポートになります。PCやサーバとスイッチを接続するリンクを考えると、スイッチのポートの方がルートブリッジに近くなるからです。このネットワーク構成で、

- PC1 ― SRV1
- PC2 ― SRV2

のフレームの転送経路を考えます。

### ●●PC1 ― SRV1 のフレームの転送経路

　PC1 から SRV1 あてのイーサネットフレームが SW1 に届くと、SW1 は送信先 MAC アドレスを見て転送するポートを判断します。このときブロック状態である非代表ポートのポート2ではSRV1のMACアドレスを学習することはありません。MAC アドレスの学習は、転送状態になるポートでのみ行われます。SW2 で転送状態のポートはルートポートであるポート1です。SW2 はポート1で SRV1 の MAC アドレスを学習しています。そのため、PC1 から SRV1 あてのイーサネットフレームは、ルートポートのポート1へ転送されます。ルートポートの先にはルートブリッジが存在します。つまり、ルートブリッジの方向へとイーサネットフレームを転送します。

　SW2 のポート1へ転送されたイーサネットフレームは、SW1 のポート1で受信します。SW1 は、SRV1 の MAC アドレスをポート3で学習します。そのため、ポート3へイーサネットフレームを転送します。

　PC1 から SRV1 までは、次の転送経路でイーサネットフレームが転送されます。

> PC1 → SW2 → SW1（ルートブリッジ）→ SRV1

図6.12 PC1 → SRV1 のイーサネットフレームの転送経路

## ●● PC1 − SRV2 のフレームの転送経路

　PC1 から SRV2 あてのイーサネットフレームが SW2 に届くと、先ほどと同様に送信先 MAC アドレスを見て転送するポートを判断します。非代表ポートのポート 2 では、MAC アドレスを学習しないので SW2 は SRV2 の MAC アドレスもポート 1 で学習しています。イーサネットフレームはポート 1 へ転送されます。

　SW1 でイーサネットフレームを受信すると、SW2 と同様に送信先 MAC アドレスで転送するポートを判断します。SW1 は SRV2 の MAC アドレスをポート 2 で学習するので、ポート 2 へ転送します。

　SW3 でイーサネットフレームを受信すると、SW2、SW1 と同様に送信先 MAC アドレスで転送するポートを判断します。SRV2 はポート 3 に接続されているので、ポート 3 で SRV2 の MAC アドレスを学習します。イーサネットフレームはポート 3 へ転送されて、SRV2 まで届くことになります（図 6.13 参照）。

　このように PC1 から SRV2 までは、次の経路でイーサネットフレームが転送されます。

```
PC1 → SW2 → SW1（ルートブリッジ）→ SW3 → SRV2
```

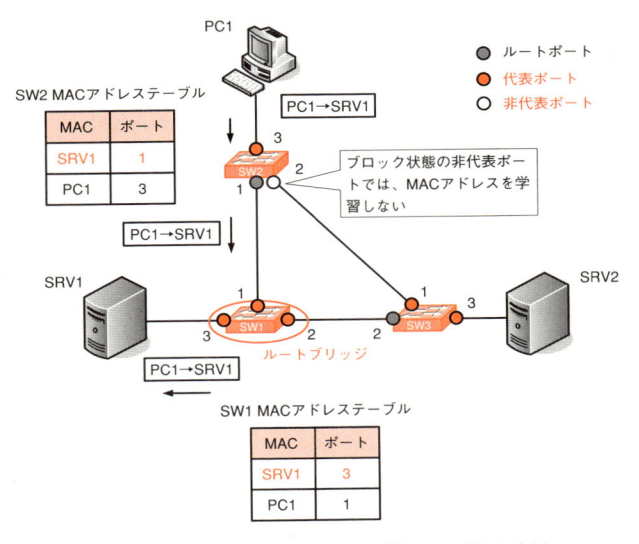

ネットワーク構成を考えると、PC1 から SRV2 あてのイーサネットフレームは、SW2 から直接 SW3 へ転送する方が効率がよいです。ですが、ブロックされている非代表ポートにはイーサネットフレームを転送しません。この場合、遠回りの転送経路になってしまいます。

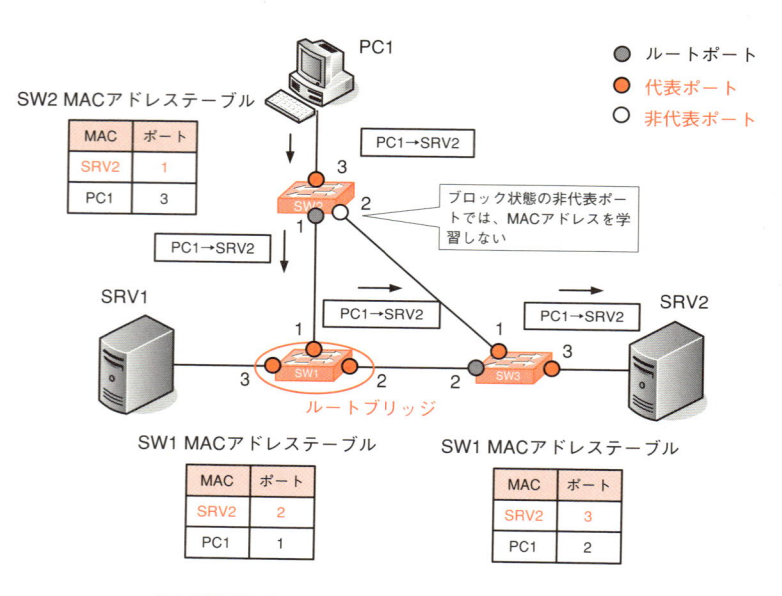

**図6.13　PC1 → SRV2 のイーサネットフレームの転送経路**

以上、2つのパターンでスパニングツリーの環境でのイーサネットフレームの転送経路を考えました。**基本的にルートブリッジの方向へとイーサネットフレームが転送されていくこと**がわかるでしょう。つまり、ルートブリッジにはフレームが集中して負荷がかかります。スパニングツリーでは、**ルートブリッジの選択が重要**です。イーサネットフレームの転送経路とスイッチの処理能力を考えて、どのスイッチをルートブリッジにすべきかを決定します。

また、スパニングツリーはレイヤ2での冗長化です。レイヤ2だけでなくレイヤ3の冗長化も合わせて考えて、どのスイッチをルートブリッジにするべきか考えなくてはいけません。レイヤ3の冗長化との関連は、▶**第7章** で解説します。

## 6.3 PVST による負荷分散

VLANごとにスパニングツリーを考えるPVST（Per VLAN Spanning Tree）によって、VLANごとにイーサネットフレームの転送の負荷分散を行うことができます。ここでは、PVSTの仕組みについて解説します。

### 6.3.1 CSTとPVSTの概要

スイッチでいくつのスパニングツリーの計算を行うかによって、スパニングツリーの構成は次の2種類に分けられます。

- CST（Common Spanning Tree）
- PVST（Per VLAN Spanning Tree）

**CST** は、各スイッチで1つのスパニングツリーの計算を行います。ルートブリッジが1台に決まり、スイッチのポートの役割はルートポート、代表ポート、非代表ポートのいずれかになります。

一方、**PVST** はスイッチ上のVLANごとにスパニングツリーの計算を行います。VLANが2つあれば、そのVLANごとのスパニングツリーを計算するのがPVSTです。ルートブリッジは、VLANごとに選ぶので複数のルートブリッジがあります。また、スイッチのポートの役割は、あるVLANに対してルートポートで別のVLANに対して代表ポートというように、1つのポートが複数の役割になることがあります。

企業のLANではVLANを利用していることが増えてきています。CSTでは、VLANを利用している環境でスイッチの冗長化を行い障害時にイーサネットフレームの転送経路を切り替えることができても、正常時に負荷分散を行うことができません。次の図6.14で、VLANを利用している環境でのCSTの構成について、具体的に考えてみましょう。

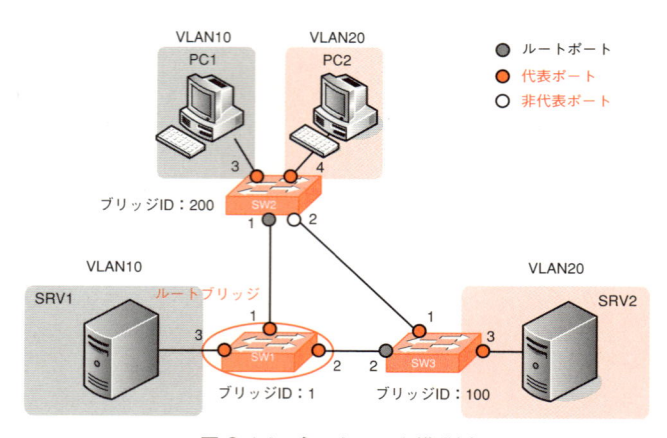

図6.14 ネットワーク構成例

　このネットワーク構成では、各スイッチにVLAN10とVLAN20が存在しています。PC1とSRV1がVLAN10に所属し、PC2とSRV2がVLAN20に所属しています。そして、スイッチ間はすべてトランクで接続されています。CSTでは、ループ構成に接続されているスイッチで1つのルートブリッジが選択され、各ポートの役割はただ1つに決まります。この構成例では、SW2のポート2が非代表ポートでブロックされているとします。すると、VLAN10とVLAN20のPCとSRV間のイーサネットフレームの転送経路は、次の図6.15のようになります。PC1－SRV2間、PC2－SRV2間のイーサネットフレームはすべてのルートブリッジであるSW1を経由した転送経路になります。SW2のポート2は非代表ポートでブロックされているので、イーサネットフレームを転送することはありません。SW1－SW2間で障害が発生すればSW2のポート2は新しいルートポートになり、SW2－SW3間にイーサネットフレームを転送するので、イーサネットフレームの転送経路の冗長化は可能です。ですが、負荷分散は行っていません。

6.3 PVSTによる負荷分散

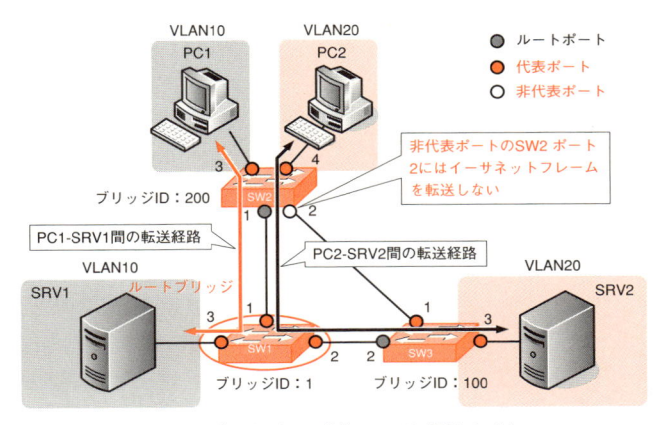

**図6.15 CSTでのイーサネットフレームの転送経路**

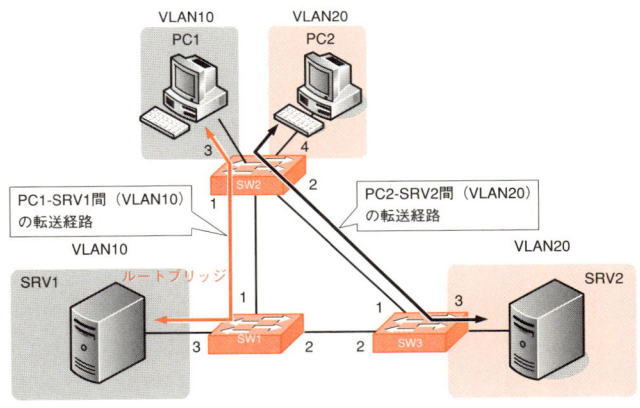

**図6.16 PVSTでのイーサネットフレームの転送経路**

PVSTならば、図6.16のように、VLANごとにイーサネットフレームの転送経路の負荷分散を行うことができます。PVSTでは、VLAN10のイーサネットフレームをSW2－SW1間で転送し、VLAN20のイーサネットフレームをSW2－SW3間で転送するといったように負荷分散を行うことができます。

## 6.3.2 PVSTの仕組み

PVSTの仕組みはシンプルです。その名前の通り、VLANごとにネットワーク構成を考えて、VLANごとのネットワーク構成においてルートブリッジやポートの役割を決めます。VLANの章で解説しましたが、スイッチでVLANを作成するとスイッチをVLANごとに分割することになります。また、トランクポートはVLANごとにポートを分割していると考えることができます。図6.14のネットワーク構成をVLANごとに考えると、次のようになります。

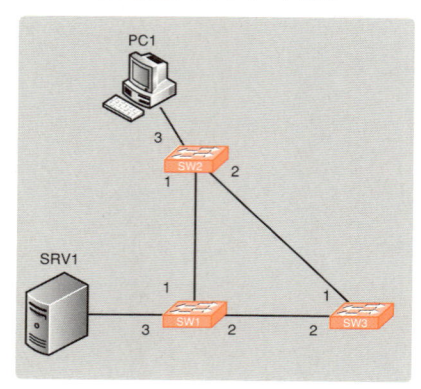

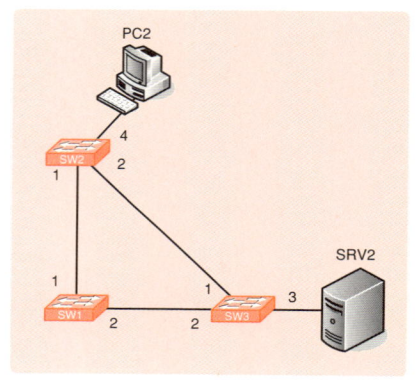

図6.17　VLANごとのネットワーク構成

このようにVLANごとのネットワーク構成を考えて、各VLANでのイーサネットフレームの転送経路に応じてルートブリッジやポートの役割を決定します。

VLAN10ではPC1とSRV1のイーサネットフレームの最短の転送経路を考えて、SW1をルートブリッジにしてSW2のポート2がブロックされるようにします（図6.18）。

同様にVLAN20では、PC2とSRV2のイーサネットフレームの最短の転送経路を考えて、SW3をルートブリッジにしてSW2のポート1がブロックされるようにします（図6.19）。

6.3 PVSTによる負荷分散

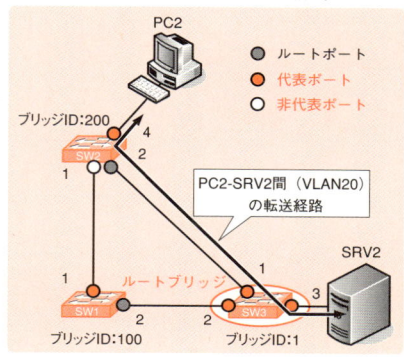

**図6.18 VLAN10のスパニングツリー**

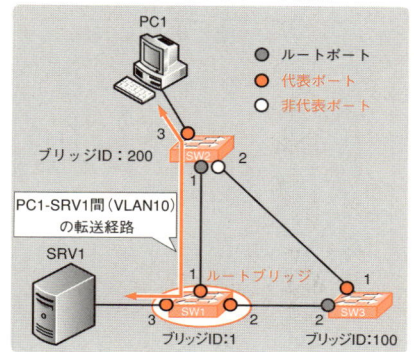

**図6.19 VLAN20のスパニングツリー**

上記のPVSTの例について、実際のスイッチのポートの役割を考えます。各スイッチのポートは、VLANごとに次の表6.4のようにポートの役割が決まります。

表6.4 各スイッチのVLANごとのポートの役割

| スイッチ | ポート | VLAN | ポートの役割 |
|---|---|---|---|
| SW1 | 1 | 10 | 代表ポート |
|  |  | 20 | 代表ポート |
|  | 2 | 10 | 代表ポート |
|  |  | 20 | ルートポート |
|  | 3 | 10 | 代表ポート |
| SW2 | 1 | 10 | ルートポート |
|  |  | 20 | 非代表ポート |
|  | 2 | 10 | 非代表ポート |
|  |  | 20 | ルートポート |
|  | 3 | 10 | 代表ポート |
|  | 4 | 20 | 代表ポート |
| SW3 | 1 | 10 | 代表ポート |
|  |  | 20 | 代表ポート |
|  | 2 | 10 | ルートポート |
|  |  | 20 | 代表ポート |
|  | 3 | 20 | 代表ポート |

PVSTでは、スイッチのポートはこの表のようにVLANごとに決まります。VLANごとのフレームの転送経路を制御するためには、VLANごとのルートブリッジの選択が重要です。

## 6.4 スパニングツリーの拡張

ここでは、スパニングツリーのコンバージェンスを高速化したRSTPとより効率的な負荷分散を行うためのMSTの概要について解説します。

### 6.4.1 標準のスパニングツリーの問題点

**IEEE802.1Dの標準のスパニングツリー**では、次のような問題点があります。

- コンバージェンスに時間がかかる
- PVSTでVLANが多くなるとスイッチに負荷がかかる

標準では、スパニングツリーのコンバージェンスに最大で50秒かかります。障害発生時にスパニングツリーでイーサネットフレームの転送経路を切り替えたとしても、50秒間もイーサネットフレームの転送ができなければ、アプリケーションのセッションが切断されるなど問題が起こります。

また、PVSTでVLAN単位での負荷分散を行うことができます。しかし、VLANの数が多くなれば、VLANの数分だけスパニングツリーの計算が必要で、スイッチに負荷をかけてしまいます。BPDUもVLANごとに送信するので、ネットワークの帯域幅の消費も大きくなってしまいます。

このような標準のスパニングツリーの問題点を解決するために、スパニングツリーの拡張機能として、次の2つあります。

- RSTP（Rapid Spanning Tree Protocol）IEEE802.1w
- MST（Multiple Spanningt Tree）IEEE802.1s

これら2つのスパニングツリーの拡張について解説します。

## 6.4.2 IEEE802.1w RSTP

RSTP（Rapid Spanning Tree Protocol）は、スパニングツリーのコンバージェンスを高速化したので、IEEE802.1w で標準化されています。標準のスパニングツリーのコンバージェンス時間が最大 50 秒であるのに対して、RSTP のコンバージェンス時間は 1 秒程度です。

RSTP では、標準の STP とポートの状態が若干異なります。標準 STP と RSTP のポート状態の対応は次の表のようになります。

表 6.5　標準 STP と RSTP のポート状態

| 標準 STP ポート状態 | RSTP のポート状態 |
|---|---|
| ブロック | ディスカード |
| リスニング | |
| ラーニング | ラーニング |
| 転送 | 転送 |

また、標準の STP と RSTP ではポートの役割が次のように対応付けられます。

表 6.6　標準 STP と RSTP のポートの役割

| 標準 STP ポートの役割 | RSTP ポートの役割 |
|---|---|
| ルートポート（転送） | ルートポート（転送） |
| 代表ポート（転送） | 代表ポート（転送） |
| 非代表ポート（ブロック） | 代替ポート（ディスカード） |
| | バックアップポート（ディスカード） |

標準 STP では、ルートポート、代表ポートが選出され転送状態となり、非代表ポートがブロック状態となってループを回避します。RSTP でも、ルートポート、代表ポートがあります。スイッチ間のポートが 1 対 1 で接続されていると、ルートポートの対向のポートは必ず代表ポートです。そこで、ルートポート、代表ポートを対向のポート間でのハンドシェイクによって、高速に決定します。

RSTP では、非代表ポートを代替ポート、バックアップポートとしてさらに細かく分類しています。代替ポート、バックアップポートは、ディスカード状態であり、MAC アドレスの学習やイーサネットフレームの転送を行いません。

代替ポートは、現在のルートポートの代替となるポートです。ルートポートに障害が発生したら、代替ポートが新しいルートポートになります。代替ポートによって、ルートポートに障害が発生したときにすぐに新しいルートポートを決めることができます。

バックアップポートは、現在の代表ポートをバックアップするポートです。ただし、バックアップポートが存在するのは、共有メディア上です。共有メディアに複数のポートが接続されている場合、ポートIDが小さいポートが代表ポートになり、それ以外がバックアップポートになります。代表ポートに障害が発生すれば、バックアップポートが新しい代表ポートになります。現在のLANでは、共有メディアを利用することはまずありません。そのため、バックアップポートはそれほど重要ではありません。

次の図にRSTPでのルートポート、代表ポート、代替ポート、バックアップポートの例を示します。

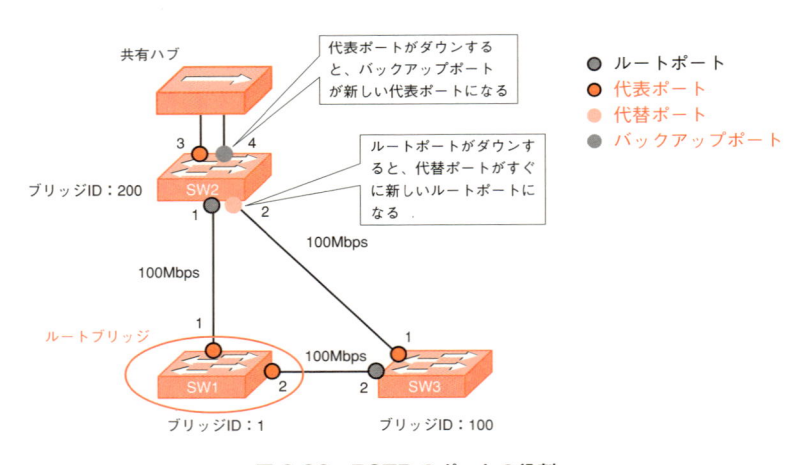

**図6.20　RSTPのポートの役割**

なお、RSTPは標準のSTPとの互換性があります。RSTPをサポートしていないスイッチが存在する場合は、標準のSTPで動作します。もちろん、その場合は高速なコンバージェンスはできません。高速なコンバージェンスのためには、ネットワーク上のすべてのスイッチでRSTPを利用しなければいけません。

## 6.4.3 IEEE802.1s MST

MST（Multiple Spanning Tree）によって、たくさんのVLANが存在する環境で効率よく負荷分散を行うことができます。先に触れたPVSTは、VLANごとにスパニングツリーを考えて負荷分散を行うことができました。しかしVLANの数が多くなるとスイッチの負荷が大きくなってしまいます。MSTでは複数のVLANをグループ化して、VLANのグループ単位でスパニングツリーを考えます。グループ化したVLANを **MSTインスタンス** と呼びます。また、MSTは高速なコンバージェンスを実現するRSTPをベースにしています。MSTを利用すれば、高速なコンバージェンスと効率的な負荷分散が可能です。

MSTによって負荷分散する様子を示したものが次の図6.21です。

MSTインスタンス1：VLAN1～5
MSTインスタンス2：VLAN6～10

SW2 ポート1
MSTインスタンス1 ルートポート
MSTインスタンス2 代替ポート

SW2 ポート2
MSTインスタンス1 代替ポート
MSTインスタンス2 ルートポート

MSTインスタンス1の
ルートブリッジ

MSTインスタンス2の
ルートブリッジ

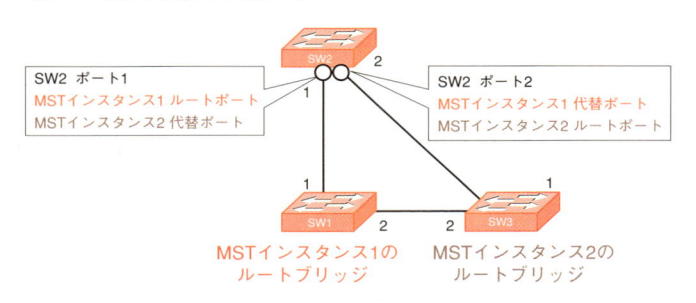

**図6.21　MSTの概要**

この図では、VLAN1～VLAN10の10個のVLANが存在しているネットワークを想定しています。SW1～SW3の各スイッチにVLAN1～VLAN10が存在して、スイッチ間はトランクで接続しています。MSTの設定において、MSTインスタンスとVLANのグループを対応付けます。

この例では、次のように MST インスタンスと VLAN のグループを対応付けています。

- MST インスタンス 1: VLAN1 〜 5
- MST インスタンス 2: VLAN6 〜 10

すべてのスイッチで同じ対応付けを設定して、VLAN のグループと対応付けた MST インスタンスごとにスパニングツリーを考えます。SW1 を MST インスタンスのルートブリッジになるように設定します。すると、SW2 のポート 1 は MST インスタンス 1 のルートポートになります。また、SW3 を MST インスタンス 2 のルートブリッジになるように設定します。そうすれば、SW2 のポート 2 は MST インスタンスのルートポートになります。SW2 は MST インスタンス 1、すなわち VLAN1 〜 VLAN5 のイーサネットフレームをポート 1 へ転送し、MST インスタンス 2、すなわち VLAN6 〜 VLAN10 のイーサネットフレームをポート 2 に転送して、負荷分散を実現します。

MST も RSTP と同じように、ネットワーク上のすべてのスイッチでサポートされないと機能しないので注意が必要です。

## 6.5 リンクアグリゲーション

ここでは、スイッチ間を複数のリンクで接続して、利用可能な帯域幅の増加と冗長化を行うリンクアグリゲーションについて解説します。

### 6.5.1 LAN 内のボトルネックとなるポイント

2 章でも解説しましたが、企業 LAN の構成は、主に各フロアに設置したアクセススイッチ（ASW）に PC などを接続して、アクセススイッチをディストリビューションスイッチ（DSW）で集約します。多くの PC からサーバなどへ通信すると、アクセススイッチとディストリビューションスイッチ間の帯域が足りなくなってしまうことが考えられます。PC の LAN インタフェースはまだ 100Mbps のファストイーサネットが多いのですが、1Gbps のギガビットイーサネットも増えてきています。PC の通信もフロアのアクセススイッチの転送だけで完結するのではなく、サーバファームやインターネットあての通信が多いので、アクセススイッチとディストリビューションスイッチ間が**ボトルネック**になる可能性があります。

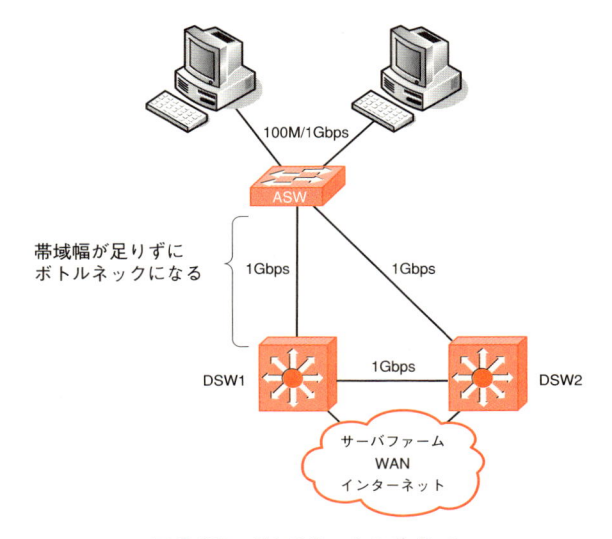

図 6.22　ボトルネックのポイント

ボトルネックを解消しようとして、アクセススイッチとディストリビューションスイッチ間を 10G ビットイーサネットで接続するためには、新しく 10G ビットイーサネットに対応した機器にリプレースしたり、追加のモジュールが必要であったりと、かなりのコストが必要です。配線の変更も必要になるかもしれません。このような場合に、**リンクアグリゲーション**によって低コストで利用可能な帯域幅を増加させ、かつ障害時の耐障害性を高めることができます。

## 6.5.2　リンクアグリゲーションの仕組み

リンクアグリゲーションは、**スイッチ間を複数のリンクで接続して仮想的に 1 本のリンクとして扱う機能**です。リンクアグリゲーションを使わずにスイッチ間を複数のリンクで接続すると、スパニングツリーによって結局は 1 本のリンクしか使わないようになります。たとえば、次の図のネットワーク構成を考えてみます。

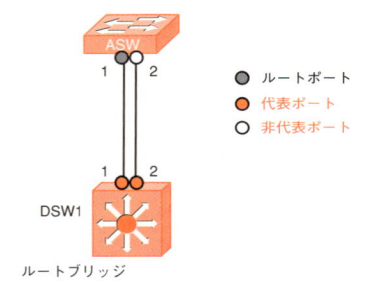

図 6.23　複数のリンクで
スイッチ間を接続

単純に 2 本のリンクで ASW と DSW1 間を接続すると、ループ構成になっているのでスパニングツリーによってブロックされます。DSW1 がルートブリッジであると仮定すると、ASW のポート 1 がルートポートになります。ASW のポート 2 は非代表ポートでブロックされます。2 本のリンクで接続しても、結局は 1 つのリンクしか使いません。もちろん、ASW のポート 1 に障害が発生すると、スパニングツリーの再計算で ASW のポート 2 がルートポートになるので、耐障害性を高めることはできます。また、PVST で VLAN ごとにスパニングツリーを考えれば、負荷分散させることもできますが、追加の設定が必要です。

リンクアグリゲーションを利用すれば、正常時に複数のリンクで負荷分散させることができます。その際、PVST で VLAN ごとの設定などを追加で行う必要はありません。1 本のリンクに障害が発生しても、残りのリンクでイーサネットフレームの転送を継続することができます。その際、スパニングツリーの再計算は発生しません。

リンクアグリゲーションによって、スイッチ内部に仮想的なポートを作成することができます。そして、仮想的なポートと物理的なポートを対応付けることで複数のポートをグループ化します。次の図 6.24 がリンクアグリゲーションの例です。

## 6.5 リンクアグリゲーション

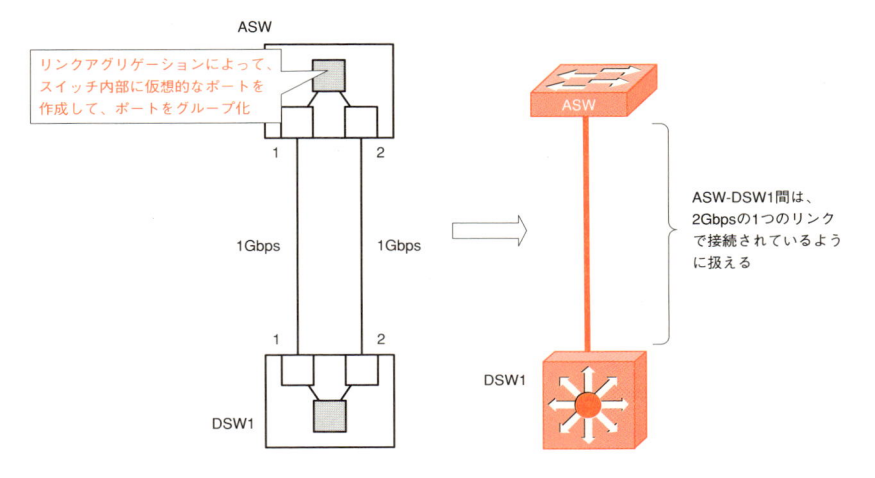

**図6.24 リンクアグリゲーションの例**

2つのスイッチASWとDSW1を、2本のギガビットイーサネットのリンク（1Gbps）で接続しています。それぞれのスイッチでリンクアグリゲーションの設定を行うことで、仮想的なポートを作成して2つの1Gbpsのポートをグループ化します。実質的にASWとDSW1は、2Gbpsの1つのリンクで接続されているかのように扱うことができます。スパニングツリーの計算は、仮想的なポートを元にして行います。1つのリンク扱いなので、ループ構成ではありません。そのため、スイッチ内部の仮想的なポートはスパニングツリーによってブロックされることはありません。仮想的なポートのグループである物理的なポートもスパニングツリーでブロックされずに、2つのリンクを使ってイーサネットフレームの転送が可能になります。また、物理的なポートの1つがダウンしても仮想的なポートはダウンしないので、スパニングツリーの再計算も発生しません。

リンクアグリゲーションは、片方のスイッチだけで設定しても意味がありません。複数のリンクで接続している両方のスイッチで正しく設定する必要があります。スイッチ間でリンクアグリゲーションのネゴシエーションを行うためのプロトコルとして、**LACP**（Link Aggregation Control Protocol）があります。LACPは、**IEEE802.3ad**として標準化されています。LACPによって対向のスイッチ間でネゴシエーションを行うことで、リンクアグリゲーションを正常に機能させることができます。

### 6.5.3 リンクアグリゲーションでのイーサネットフレームの転送

リンクアグリゲーションによって複数のリンクを1つにまとめた場合のイーサネットフレームの転送について考えましょう。注意しなければいけないのは、フレーム1つひとつの転送で利用するリンクを振り分けるのではないということです。転送するイーサネットフレームのアドレス情報を元にして、利用するリンクを振り分けます。同じアドレス情報のイーサネットフレームは、同じリンクを通じて転送されることになります。

イーサネットフレームのアドレス情報をどのように判断するかは、スイッチによって異なります。多くの場合、送信元MACアドレスによって利用するリンクの振り分けを行います。機器によっては、送信元MACアドレスだけでなく送信先のMACアドレスや、ネットワーク層のIPアドレス、トランスポート層のTCP/UDPポート番号などによって利用するリンクの振り分けを行うことができます。リンクアグリゲーションのリンク上で、どのようなアドレス情報のイーサネットフレームを転送するかを考えて、適切な振り分けが行われるように設定しなければいけません。

次の図のような、シンプルな例で考えましょう。

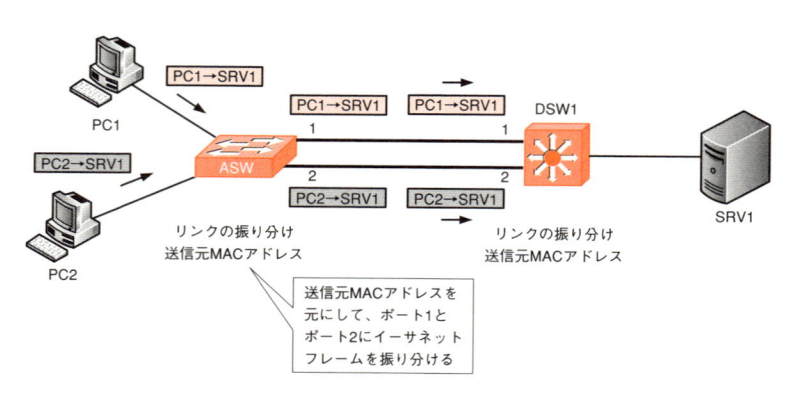

図6.25 リンクアグリゲーションでのリンクの振り分け その1

この図では、ASWとDSW1間を2本のリンクで接続して、リンクアグリゲーションによって2本のリンクを1つにまとめています。ASWとDSW1は、リンクアグリゲーションのリンクの振り分けとして、送信元MACアドレスに基づくものとします。ASWにはPC1とPC2が接続され、DSW1にはSRV1が接続されています。話を簡単にするために、すべて同一VLANと考えてください。

PC1からSRV1へのイーサネットフレームとPC2からSRV1へのイーサネッ

## 6.5 リンクアグリゲーション

トフレームでは、送信元 MAC アドレスが異なっています。ASW は送信元 MAC アドレスが PC1 のイーサネットフレームはポート 1 へ転送し、送信元 MAC アドレスが PC2 のイーサネットフレームはポート 2 へ転送するといったように、複数のリンクを振り分けることができます。PC1/PC2 から SRV1 あてのイーサネットフレームは、この図のようにうまくリンクの振り分けができます。

通信は、たいていは双方向です。PC1 や PC2 から SRV1 に何らかのデータを送信すると、その返事が返ってきます。SRV1 から PC1 や PC2 へのイーサネットフレームを考えると、次の図のようになります。

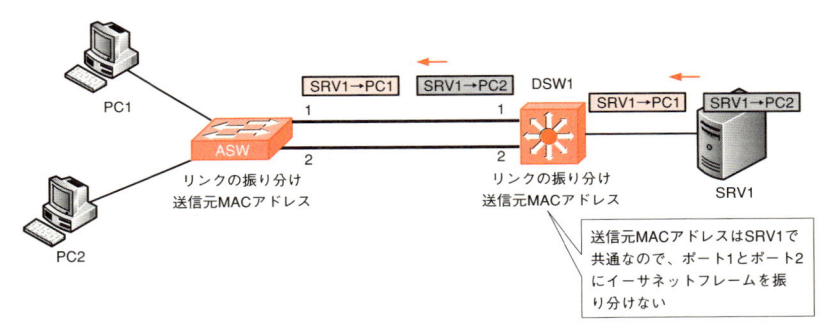

**図 6.26　リンクアグリゲーションのリンクの振り分け その 2**

SRV1 から PC1 または PC2 あてのイーサネットフレームの送信元 MAC アドレスは当然ながら、SRV1 で共通です。DSW1 でのリンクの振り分けを送信元 MAC アドレスで行っていると、PC1 あても PC2 あても結局は同じリンクにイーサネットフレームを転送することになります。1 つのリンクだけに集中すると、帯域幅が足りなくなってしまう可能性があります。この場合、DSW1 では送信先 MAC アドレスや送信先 IP アドレスを元にリンクの振り分けを行うようにすると、リンクの振り分けを効果的に行うことができるようになります。

先にも述べましたが、**リンクアグリゲーションのリンク上でどのようなイーサネットフレームを転送するか**をしっかりと考えて、適切なリンクの振り分けができるようにすることが重要です。

### コラム　CCNA

ルータやスイッチなどのネットワーク機器ベンダの最大手が米Cisco Systems社（シスコ システムズ社 以下、Cisco）です。Ciscoが技術者を認定する資格の1つが**CCNA**です。CCNAは、ネットワーク技術の基本的な仕組みを理解し、Ciscoのルータやスイッチの基本的な設定ができることを認定する資格です。

具体的な技術分野は、

- OSI参照モデル、TCP/IPなどのネットワークでの通信の仕組み
- LAN技術
- VLAN
- スパニングツリー
- IPアドレッシング
- IPルーティング
- Ciscoデバイスの管理
- 無線LAN
- ネットワークセキュリティ技術（パケットフィルタリング、NAT）
- WAN技術

です。

本書では、CCNAで問われる技術分野の中で**LAN技術**、**VLAN**、**スパニングツリー**、**無線LAN**について大部分をカバーしています。また、ネットワークでの通信の仕組み、IPアドレッシング、IPルーティングの一部もカバーしています。

試験はPC上での試験です。問題形式はほとんどが選択式ですが、1～2問のシミュレーション問題もあります。シミュレーション問題とは、与えられた条件に基づいてルータの設定を行うという問題形式です。このシミュレーション問題があることによって、試験の難易度が若干高めになっています。実際にルータの設定をやってみたことがないと、シミュレーション問題に解答するのが難しいからです。シミュレーション問題の対策として、ベストは**実機を使うこと**です。実機を使うことが難しい場合は、**シミュレータを利用**（▶8章最後のColumn「Ciscoルータのシミュレータ」）して対策することができます。

CCNAに限らずCiscoの認定資格の試験問題は、「こんなネットワーク構成はないだろっ！」と思わずつぶやいてしまうような、あまり現実的ではない構

成が多いと感じます。ですが、資格取得のための勉強の過程で幅広い技術の勉強をします。ネットワークはいろんな機器でいろんな技術を組み合わせることで構成されているので、広い視野で勉強することがとても重要です。資格を取得することを目的とするのではなく、幅広い技術の習得のきっかけとして、試験にチャレンジする意味は大いにあると考えています。試験勉強をする際には、技術の基本的な仕組みをしっかりと把握することを意識してください。

仕事でネットワークに携わっている方やネットワークに興味がある方は、ぜひCCNA にチャレンジしてみてください。

また、CCNA 試験をはじめとする Cisco 認定資格の詳細は、以下の URL をご覧ください。

```
http://www.cisco.com/web/JP/event/tra_ccc/ccc/certprog/
paths/home.html
```

# 7章

# VLAN間ルーティングと
# レイヤ3スイッチの基礎

7.1 VLAN間ルーティングの概要
7.2 VLAN間ルーティングの仕組み
7.3 VRRP

## 7.1 VLAN間ルーティングの概要

ここでは、VLAN間ルーティングの必要性やVLAN間ルーティングに必要な機器など、VLAN間ルーティングの概要について解説します。

### 7.1.1 VLAN間ルーティングの必要性

**同じスイッチに接続されていてもVLANが異なると直接通信ができません**。異なるVLANは異なるブロードキャストドメインになり、それぞれ1つのサブネットに対応付けられます。すなわち、VLANを作成すると論理的にスイッチを分割することになるからです。

イーサネット上でTCP/IPの通信を行うためには、**ARPによるアドレス解決**が必要です。異なるVLAN間ではARPによるアドレス解決を行うことができなくなってしまいます。その様子を簡単に解説します。

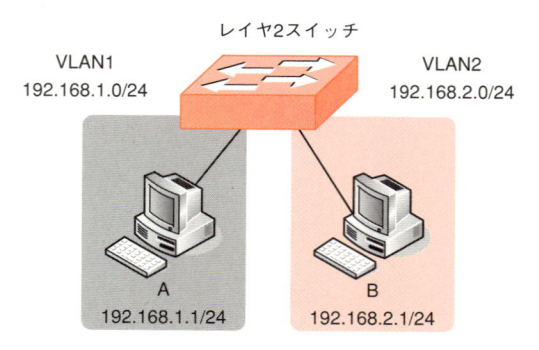

図7.1　レイヤ2スイッチでVLANを作成 1

この図7.1では、レイヤ2スイッチでVLAN1とVLAN2を構成しています。VLAN1は192.168.1.0/24、VLAN2は192.168.2.0/24のサブネットに対応付けています。コンピュータAはVLAN1に所属し192.168.1.1/24のIPアドレスを設定しています。またコンピュータBはVLAN2に所属し192.168.2.1/24のIPアドレスを設定しています。

## 7.1 VLAN間ルーティングの概要

　コンピュータAからコンピュータBへイーサネット上でTCP/IPで通信するためには、ARPによるアドレス解決が必要なわけですが、TCP/IPの通信の仕組み上サブネットが異なるホストに対してはARPリクエストを送信しません。そのため、コンピュータAとコンピュータBの間で通信ができなくなります（図7.2）。

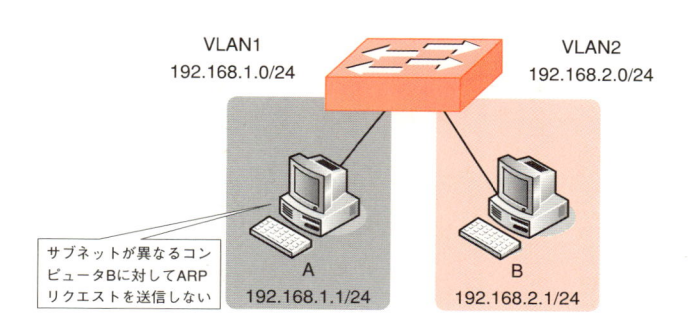

**図7.2　レイヤ2スイッチでVLANを作成 2**

　また、コンピュータAとコンピュータBのサブネットマスクの設定を変更して同じサブネットにしても通信はできません（図7.3）。同じサブネットであれば、ARPリクエストをブロードキャストしてアドレス解決しようとします。ですがVLANが異なるので、そのARPリクエストは転送されないのです。

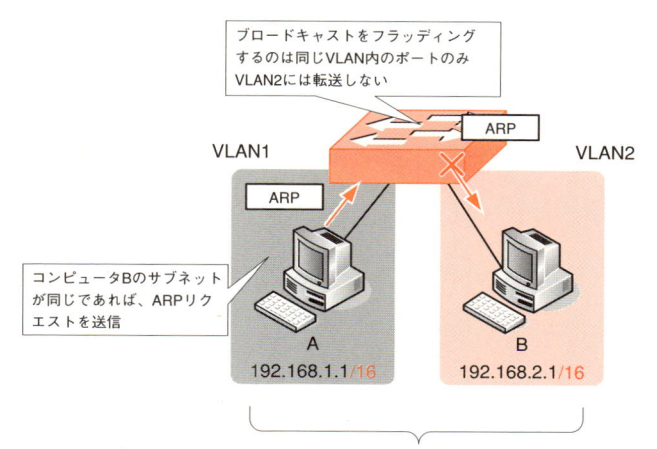

**図7.3　レイヤ2スイッチでVLANを作成 3**

なお、コンピュータ A に直接、コンピュータ B の IP アドレスに対する MAC アドレスの情報を ARP キャッシュに登録していても通信はできません。ブロードキャスト、マルチキャストの転送だけでなく、ユニキャストの転送を行う際も同じ VLAN 内のポートのみに限定されます。

**VLAN を作成するということはスイッチを論理的に分割すること**です。その分割されたスイッチ同士は、次の図 7.4 のようにお互いが接続されていません。このことをイメージしておく必要があるでしょう。

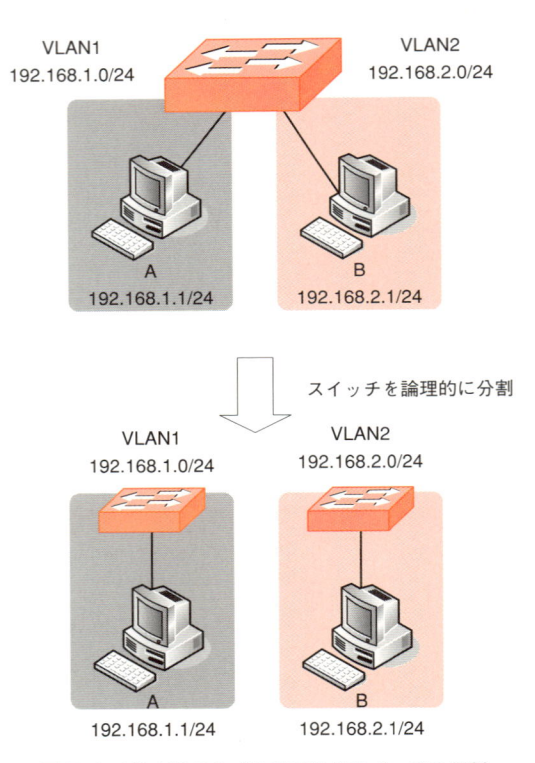

図 7.4　VLAN の作成は論理的なスイッチの分割

論理的に分割され、お互いに接続されていないスイッチ、すなわち VLAN 間で通信ができるようにするためには、**VLAN 間ルーティング**が必要です。

## 7.1.2 VLAN間ルーティングに必要な機器

異なるVLAN間でルーティングを行うためには、次のデバイスが必要です。

- ルータ
- レイヤ3スイッチ（マルチレイヤスイッチ）

1つのVLANは1つのサブネットに対応付けられるので、VLAN間ルーティングを行うには、**レイヤ2スイッチ**と**ルータ**を接続します。各VLANのクライアントコンピュータには同じVLAN上のルータのIPアドレスをデフォルトゲートウェイとして設定します。レイヤ2スイッチとルータの接続の様子は後述しますが、ルータを利用するVLAN間ルーティングは、拡張性やパフォーマンス上の問題点があります。

より拡張性が高くパフォーマンスの高いVLAN間ルーティングを行うには、**レイヤ3スイッチ**を利用します。レイヤ3スイッチを利用すれば、ワイヤーレートでの高速なVLAN間ルーティングも可能です。

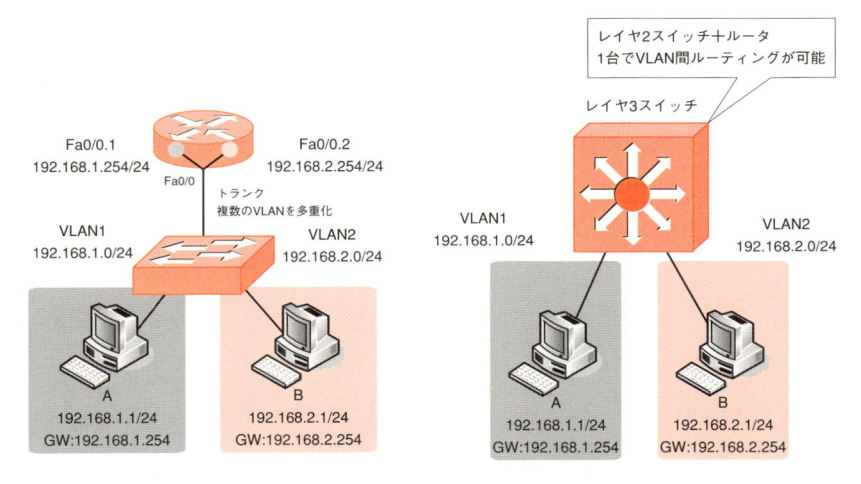

図7.5　VLAN間ルーティングに必要な接続構成

## 7.2 VLAN間ルーティングの仕組み

ここでは、ルータおよびレイヤ3スイッチでのVLAN間ルーティングの仕組みについて解説します。

### 7.2.1 ルータによるVLAN間ルーティング

**ルータによるVLAN間ルーティング**を行いたいとき、レイヤ2スイッチとルータの接続をどのようにするかを考えなければいけません。ルータとレイヤ2スイッチの接続方法として、次の2つがあります。

- ルータとレイヤ2スイッチをVLANごとの複数のリンクで接続
- ルータとレイヤ2スイッチを1本のリンクで接続

以降で、この2つのルータとレイヤ2スイッチの接続方法についてのVLAN間ルーティングについて解説します。

#### ●●● VLANごとの複数のリンクで接続

原則として「**1つのVLAN＝1つのサブネット**」です。そして、ルータの1つのインタフェースが1つのサブネットを接続します。レイヤ2スイッチで作成したVLANの数の分だけルータのインタフェースを用意します。そして、レイヤ2スイッチのVLANごとのアクセスポートと各VLANに対応付けるルータのインタフェースを接続します。ルータのインタフェースには対応するVLANのIPアドレスを設定し、各VLAN上のクライアントコンピュータのデフォルトゲートウェイとしてそのIPアドレスを指定します（図7.6）。

このような接続を行うためには、ルータには特別な機能は必要ありません。イーサネットインタフェースが複数あればよいだけです。しかし、VLANの数が増えると、その分だけルータにイーサネットインタフェースが必要です。ルータが持つイーサネットインタフェースは2～4個程度です。したがって、ルーティング可能なVLANの数がルータのイーサネットインタフェースの数に限定されてしまいます。それに、インタフェースに余裕があったとしても、新しくVLANを追加するとルータとレイヤ2スイッチ間の配線が必要になるなど拡張性に乏しい構成になっ

## 7.2 VLAN間ルーティングの仕組み

てしまいます。そのため通常は、VLANごとに複数のリンクでルータとレイヤ2スイッチを接続するといった構成をとることはありません。

### ●●1本のリンクで接続

たくさんのVLANのサポートやVLANの追加をより容易に行えるような拡張性があるVLAN間ルーティングを行うには、**ルータとレイヤ2スイッチを1本のリンク**で接続します（図7.7）。1本のリンク上で複数のVLANのイーサネットフレームを転送しなければいけないので、**IEEE802.1Qのトランク**にします。

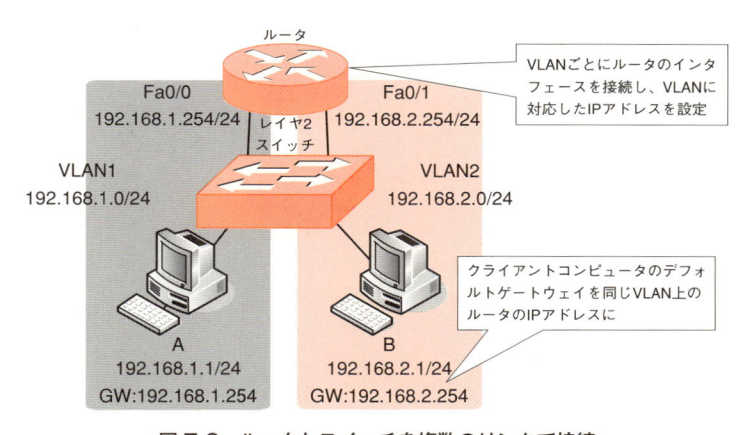

図7.6 ルータとスイッチを複数のリンクで接続

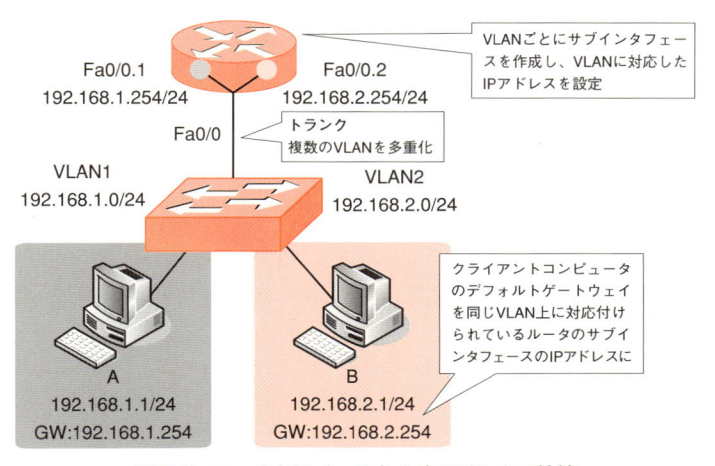

図7.7 ルータとスイッチを1本のリンクで接続

ルータにはVLANごとのインタフェースが必要なので、物理インタフェースをVLANごとの複数のサブインタフェースに分割します。VLANごとのサブインタフェースに対して、VLANに対応したIPアドレスを設定し、クライアントコンピュータのデフォルトゲートウェイとします。

サブインタフェースを作成してIPアドレスを設定すると、そのネットワークアドレスが直接接続でルーティングテーブルに載せられます。スタティックルートやルーティングプロトコルを設定しなくても、直接接続のネットワーク（VLAN）間のルーティングが可能です。直接接続のネットワーク以外のネットワークへルーティングするためには、必要に応じてスタティックルートやルーティングプロトコルを設定します。

上記のように、1本のリンクでレイヤ2スイッチとルータを接続してVLAN間ルーティングを行うには、スイッチとルータともにトランクをサポートしていなければいけません。新しくVLANを追加しても物理的な配線を変更する必要はありません。ルータに新しいVLANに対応したサブインタフェースを作成してIPアドレスを設定すれば、新しいVLANのルーティングが可能になります。

なお、このように1本のリンクでルータとレイヤ2スイッチを接続してVLAN間ルーティングを行うことを**ルータオンアスティック**（Router-on-a-Stick）と呼びます。

## ●●ルータによるVLAN間ルーティングのパケットフロー

ルータオンアスティックで接続しているときのVLAN間ルーティングのパケットフローを見てみましょう。

コンピュータA（IPアドレス192.168.1.1/24）からコンピュータB（192.168.2.1/24）へパケットを送信するときについて考えます。

1. コンピュータAはコンピュータBのIPアドレス192.168.2.1から別のサブネットにいることを認識します。

2. 別サブネットのコンピュータBへパケットを送信するためにデフォルトゲートウェイのIPアドレス（192.168.1.254）に対するARPリクエストを送信します。スイッチとルータのトランク上ではARPリクエストにはVLANタグが挿入されます（図7.8）。

3. ルータからのARPリプライによって、コンピュータAはデフォルトゲートウェイのMACアドレスを認識します（図7.9）。

7.2 VLAN間ルーティングの仕組み

4. コンピュータAはコンピュータBあてのパケットを送信します。このパケットのアドレス情報は次のようになります。

送信先 MAC アドレス：R（ルータの MAC アドレス）
送信元 MAC アドレス：A
送信先 IP アドレス：192.168.2.1
送信元 IP アドレス：192.168.1.1

ルーティングテーブル
```
C 192.168.1.0/24 Directly Connected Fa0/0.1
C 192.168.2.0/24 Directly Connected Fa0/0.2
```

トランク上ではVLANタグが挿入されてどのVLANのイーサネットフレームであるかを識別できるようにする

2．デフォルトゲートウェイ（192.168.1.254）に対してARPリクエスト

1．コンピュータB（192.168.2.1）は別サブネットに存在

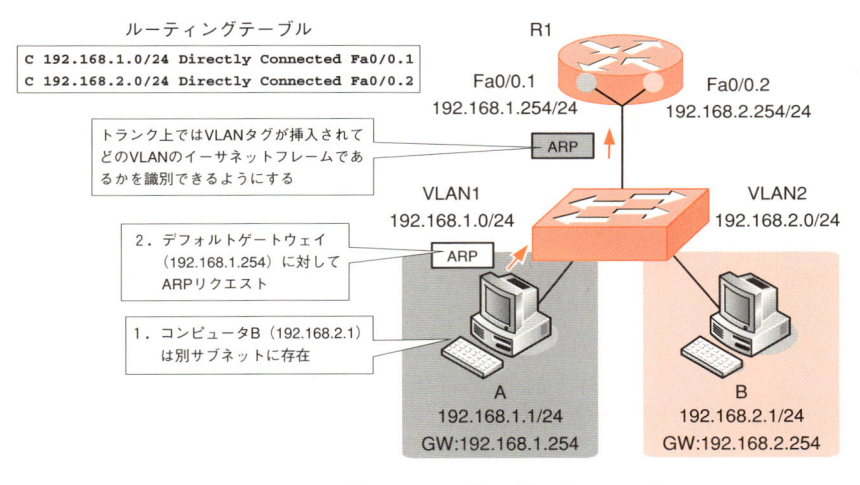

図 7.8　VLAN間ルーティングのパケットフロー 1

ルーティングテーブル
```
C 192.168.1.0/24 Directly Connected Fa0/0.1
C 192.168.2.0/24 Directly Connected Fa0/0.2
```

3．ルータからARPリプライ。コンピュータAがルータのMACアドレスを認識

4．コンピュータBあてのパケットを送信
送信先MAC：R（ルータのMAC）
送信元MAC：A
送信先IP：192.168.2.1
送信元IP：192.168.1.1

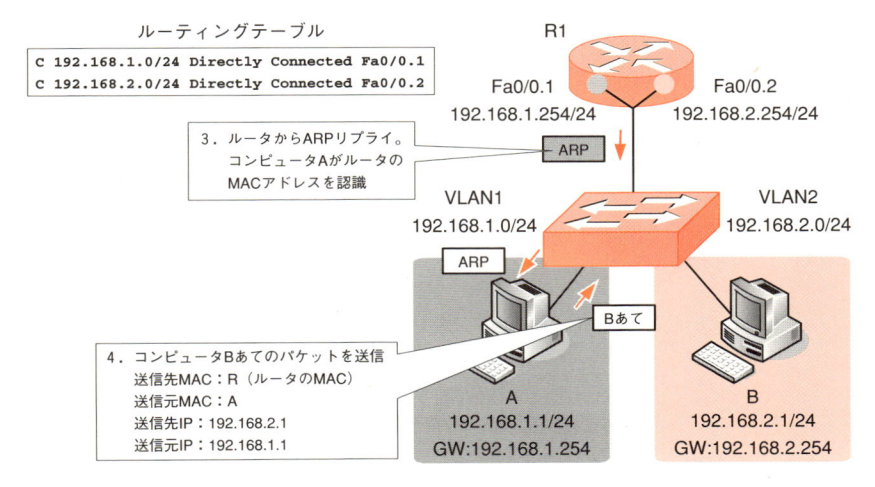

図 7.9　VLAN間ルーティングのパケットフロー 2

5. ルータがコンピュータ A からコンピュータ B あてのパケットを受信します。トランクを経由するときに VLAN1 のタグが付けられています。パケットは VLAN1 に対応付けられる Fa0/0.1 のインタフェースで受信することになります。そして送信先 IP アドレスとルーティングテーブルを照合します。それによって出力インタフェースが Fa0/0.2 とわかります（図 7.10）。

6. Fa0/0.2 からパケットを送信するためにあて先のコンピュータ B の IP アドレス 192.168.2.1 に対する ARP リクエストを送信します。
   コンピュータ B から ARP リプライを受信すると、コンピュータ B の MAC アドレスがわかります。

7. コンピュータ A から受信したパケットを Fa0/0.2 から出力します。そのときのアドレス情報は次のようになります（図 7.11）。
   送信先 MAC アドレス：B
   送信元 MAC アドレス：R（ルータの MAC アドレス）
   送信先 IP アドレス：192.168.2.1
   送信元 IP アドレス：192.168.1.1

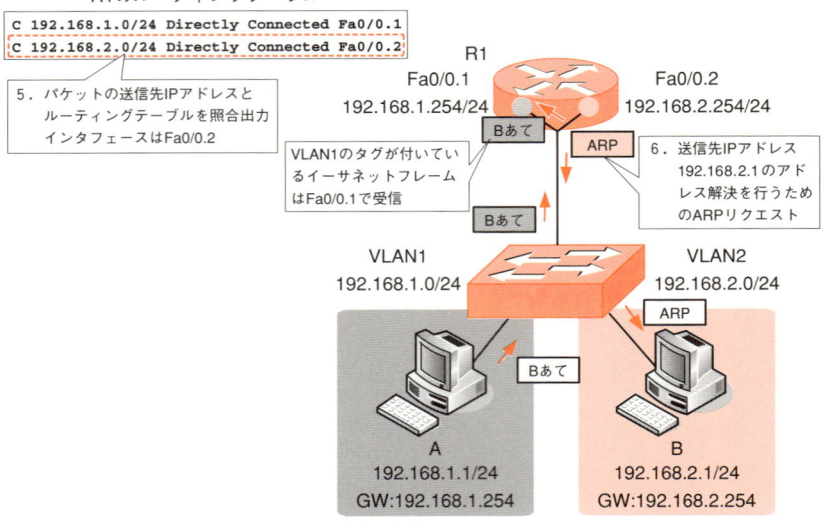

図 7.10　VLAN 間ルーティングのパケットフロー 3

## 7.2 VLAN間ルーティングの仕組み

R1のルーティングテーブル

```
C 192.168.1.0/24 Directly Connected Fa0/0.1
C 192.168.2.0/24 Directly Connected Fa0/0.2
```

R1
Fa0/0.1
192.168.1.254/24
Fa0/0.2
192.168.2.254/24

Bあて

7．コンピュータAから
コンピュータBあての
パケットをFa0/0.2から出力
送信先MAC：B
送信元MAC：R（ルータのMAC）
送信先IP：192.168.2.1
送信元IP：192.168.1.1

ARP

VLAN1
192.168.1.0/24

VLAN2
192.168.2.0/24

ARP

コンピュータBから
のARPリプライ

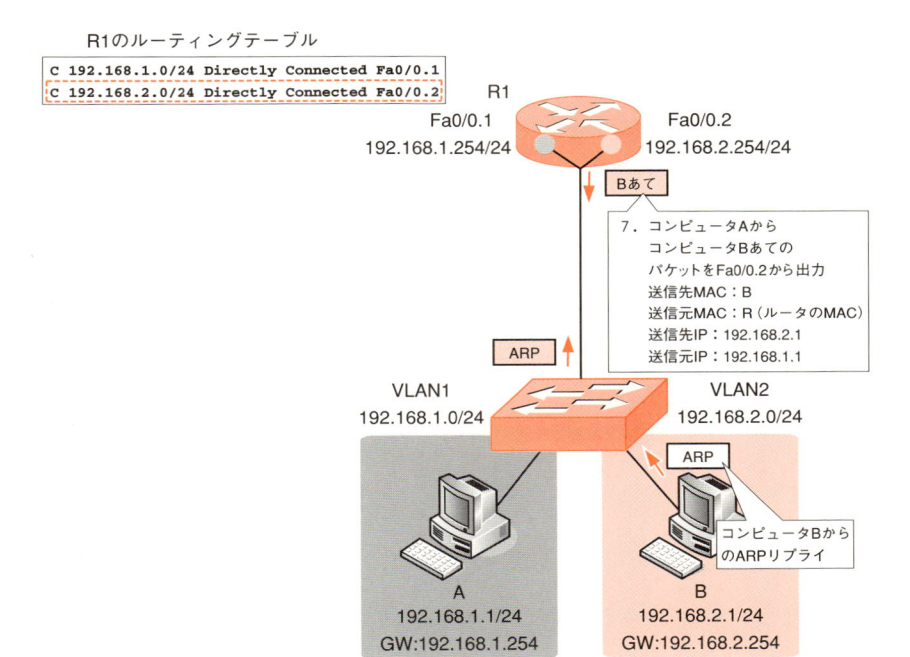

A
192.168.1.1/24
GW:192.168.1.254

B
192.168.2.1/24
GW:192.168.2.254

図 7.11　VLAN間ルーティングのパケットフロー 4

8. コンピュータ B は、ルータから出力されたパケットを受信します（図 7.12）。

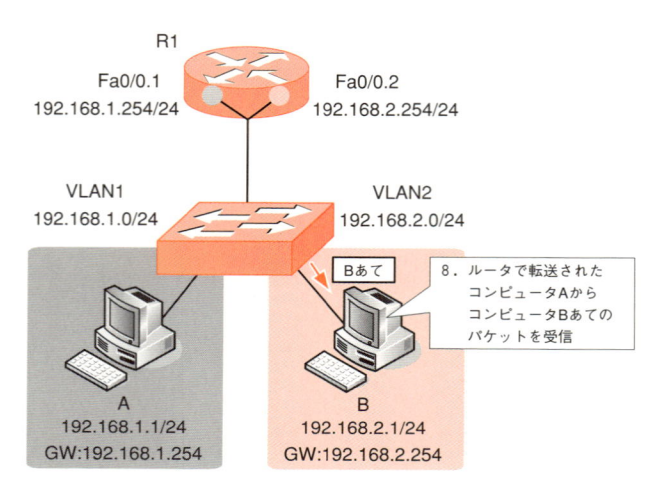

**図 7.12　VLAN 間ルーティングのパケットフロー 5**

　ルータによる VLAN 間ルーティングは、既存のルータを利用できるので手軽に VLAN 間ルーティングができるというメリットがあります。しかし、VLAN 間ルーティングを行うと、ルータとスイッチ間のトランク上をパケットが往復することになります。トランク上にトラフィックが集中すると、そこがボトルネックとなり全体の通信のパフォーマンスが低下することがあります。VLAN 間の通信が多く発生する場合は、**レイヤ 3 スイッチによる VLAN 間ルーティング**を行います。

## 7.2.2 レイヤ3スイッチによるVLAN間ルーティング

**レイヤ3スイッチ**は、スイッチにルーティングの機能を追加したデバイスです。レイヤ2スイッチとルータが1つのハードウェアにまとめられています。そのため、VLAN間ルーティングを1台のレイヤ3スイッチのみで実現することができます。

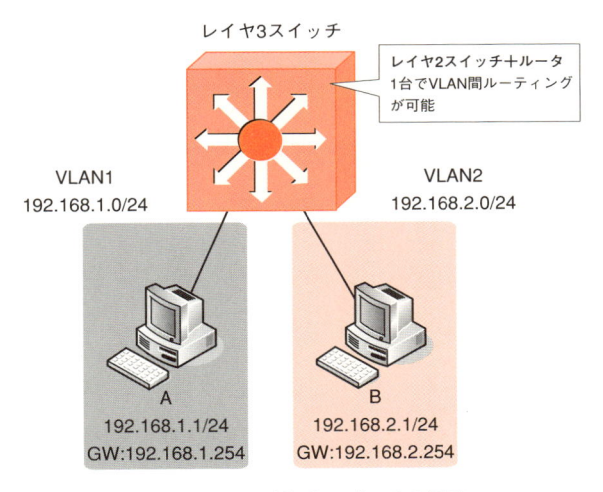

図7.13 レイヤ3スイッチの概要

レイヤ3スイッチを利用すると、次のようなメリットがあります。

- デバイスの数を削減してネットワーク構成をシンプルにできる
  レイヤ3スイッチ1台でVLAN間ルーティングが可能なので、全体的なデバイスの数を減らしてシンプルなネットワーク構成にすることが可能です。

- 高速なVLAN間ルーティングが可能
  レイヤ3スイッチでは、ハードウェア処理によってVLAN間ルーティングを行います。そのため、ルータを利用するよりも高速なVLAN間ルーティングが可能です。

- 追加モジュールでさまざまな機能拡張が可能
  企業向けのハイエンドのレイヤ3スイッチでは、単純なVLAN間ルーティング以外にもファイアウォール機能やVPNゲートウェイ機能など多くの機能を1台のハードウェアに統合することができます。

このようなさまざまなメリットから、企業のLANにおいては**ルータよりもレイヤ3スイッチで企業内のVLAN間ルーティングを行う構成が一般的**です。

## ●●レイヤ3スイッチのインタフェースのコンセプト

レイヤ3スイッチの内部にルータが含まれていると考えることができるのですが、ルーティングを行うためのIPアドレスをどこに設定すればよいのかわかりにくくなってしまいます。レイヤ3スイッチをきちんと理解し、正しくIPアドレスの設定を行うには内部のレイヤ構造がどのようになっているかを考えることがポイントです。**レイヤ3スイッチの内部レイヤ構造**は次の3つから構成されていると考えてください。

- 内部ルータ：レイヤ3
    VLANを相互接続してVLAN間ルーティングを行います。

- VLAN：レイヤ2
    ブロードキャストドメイン、つまり1つのサブネットです。

- ポート：レイヤ1
    ケーブルを挿してレイヤ3スイッチをネットワークに接続します。インタフェースとポートはほぼ同義です。

たいていのレイヤ3スイッチのデフォルトの設定では、デフォルトVLAN（VLAN1）があり、すべてのポートがVLAN1のアクセスポートになっていることがほとんどです。レイヤ3スイッチを導入する場合は、デフォルトの設定から必要な数だけのVLAN（サブネット）を作成し、どのポートをどのVLANに接続するかを決定します。VLANが異なると直接通信ができなくなってしまうので、VLAN間の通信（ルーティング）を行うための内部ルータが必要になります。VLANと内部ルータをつないで、異なるVLAN間でルーティングを行います。つまり、レイヤ3スイッチの内部で、

- ポート ― VLAN
- VLAN ― 内部ルータ

を対応付けて、VLAN間ルーティングができるようにします。

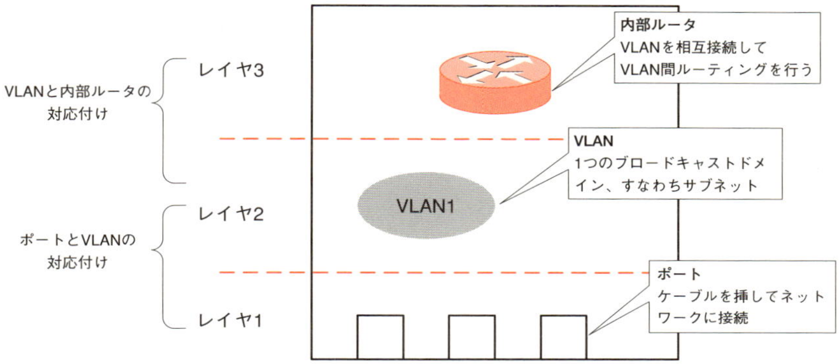

## 7.2 VLAN間ルーティングの仕組み

レイヤ3スイッチの内部

- 内部ルータ：VLANを相互接続してVLAN間ルーティングを行う
- VLANと内部ルータの対応付け（レイヤ3）
- VLAN：1つのブロードキャストドメイン、すなわちサブネット
- ポートとVLANの対応付け（レイヤ2）
- ポート：ケーブルを挿してネットワークに接続（レイヤ1）

**図7.14 レイヤ3スイッチの内部レイヤ構造**

上記のレイヤ3スイッチ内部をどのように対応付けるかによって、レイヤ3スイッチのインタフェースは次のように分類できます。

### レイヤ2（スイッチポート）
- アクセスポート
- トランクポート

### レイヤ3
- SVI（Switch Virtual Interface）
- ルーテッドポート

レイヤ2のインタフェースであるアクセスポートおよびトランクポートの詳細は、▶**第5章**を参照してください。これらをまとめて**スイッチポート**と呼びます。レイヤ3スイッチのIPアドレスの設定はレイヤ3のインタフェースであるSVIとルーテッドポートに対して行います。

## ●● SVI（Switch Virtual Interface）

スイッチ内部に VLAN を作成したら、各 VLAN 間はブロードキャストドメイン、つまりサブネットが異なるので直接の通信ができなくなります。VLAN 間で通信をするためにはレイヤ 3 のレベルでルーティングをしなければいけません。そこで、レイヤ 3 スイッチの内部ルータによって異なる VLAN 間のルーティングを実現します。

異なる VLAN 間のルーティングを行うには、内部の VLAN と内部ルータを接続しなければいけません。そのための仮想的なインタフェースが **SVI**（Switch Virtual Interface）です。SVI により、内部の VLAN と内部ルータを接続することができます。 なお、SVI を **VLAN インタフェース** と表現することもあります。

レイヤ 3 スイッチ内部で SVI によって VLAN と内部ルータを接続します。SVI には、VLAN に対応した IP アドレスを設定します。SVI に IP アドレスを設定すれば、直接接続のネットワークとしてルーティングテーブルに登録されます。直接接続以外のネットワークについては、ルータと同じようにスタティックルートや各種ルーティングプロトコルによって必要なルート情報をルーティングテーブルに登録します。

## ●● ルーテッドポート

**ルーテッドポート** とは、「内部ルータと直接つながっているポート」を意味します。**スイッチポート**（アクセスポート、トランクポート）はレイヤ 2 の VLAN を通じて内部ルータと接続されています。それに対して、VLAN を経由せずに直接内部ルータとつながっているポートがルーテッドポートです。あたかもルータそのもののポートのように扱うことができるポートと考えてください。

ルーテッドポートには、ルータのポートと同じように扱います。つまり、ポート自体に IP アドレスを設定することができます。ルーテッドポートに IP アドレスを設定すれば、直接接続のネットワークとしてルーティングテーブルに登録されます。

レイヤ 3 スイッチでの SVI とルーテッドポートの例についてまとめたものが、次の図 7.15 です。

7.2 VLAN間ルーティングの仕組み

レイヤ3スイッチ

内部のVLANとルータを接続
SVI
192.168.1.254/24

VLAN1

内部ルータと直結しているポート
ルーテッドポート
192.168.2.254/24

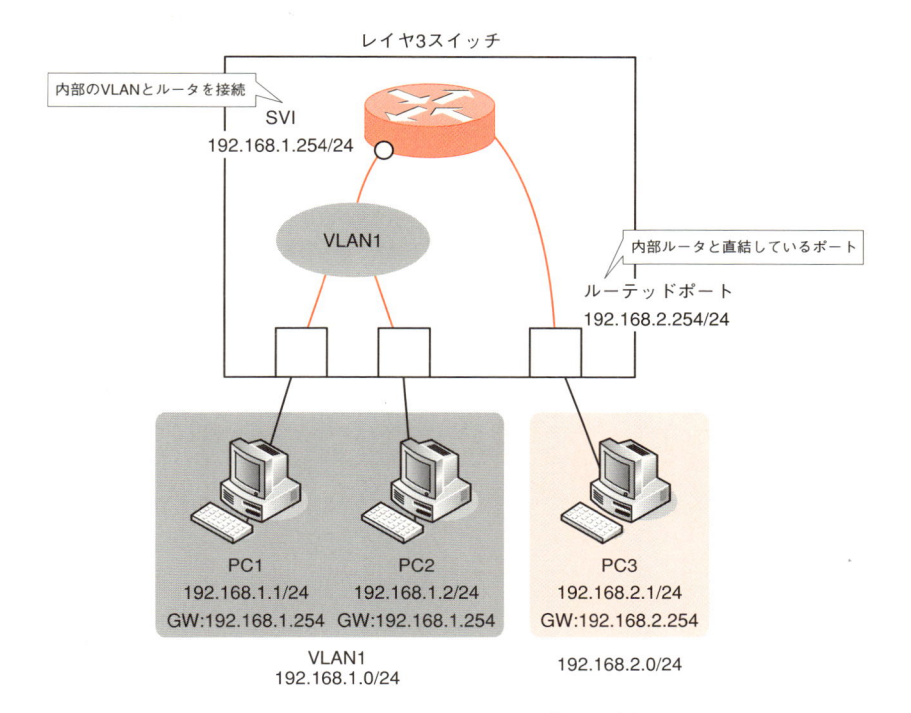

PC1
192.168.1.1/24
GW:192.168.1.254

PC2
192.168.1.2/24
GW:192.168.1.254

VLAN1
192.168.1.0/24

PC3
192.168.2.1/24
GW:192.168.2.254

192.168.2.0/24

図7.15　SVIとルーテッドポートの例

### 7.2.3　物理構成と論理構成の対応

　**ネットワークを管理する上で最初に考えるのが構成管理**です。障害発生時の対応やネットワークのパフォーマンスを維持するためにも、まず、ネットワークの構成を正しく把握する必要があります。ネットワークの構成を正しく把握するという構成管理を行うためには、多くの情報を集めなければいけません。その中でも、中心的な情報が**ネットワーク構成図**です。ネットワーク構成図を作る上でのポイントは、物理構成図と論理構成図をはっきりと分けておくことです。その理由は、物理構成図と論理構成図では、ネットワークのどの階層の構成を表すかが違ってくるからです。

　**物理構成図**とは、OSI参照モデルの階層で考えると、主にレイヤ1とレイヤ2の情報を記述し、ネットワークの物理的な配線形態を表したもの。ルータやスイッチなどのネットワーク機器および、サーバなどの配置から、どのようなケーブルで各機器を接続しているかなどの情報を記述します。

　そして、**論理構成図**とは、OSI参照モデルの階層で考えると、論理構成図では主

にレイヤ3の情報を記述し、ネットワークの論理的な接続を表したものです。論理的な接続とは、具体的にはルータなどのレイヤ3デバイスを中心としたIPサブネットの構成を指します。物理的な配線形態は、あまり意識する必要はありません。また、ルーティングプロトコルの情報も論理構成図で記述します。

　この2つの種類のネットワーク構成図をきちんと作成しておくことが重要です。そうしないと、ネットワークの正確な姿を認識することができなくなってしまいます。特にLANにおいては、2つの種類のネットワーク構成図を分けて作成します。その理由は、**ネットワークの物理構成と論理構成が1対1に対応しなくなってきているから**です。以前のネットワークは、物理構成から論理構成を対応付けて考えることができました。しかし、企業のLANにおいてレイヤ3スイッチやVLANの利用が当たり前になっている現在では、物理構成にとらわれずに自由に論理構成を変更できるようになっています。たとえば、24ポートのレイヤ3スイッチを使って1つのIPサブネットを構成することもできるし、24個のIPサブネットを構成することもできます。設定次第で、たくさんのIPサブネットを接続するような論理構成にすることができるわけです。

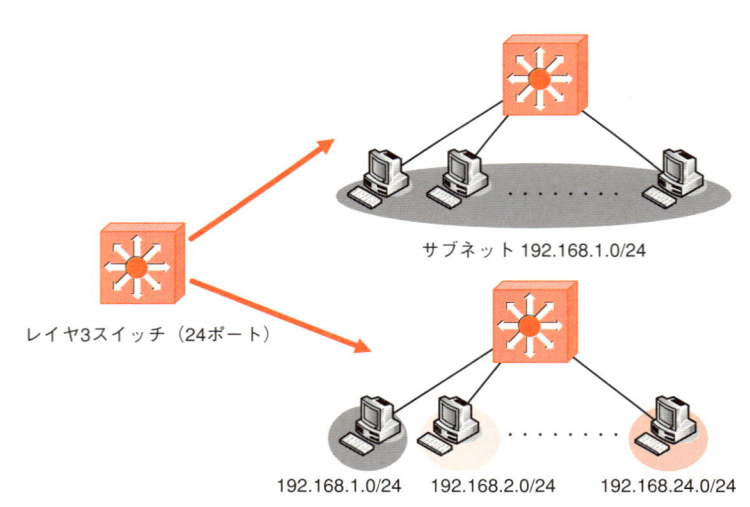

**図7.16　設定次第でさまざまな論理構成になる**

　物理的な配線、つまり「どのポートに何が接続されているか」は、目で見てわかるものですが、「論理的にIPサブネットがどのようになっているか」は目で見ただけではわかりません。また、設定次第でいくらでもIPサブネットの接続の構成を変更できます。そこで、物理構成図に対応して、**論理構成がどのようになっているのかを論理構成図にきちんとまとめることが構成管理上の重要なポイント**になります。

## 7.3 VRRP

ここでは、デフォルトゲートウェイの冗長化を行うVRRPの仕組みについて解説します。

### 7.3.1 デフォルトゲートウェイの冗長化の問題点

　PCやサーバなどが、他のネットワーク上の送信先にIPパケットを送信するとき、いったんデフォルトゲートウェイ（DGW）へ転送します。デフォルトゲートウェイは同じネットワーク上のルータやレイヤ3スイッチです。PCやサーバには、デフォルトゲートウェイのIPアドレスとして、同じネットワーク上のルータやレイヤ3スイッチのIPアドレスを設定します。デフォルトゲートウェイの設定方法として、手動設定やDHCPによる自動設定があります。どちらにせよ、通常は、デフォルトゲートウェイのIPアドレスとして、1つのIPアドレスを設定します。

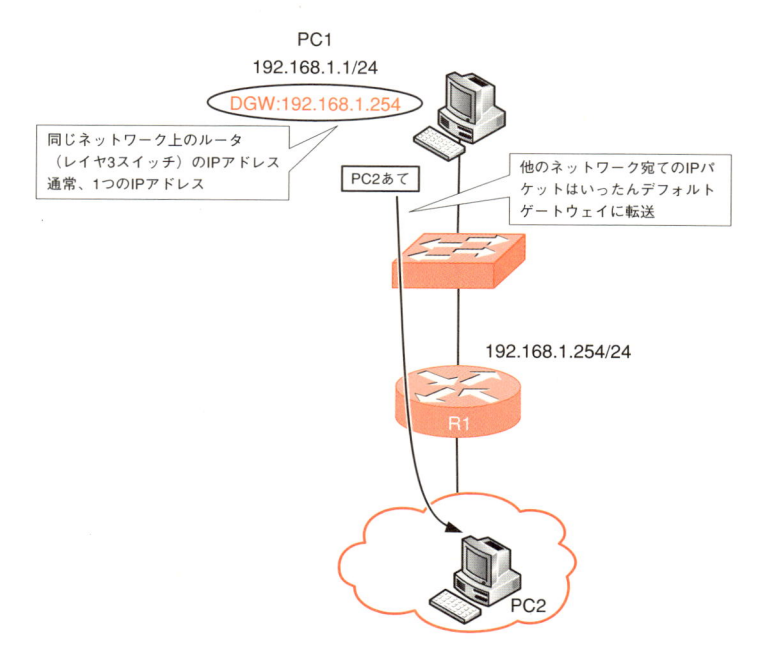

図7.17　デフォルトゲートウェイの設定と他のネットワークあてのパケットの転送

PCやサーバのデフォルトゲートウェイのIPアドレスは1つであることから、ルータを冗長化してもルータの障害にともなって、デフォルトゲートウェイを切り替えることができません。PCやサーバはデフォルトゲートウェイであるルータがダウンしても、それを検出することができません。そのため、他のサブネットあてのパケットを延々とダウンしているルータへと転送し続けてしまいます。

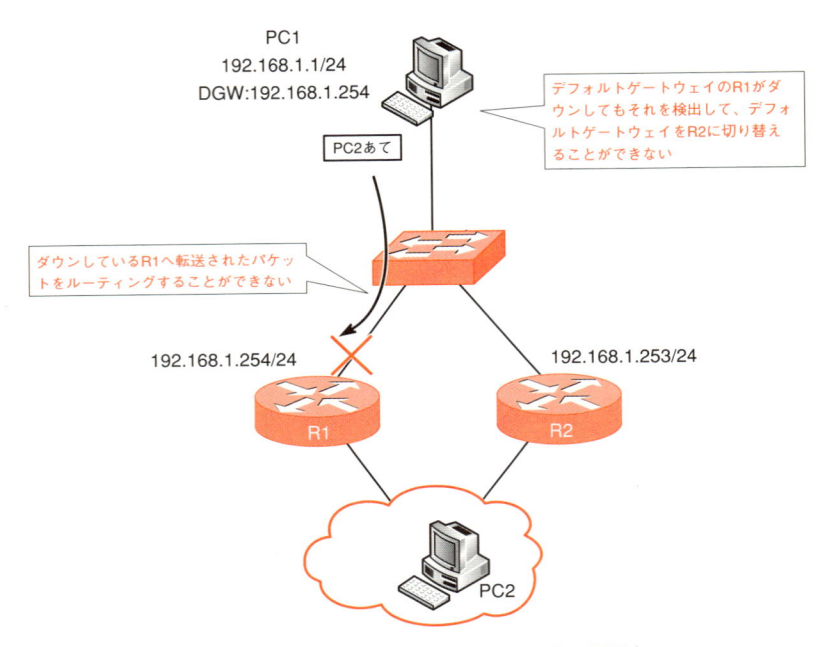

**図7.18　デフォルトゲートウェイ冗長化の問題点**

　デフォルトゲートウェイのダウンにともなってPCやサーバなどのデフォルトゲートウェイの設定を変更すれば、パケットを転送することができますが、非常に手間がかかり、せっかくルータを冗長化した意味があまりありません。つまり、単純にルータを冗長化するだけではうまく機能しません。そこでルータを冗長化しルータで**VRRP**（Virtual Router Redundancy Protocol）を利用します。VRRPを利用すれば、PCやサーバでは、特別な設定をすることなくデフォルトゲートウェイの切り替えを行うことができます。

7.3 VRRP

## 7.3.2 VRRPの仕組み

冗長化したい複数のルータでVRRPを動作させると、**VRRPのメッセージ（VRRP Advertisement）** を交換し仮想ルータを構成します。仮想ルータは仮想IPアドレス、仮想MACアドレスを持っています。仮想ルータの仮想IPアドレスと仮想MACアドレスは次の通りです。

- 仮想IPアドレス：設定で決定
- 仮想MACアドレス：00-00-5E-00-01-［ID］
  ※1 仮想IPアドレスはマスタルータのIPアドレスを利用することもできます。
  ※2 仮想MACアドレスの［ID］は設定のパラメータです。

PCやサーバなどのデフォルトゲートウェイのIPアドレスとして、仮想ルータの仮想IPアドレスを設定します。そしてVRRPを設定しているルータはマスタ/バックアップという役割が割り当てられます。**マスタルータ**は、仮想ルータあてのパケットを処理するルータです。具体的には、マスタルータは実際のIPアドレス/MACアドレスに加えて、仮想IPアドレス/MACアドレスも持っていると考えてください。**バックアップルータ**はマスタルータがダウンしたときに、マスタルータの役割を引き継ぐルータです。マスタルータは1台のみでバックアップルータは複数存在することがあります。どのルータをマスタルータにするかは設定によって決めることができます。

PC1
192.168.1.1/24
DGW:192.168.1.250

デフォルトゲートウェイには、仮想ルータの仮想IPアドレスを設定する

ルータ間でVRRP Advertisementを交換することで、マスタ/バックアップの決定、仮想IP/MACアドレスの共有を行う

マスタルータ
実IP:192.168.1.254/24
仮想IP:192.168.1.250/24
実MAC：R1
仮想MAC：V-MAC

VRRP Advertisement

R1　R2

バックアップルータ
実IP:192.168.1.253/24
実MAC：R2

マスタルータは、実IPアドレス/MACアドレスに加えて、仮想IPアドレス/MACアドレスも持つ

VRRP Advertisementによって、マスタルータが稼働しているかどうかを確認する

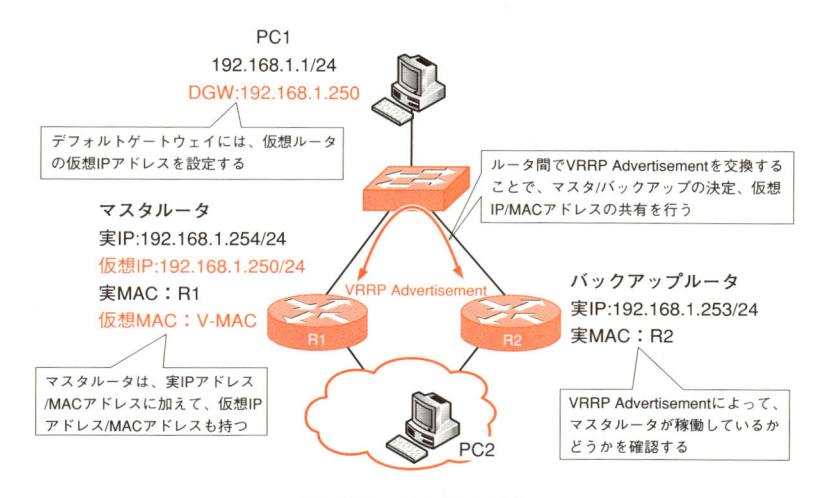

PC2

図7.19　VRRPの構成

PCやサーバなどから他のサブネットあてのパケットは、デフォルトゲートウェイとして設定している仮想ルータに転送されます。そのパケットは実際にはマスタルータへと転送され、マスタルータがルーティングします（図 7.20）。

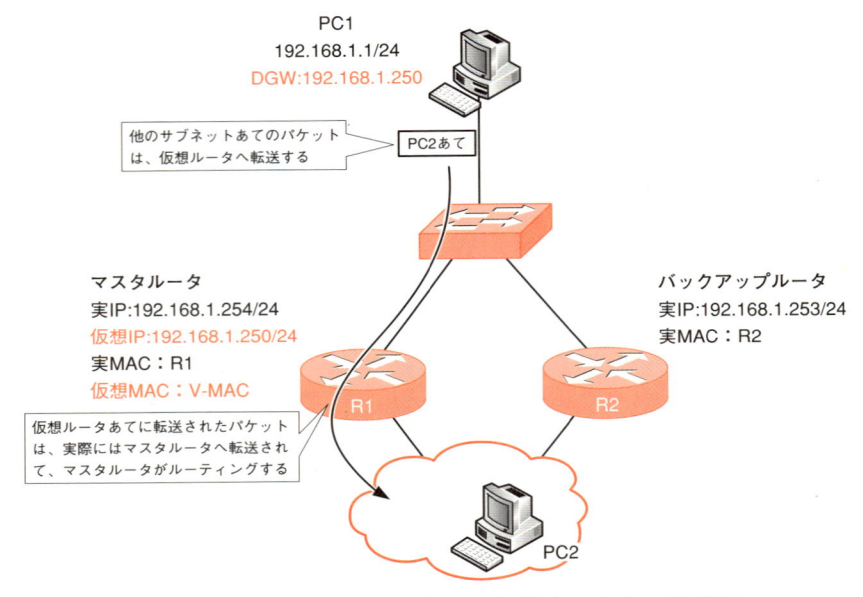

**図 7.20　他のサブネットへのパケットの転送（マスタルータ正常時）**

　ここで、マスタルータに何らかの障害が発生したとします。すると、バックアップルータはマスタルータからの VRRP Advertisement を受信することができません。一定時間、マスタルータからの VRRP Advertisement を受信できなければ、マスタルータがダウンしたとみなしてバックアップルータが新しいマスタルータになります。マスタルータになると、仮想 IP アドレス／仮想 MAC アドレスを引き継ぎます（図 7.21）。

## 7.3 VRRP

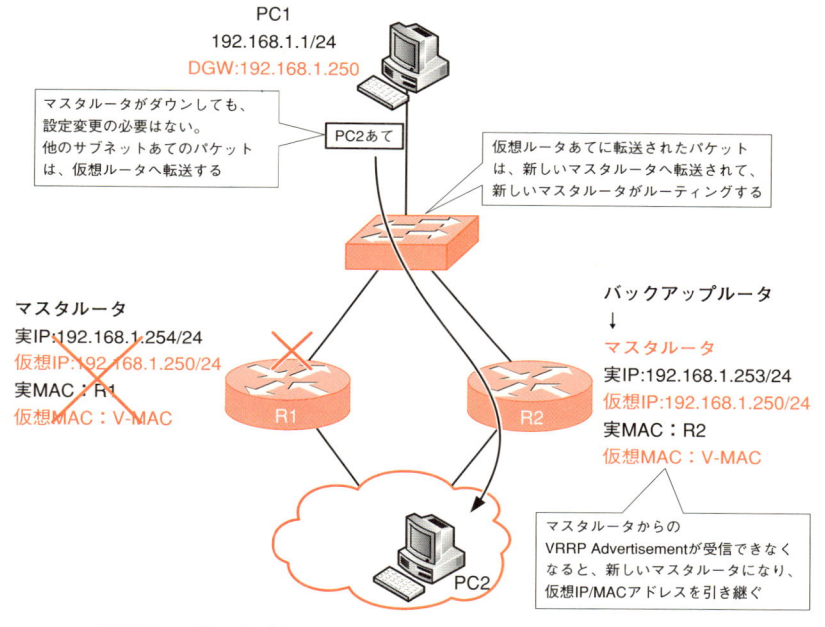

**図7.21 他のサブネットへのパケットの転送（マスタルータ障害時）**

PCやサーバなどは、マスタルータがダウンしたことをまったく意識する必要はありません。他のサブネットあてにパケットを送信するときには、いったんマスタルータに転送します。そのパケットは新しいマスタルータへと転送されてルーティングが行われます。マスタルータがダウンしても、PCやサーバのデフォルトゲートウェイの設定を変更することなく、引き続き、他のサブネットとの通信が可能です。

## 7.3.3 VRRPの注意

### ●● VRRPを有効化するインタフェース

VRRPはサブネットごとに動作します。つまり、VRRPを有効化するのは、次のインタフェースです。

- ルータのインタフェース
- レイヤ3スイッチSVIまたはルーテッドポート

ただし、上記のインタフェースすべてでVRRPを有効化するわけではありません。VRRPの目的を振り返ると、PCやサーバでのデフォルトゲートウェイの冗長化です。そのため、VRRPを有効化するのはPCやサーバが接続されているサブネットのインタフェースです。他のルータやレイヤ3スイッチが接続されているサブネットのインタフェースでは、VRRPを有効化する必要はありません。こうしたサブネットで、経路を切り替えるためにはルーティングプロトコルを利用します。

具体的に次の図7.22のネットワーク構成を考えましょう。

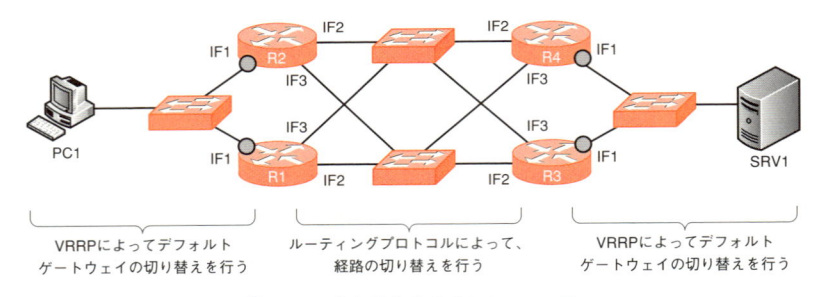

VRRPによってデフォルト　　　ルーティングプロトコルによって、　　　VRRPによってデフォルト
ゲートウェイの切り替えを行う　　経路の切り替えを行う　　　　　　　　ゲートウェイの切り替えを行う

● VRRPを有効化するインタフェース　　※IF：インタフェース

**図7.22　VRRPを有効化するインタフェース**

この図ではPC1とSRV1間の通信の信頼性を高めるために、R1〜R4でデフォルトゲートウェイおよびルーティングする経路の冗長化を行っています。各ルータにはIF1、IF2、IF3の3つのインタフェースがあります。VRRPを有効化するのはPC1およびSRV1が接続されているサブネットのインタフェースであるIF1です。R1とR2のIF1でVRRPを有効化して、PC1にとってのデフォルトゲートウェイとなる仮想ルータを構成します。同じようにR3とR4のIF1でVRRPを有効化して、SRV1にとってのデフォルトゲートウェイとなる仮想ルータを構成します。

R1 〜 R4 間の経路の切り替えのために VRRP は意味がありません。R1 〜 R4 間では、OSPF などのルーティングプロトコルを利用することで、何らかの障害に応じて経路の切り替えを行うことができます。

図 7.22 の例はルータですが、レイヤ 3 スイッチでも同じです。VRRP はデフォルトゲートウェイの冗長化なので、PC やサーバが接続されているサブネットのインタフェースで有効化することを理解してください。

## ●●スパニングツリーとの連携

現在、多くの LAN はスイッチを中心として構築されています。同じ VLAN 内でスイッチを冗長化した場合は、**スパニングツリー**を利用します。そして、デフォルトゲートウェイとなるレイヤ 3 スイッチを冗長化した場合はここまで解説を進めてきた **VRRP** を利用することになります。また、**スパニングツリーと VRRP の連携**を考えて、適切な経路で他のサブネットあてのパケットが転送されるように考える必要があります。

ここで、改めてスパニングツリーと VRRP についてまとめます。

スパニングツリーは、レイヤ 2 での冗長化プロトコルです。スイッチをループ構成に接続して冗長化した場合にスパニングツリーを利用します。スパニングツリーの環境では、IP パケット、すなわちイーサネットフレームはルートブリッジを中心に転送されることになります。

一方、VRRP はデフォルトゲートウェイの冗長化を行うレイヤ 3 の冗長化プロトコルです。仮想ルータを定義して、実際のルータはマスタ / バックアップの役割分担を行います。VRRP では IP パケットは、アクティブルータへと転送されることになります。

他のサブネットあての IP パケット（イーサネットフレーム）の転送経路を効率よくするためには、スパニングツリーのルートブリッジと VRRP のマスタルータを合わせることがポイントです。

具体的に図 7.23 の構成を考えます。

物理構成にあるように SW1、SW2、SW3 でループ構成に接続されています。このループ構成となっている部分は VLAN1 としています。そして、論理構成にあるように VLAN1 は 192.168.1.0/24 に対応付けています。SW2 および SW3 は VLAN1 のデフォルトゲートウェイとなっています。VLAN1 のスパニングツリーにおいて SW2 をルートブリッジとします。それに合わせて、VLAN1 の VRRP マスタルータは同じ SW2 になるようにすることがポイントです。

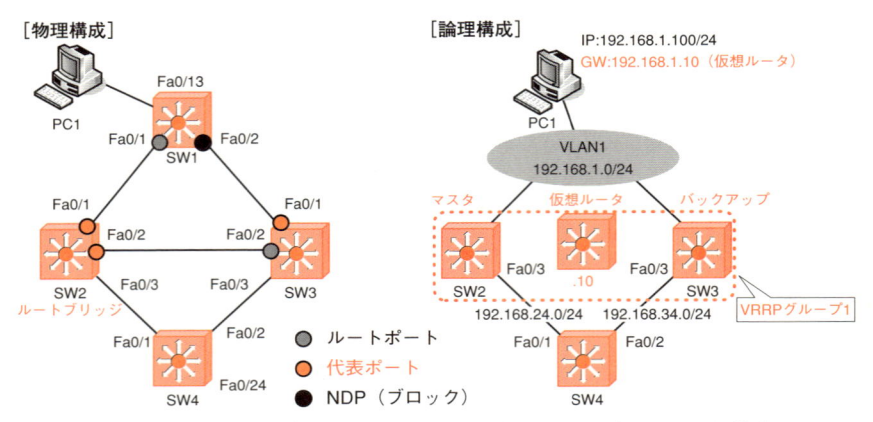

図7.23 スパニングツリーとVRRPの連携についてのネットワーク構成

　PC1から他のサブネットあてにパケットを送信するときにはデフォルトゲートウェイ、つまり仮想ルータあてに転送されます。仮想ルータあてのパケットの送信先MACアドレスはVRRPの仮想MACアドレスになっていて、実際にはマスタルータであるSW2へと転送されることになります。

　PC1から送信された他のサブネットあてのパケットは、まずSW1が受信します。SW1ではFa0/2のポートはスパニングツリーでブロックされているので、ルートブリッジであるSW2の方向のFa0/1のポートへ転送されます。そして、SW2が受信しルーティングすることができるようになります。

　スパニングツリーで考えた転送経路は、以下です。

$$\text{PC} \rightarrow \text{SW1} \rightarrow \text{SW2（ルートブリッジ）}$$

　一方、VRRPで考えた転送経路は、

$$\text{PC1} \rightarrow \text{SW2（マスタルータ）}$$

です。

　スパニングツリーのルートブリッジとVRRPのマスタルータを合わせることで、PC1から他のサブネットあてのパケットを最短経路で転送することができます。

## 7.3 VRRP

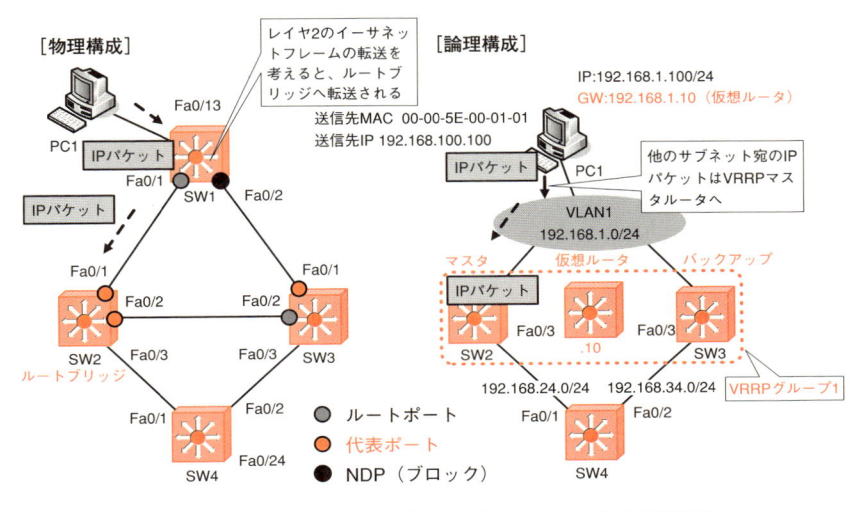

**図7.24** PC1から他のサブネットあてのパケットの転送経路

　もし、スパニングツリーのルートブリッジとVRRPのマスタルータが一致していなければ、PC1から他のサブネットあてのパケットは最短経路で転送されなくなります。同じ構成でSW3がスパニングツリーのルートブリッジになってしまった場合を考えます。VRRPのマスタルータはSW2のままです。

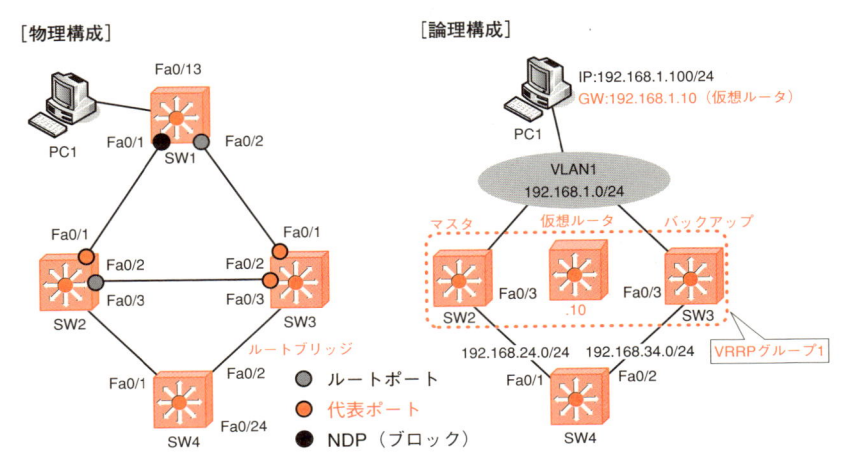

**図7.25** スパニングツリーとVRRPの連携についてのネットワーク構成
　　　　　（ルートブリッジ、マスタルータ不一致）

先ほどの構成と同じように、PC1 から他のサブネットあてにパケットを送信するときにはデフォルトゲートウェイ、つまり仮想ルータあてに転送されます。実際にはマスタルータである SW2 へと転送されることになります。

PC1 から送信された他のサブネットあてのパケットは、まず SW1 が受信します。SW3 がルートブリッジなので、VRRP マスタルータが接続されている Fa0/1 のポートはブロックされています。そのため、Fa0/2 のポートへ転送します。そして、SW3 から SW2 へと転送され、SW2 がルーティングを行います。

VLAN1 におけるスパニングツリーのルートブリッジと VRRP マスタルータが不一致の場合の転送経路をまとめます。

スパニングツリーで考えた転送経路は、

$$\text{PC1} \rightarrow \text{SW1} \rightarrow \text{SW3（ルートブリッジ）} \rightarrow \text{SW2}$$

です。一方、VRRP で考えた転送経路は、

$$\text{PC1} \rightarrow \text{SW2（マスタルータ）}$$

です。

図 7.26　PC1 から他のサブネットあてのパケットの転送経路
（ルートブリッジ、マスタルータ不一致）

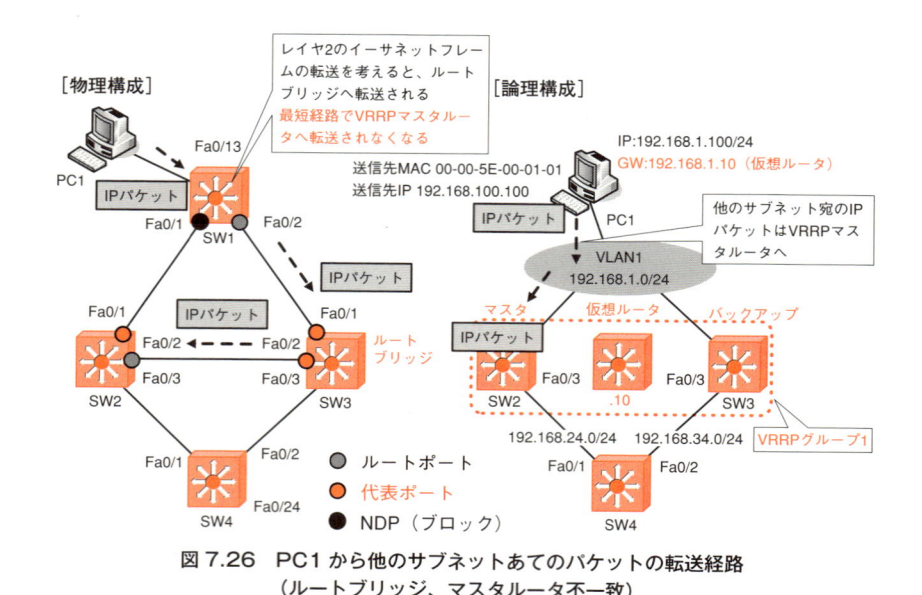

7.3 VRRP

　このように PC1 から他のサブネットあてのパケットが最短経路ではない転送経路で転送されていくことがわかります。最短経路ではない転送経路であっても通信自体は可能です。しかし、パケットフローが複雑になり、余計なネットワークリソースを消費することにもなります。原則としてスパニングツリーのルートブリッジと VRRP マスタルータを一致させることが重要です。

## 7.3.4 Cisco HSRP

　Cisco 社の機器では、VRRP と同様にデフォルトゲートウェイを冗長化するためのプロトコルとして **HSRP**（Hot Standby Router Protocol）を利用しています。機器のモデルや OS のバージョンによっては、VRRP をサポートしておらず HSRP しか使えないものもあります。

　VRRP と HSRP には互換性がありませんが、仕組みはほとんど同じです。同じ VLAN 内の複数のルータのインタフェースで仮想ルータを定義して、役割分担をします。VRRP ではマスタ／バックアップですが、HSRP ではアクティブ／スタンバイと呼びます。VRRP はルータ間で VRRP Advertisement メッセージを交換してマスタ／バックアップの決定を行っています。一方、HSRP ではルータ間で **HSRP Hello メッセージ**を交換してアクティブ／スタンバイを決定します。

　アクティブルータは、VRRP のマスタルータと同様に実際の IP アドレス、MAC アドレスに加えて仮想 IP アドレスと仮想 MAC アドレスを持っています。HSRP の仮想 IP アドレスと MAC アドレスは次のようになります。

- 仮想 IP アドレス：設定で決定
- 仮想 MAC アドレス：00-00-0C-07-AC-［ID］

　PC やサーバなどのデフォルトゲートウェイには VRRP と同じように仮想 IP アドレスを設定します。

　その他にも細かな点で異なる部分はありますが、VRRP と HSRP は同等のプロトコルであると考えてください。ただし、繰り返しになりますが、VRRP と HSRP には互換性はありません。

図7.27 HSRPの概要

---

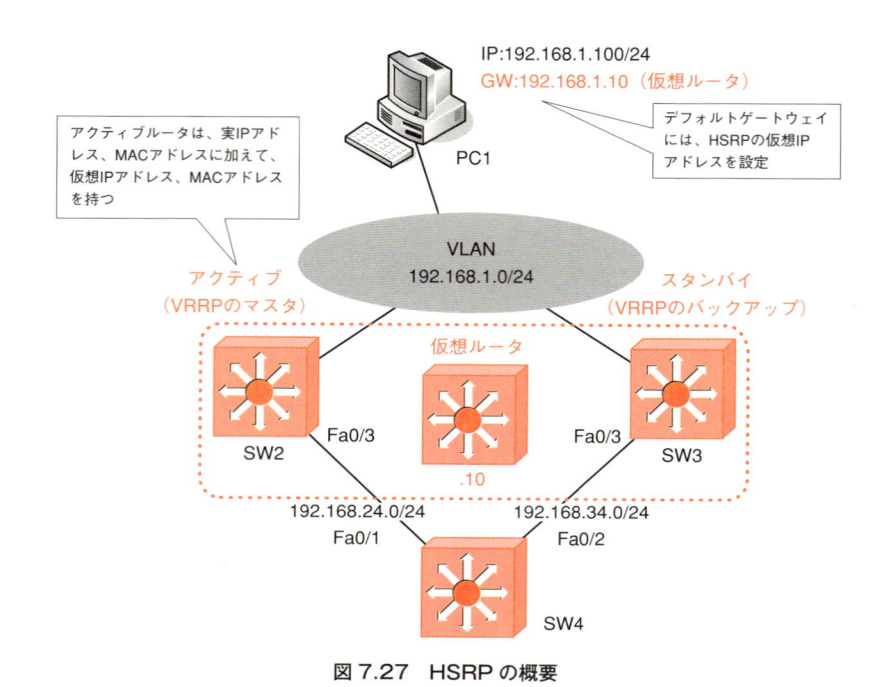

> **コラム　デフォルト設定の罠**
>
> 以前、Cisco Catalystスイッチをリプレースしたときにトラブルが発生しました。それまで利用していたモデルはデフォルトでスイッチ同士を接続すると、**自動的にトランク**になっていました。ところが、新しくリプレースしたモデルではデフォルトでスイッチ同士を接続しても自動的にトランクにならないように変更されていました。
>
> スイッチ間はトランク接続にすることが前提でネットワークを構築していたので、スイッチをリプレースすると、ネットワークがつながらないというトラブルに陥ってしまいました。このときデフォルト設定が変更されているとはなかなか気がつかずに、解決まで非常に時間がかかった覚えがあります。
>
> たとえ同じベンダの同じシリーズの製品であっても、モデルが変わったりOSが変わったりするとデフォルト設定が変更されることがあるということを思い知らされた経験でした。

# 8章

# Cisco Catalyst スイッチによるLAN構築

8.1 Cisco Catalystスイッチの概要
8.2 設定する物理構成と論理構成
8.3 各機器の設定

## 8.1 Cisco Catalyst スイッチの概要

ここでは、Cisco Catalystスイッチの概要とコマンドラインベースの設定手順について解説します。

### 8.1.1 Catalyst スイッチの概要

**Catalyst**（カタリスト）とは Cisco Systems（シスコ システムズ）社によるネットワークスイッチの製品シリーズ名です。

機能的にはレイヤ2スイッチからレイヤ3スイッチ、対応する規模としては、中小規模からデータセンター／通信キャリアで利用するハイエンドまで、さまざまなモデルのラインナップが用意されています。

Catalyst スイッチにおけるレイヤ2スイッチの製品シリーズには、次のようなモデルがあります。

- Catalyst Express 500 シリーズ
- Catalyst 2960 シリーズ

図8.1 Cisco Catalyst 2960 シリーズ（レイヤ2スイッチ）

また、レイヤ3スイッチの製品シリーズには、次のようなモデルがあります。

- Catalyst 3560 シリーズ
- Catalyst 3750 シリーズ
- Catalyst 4500 シリーズ
- Catalyst 6500 シリーズ

このうち Catalyst 4500/6500 シリーズはモジュール型の製品です。モジュールを差し替えたり、追加することでインタフェースを追加したり、さまざまな付加機能を利用することができます。Catalyst 3560/3750 シリーズは固定型の製品で、あとからインタフェースを追加したり変更したりなどはできません。

こうした Catalyst スイッチのシリーズには、さまざまな製品があります。必要なインタフェースや機能などによって適切な製品を選択します。

また、ここであげている製品情報は執筆当時（2009年8月）のもので、概要のみです。詳細な製品情報は Cisco Systems 社の Web サイトをご覧ください。

Cisco Systems, Inc.
http://www.cisco.com/japanese/warp/public/3/jp/index.shtml

## 8.1.2 Catalyst スイッチの設定概要

Catalyst スイッチの設定を行うには、主に次の方法があります。

- コマンドライン（CLI:Command Line Interface）
- GUI（Grafical User Interface）

**コマンドライン**による設定が、Catalyst スイッチのすべての機能を設定することができ、最も基本的な設定方法です。ここでは、コマンドラインで Catalyst スイッチの設定を行うための手順について解説します（Catalyst Express など一部のモデルはコマンドラインの設定を行うことができず、GUI のみの設定になります）。

## ●● Catalyst スイッチとの接続

　初期状態の Catalyst スイッチを設定するためには、Catalyst スイッチと設定するための PC をコンソールケーブルで接続します。

　スイッチ側は RJ45 のネットワークコネクタ、PC 側は RS-232C のシリアル D-Sub9 ピンです。最近ではシリアルコネクタを持たない PC も増えていますので、その場合 USB コネクター RS-232C への変換コネクタが便利です。

　そして、**PC でハイパーターミナルなどのターミナルソフトウェア**からコマンドを入力して、Catalyst スイッチにさまざまな設定を行っていきます。

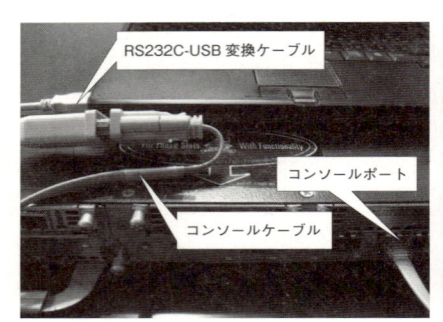

図 8.2　コンソール接続

## ●● ターミナルソフトウェアについて

　Windows XP の場合［アクセサリ］-［通信］-［ハイパーターミナル］よりターミナルソフトウェアを起動させます。しかし、Windows Vista 以降には「ハイパーターミナル」がないので、TeraTerm などの通信用のアプリケーションを利用してスイッチ / ルータにアクセスしてください。

```
TeraTerm（BSD ライセンス）
http://ttssh2.sourceforge.jp/
```

8.1 Cisco Catalystスイッチの概要

## ●● CLIモード

Catalystスイッチの設定を行うためのコマンドや動作を確認するためのコマンドには、多くの種類があります。コマンドに応じたCLIモードがあり、コマンドを実行するためには適切なCLIモードに移行しなければいけません。

CLIには次の表にあげるようなさまざまなモードが存在します。また、各モードの移り変わりを図にまとめています。

表8.1 CLIのモード

| モード名 | プロンプト | 説明 |
| --- | --- | --- |
| ユーザEXECモード<br>（ユーザモード） | > | ごく簡単なコマンド（pingなど）しか実行することができない |
| 特権EXECモード<br>（特権モード、イネーブルモード） | # | スイッチのあらゆる設定を見ることができ、制御を行うモード |
| グローバルコンフィグレーションモード | (config)# | ホスト名やパスワードなどスイッチ全体に関わる設定を行う |
| インタフェースコンフィグレーションモード | (config-if)# | IPアドレスの設定など、スイッチのインタフェースに関わる設定を行う |
| ルータコンフィグレーションモード | (config-router)# | ルーティングプロトコルの設定を行う |

＊1 各モードの名称は書籍などによって微妙に異なることがあります。
＊2 表にあげた以外のCLIモードも存在します。

```
           ┌─────────────────┐
           │  ユーザEXECモード  │
           │       >         │
           └─────────────────┘
            enable ↓  ↑ disable
           ┌─────────────────┐
     ┌────→│  特権EXECモード   │←────┐
     │     │       #         │     │
  end│     └─────────────────┘     │end
     │  configure terminal ↓ ↑ exit もしくは end
     │     ┌─────────────────┐
     │     │    グローバル     │
     │     │ コンフィグレーションモード │
     │     │   (config) #    │
     │     └─────────────────┘
  interface ↓        ↑ exit    exit ↑  ↓ router [protocol]
  [interface]
     ┌─────────────────┐      ┌─────────────────┐
     │  インタフェース   │      │     ルータ      │
     │ コンフィグレーションモード │      │ コンフィグレーションモード │
     │  (config-if) #  │      │ (config-router) # │
     └─────────────────┘      └─────────────────┘
```

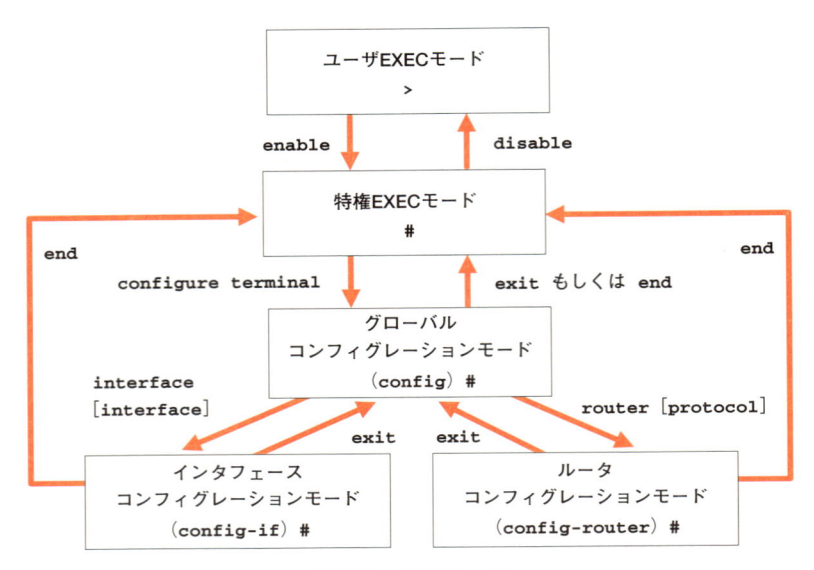

図8.3　CLIモード

　まずは各モードの名称と、そのモードにいるという印であるプロンプトと、各モードの特徴をしっかりと押さえてください。

　**ユーザ EXEC モード**はスイッチにコンソールケーブル接続し、ログインしたときの最初のモードです。ユーザ EXEC モードではプロンプトが「>」になっています。ユーザ EXEC モードでは、pingなどの限られたコマンドしか実行することができません。ユーザ EXEC モードから enable コマンドを入力すると、**特権EXEC モード**に移ることができます。通常は特権 EXE モードに移るためにはパスワードの入力が必要です。

　特権 EXE モードはルータのあらゆる情報を見ることができます。pingだけでなくネットワークの状態を確認するためのさまざまなコマンドを実行することができる管理用のモードです。特権 EXE モードではプロンプトが「#」となります。

　しかし、特権 EXE モードでもスイッチの設定を行うことはできません。設定を行うためには特権 EXE モードからさらに一番基礎となるグローバルコンフィグレーションモードやその他のさまざまな**コンフィグレーションモード**に移らなくてはいけません。グローバルコンフィグレーションモードに移るには、特権 EXE モードから configure terminal コマンドを入力します。

　**グローバルコンフィグレーションモード**では、スイッチのホスト名やパスワードなどのスイッチ全体に関わる設定を行うことができます。グローバルコンフィグレーションでは、プロンプトが「(config)#」となり、グローバルコンフィグレー

## 8.1 Cisco Catalystスイッチの概要

ションモードに移ったことがわかります。

スイッチにはイーサネットをたくさんのインタフェースが搭載されています。それらインタフェースごとに IP アドレスなどを設定するために**インタフェースコンフィグレーションモード**があります。インタフェースコンフィグレーションモードに入ると「(config-if)#」というプロンプトに変わります。

### ●●●コマンドの実行

リスト 8.1 に、スイッチにログインして、CLI モードの移り変わりを行っている一例を示します。

リスト 8.1　CLI モードの移り変わり

```
Switch>enable …①
Switch#configure terminal …②
Enter configuration commands, one per line.  End with CNTL/Z.
Switch(config)#    …③
Switch(config)#interface FastEthernet0/1  …④
Switch(config-if)#  …⑤
```

プロンプトが「>」なので、①はユーザ EXEC モードであることがわかります。ユーザ EXEC モードから特権 EXEC モードに移るために①で enable コマンドを入力しています。特権 EXEC モードに移ったことはプロンプトの「#」でわかります。そして、特権 EXEC モードで②の configure teminal コマンドによってグローバルコンフィグレーションモードに移ります。

configure terminal コマンドによってグローバルコンフィグレーションモードの移ったことが③のプロンプトの表示「(config)#」でわかります。そして、FastEthernet0/1 のインタフェースコンフィグレーションモードの移るために、④で interface FastEthernet0/1 のコマンドを入力しています。すると、⑤のようにプロンプトが「(config-if)#」に変わり、インタフェースコンフィグレーションモードに移ったことがわかります

## 8.2 設定する物理構成と論理構成

設定を考えるネットワークの物理構成と論理構成について紹介します。第7章でも触れましたが、物理構成と論理構成の対応をしっかりと考えることが重要です。

### 8.2.1 物理構成

まずは企業内LANの**物理構成**について考えてみましょう。

企業の拠点内のLANは、2章で触れたように主にレイヤ2およびレイヤ3スイッチを利用して構築します。各フロアには**アクセススイッチ（ASW）**を設置して、フロアのPCやプリンタなどを接続します。**アクセススイッチとしてレイヤ2スイッチを利用**します。アクセススイッチでVLANを定義することで、接続されているPCが所属するネットワークを柔軟に制御することができます。VLANが異なるPC間の通信は、ディストリビューションスイッチを経由するVLAN間ルーティングによって実現します。アクセススイッチとして利用するレイヤ2スイッチは「Catalyst 2960シリーズ」などが該当します。

アクセススイッチを集約し、ルーティングなどのレイヤ3の機能を提供するのが**ディストリビューションスイッチ（DSW）**です。ディストリビューションスイッチは、各フロアのアクセススイッチおよびバックボーンスイッチと接続します。そして、アクセススイッチで定義しているVLAN間のルーティングやバックボーンスイッチの背後に存在するネットワーク間のルーティングを行います。また、信頼性を向上させるために**ディストリビューションスイッチを冗長化**します。また、ディストリビューションスイッチはアクセススイッチに接続されるPCなどにとってのデフォルトゲートになります。ディストリビューションスイッチを冗長化している場合は、ディストリビューションスイッチ間で **VRRP** または **Cisco HSRP** などによって**デフォルトゲートウェイの冗長化**を行います。冗長化したディストリビューションスイッチ間を接続すると、アクセススイッチを含めてループ構成になるので**スパニングツリーの設定**も必要になります。ルーティングやVRRP/HSRPなどのレイヤ3の機能も利用しますので、**ディストリビューションスイッチとしてレイヤ3スイッチを利用**します。「Catalyst3560/3750シリーズ」などが該当します。

**バックボーンスイッチ（BBSW）**によってディストリビューションスイッチやサーバファームスイッチ、その他のネットワークを相互接続します。**バックボーンスイッチとしてレイヤ2スイッチまたはレイヤ3スイッチを利用**します。レイヤ

## 8.2 設定する物理構成と論理構成

3スイッチの方がさまざまな制御が可能なので、ある程度の規模が大きくなってくるとバックボーンスイッチとしてレイヤ3スイッチのほうを利用します。また、バックボーンスイッチにはトラフィックが集中するので、高性能な機器を選択します。「Catalyst 4500/6500シリーズ」などが該当します。

サーバファーム内でサーバを集約するために**サーバファームスイッチ（SFSW）**を利用します。サーバにはトラフィックが集中しますので、サーバファームスイッチには高性能の機器が必要となります。また、サーバのセキュリティを確保するための機能が必要ですので、**サーバファームスイッチとしてレイヤ3スイッチを利用**します。「Catalyst 3560/3750シリーズ」などが該当します。

次の図は、この8章で具体的に設定を考えていくネットワークの物理構成をまとめたものです。また、各機器のインタフェースの接続について表にまとめています。

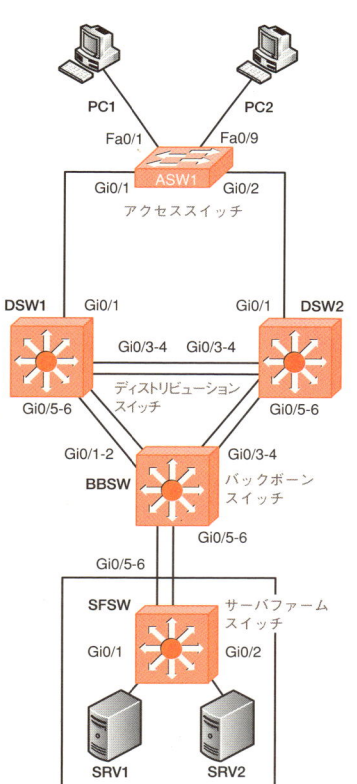

表8.2 機器の接続インタフェース

| 機器名 | インタフェース | 接続先 |
|---|---|---|
| ASW1 | FastEthernet0/1 | PC1 |
|  | FastEthernet0/9 | PC2 |
|  | GigabitEthernet0/1 | DSW1 GigabitEthernet0/1 |
|  | GigabitEthernet0/2 | DSW2 GigabitEthernet0/1 |
| DSW1 | GigabitEthernet0/1 | ASW1 GigabitEthernet0/1 |
|  | GigabitEthernet0/3 | DSW2 GigabitEthernet0/3 |
|  | GigabitEthernet0/4 | DSW2 GigabitEthernet0/4 |
|  | GigabitEthernet0/5 | BBSW GigabitEthernet0/1 |
|  | GigabitEthernet0/6 | BBSW GigabitEthernet0/2 |
| DSW2 | GigabitEthernet0/1 | ASW1 GigabitEthernet0/2 |
|  | GigabitEthernet0/3 | DSW1 GigabitEthernet0/3 |
|  | GigabitEthernet0/4 | DSW1 GigabitEthernet0/4 |
|  | GigabitEthernet0/5 | BBSW GigabitEthernet0/3 |
|  | GigabitEthernet0/6 | BBSW GigabitEthernet0/4 |
| BBSW | GigabitEthernet0/1 | DSW1 GigabitEthernet0/5 |
|  | GigabitEthernet0/2 | DSW1 GigabitEthernet0/6 |
|  | GigabitEthernet0/3 | DSW2 GigabitEthernet0/5 |
|  | GigabitEthernet0/4 | DSW2 GigabitEthernet0/6 |
|  | GigabitEthernet0/5 | SFSW GigabitEthernet0/5 |
|  | GigabitEthernet0/6 | SFSW GigabitEthernet0/6 |
| SFSW | GigabitEthernet0/1 | SRV1 |
|  | GigabitEthernet0/2 | SRV2 |
|  | GigabitEthernet0/5 | BBSW GigabitEthernet0/5 |
|  | GigabitEthernet0/6 | BBSW GigabitEthernet0/6 |

図8.4 ネットワークの物理構成

本来は、BBSW の先に WAN 接続やインターネット接続を行うための機器が接続されますが、今回のネットワーク構成では省略しています。拠点内のフロアとサーバファームの部分にフォーカスして、Catalyst スイッチでの設定を考えます。

\* 1 ASW1 は Catalyst 2960 シリーズの製品を想定しています。
\* 2 DSW1、DSW2、BBSW、SFSW は Catalyst 3560 シリーズの製品を想定しています。

## 8.2.2　論理構成

　1 つの物理構成から VLAN の設定次第で**論理構成**を自由に決められます。実際にネットワークを設計する場合は、要件に応じて適切な論理構成を考えなければいけません。今回は、図8.1 の物理構成を基にした論理構成として次のように考えます。

- PC1 と PC2 は別部署に所属していると想定して VLAN を分割します。PC1 は VLAN10、PC2 は VLAN20 とします。
- DSW1-BBSW 間、DSW2-BBSW 間、BBSW-SFSW 間は、それぞれ別のネットワークとします。VLAN は定義せずにルーテッドポートを利用します。なお、スイッチ間は 2 本のリンクをリンクアグリゲーションで 1 本にまとめます。
- SRV1 と SRV2 は VLAN100 に所属しているものとします。
- IP アドレスはクラス B のプライベートアドレス 172.16.0.0/16 からサブネッティングして利用します。
- VLAN10、VLAN20、VLAN100 は 3 オクテット目に VLAN 番号を組み込んだネットワークアドレスを利用します。つまり、VLAN10 は 172.16.10.0/24、VLAN20 は 172.16.20.0/24、VLAN100 は 172.16.100.0/24 とします。
- DSW1-BBSW 間は 172.16.1.0/24、DSW2-BBSW 間は 172.16.2.0/24、BBSW - SFSW 間は 172.16.3.0/24 とします。

## 8.2 設定する物理構成と論理構成

これらの条件をまとめて論理構成を考えると、次の図のようになります。また、ネットワークアドレスについて右の表にまとめています。

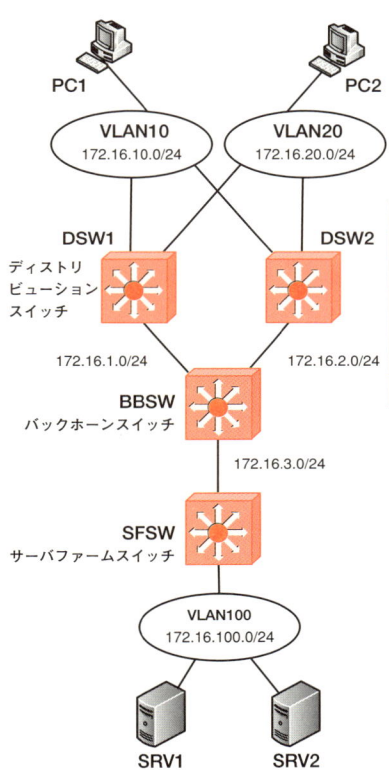

表8.3 ネットワークアドレスのまとめ

| ネットワークアドレス | ネットワーク |
|---|---|
| 172.16.1.0/24 | DSW1-BBSW間 |
| 172.16.2.0/24 | DSW2-BBSW間 |
| 172.16.3.0/24 | BBSW-SFSW間 |
| 172.16.10.0/24 | VLAN10 |
| 172.16.20.0/24 | VLAN20 |
| 172.16.100.0/24 | VLAN100（サーバファーム） |

図8.5 ネットワークの論理構成

### 8.2.3 設定する機能

物理構成と論理構成に基づいて、各機器で設定する機能についてまとめます。

物理構成は、レイヤ1/レイヤ2レベルのネットワーク構成を表しています。そのため、物理構成を基にしてレイヤ1/レイヤ2の機能を考えて、下記のレイヤ2機能の設定を行います。

レイヤ2の機能
- VLAN
- リンクアグリゲーション（レイヤ2）
- スパニングツリー（PVST）

そして、論理構成はレイヤ3レベルのネットワーク構成を表しています。そのため、論理構成を元にして次のレイヤ3の機能を考えます。

レイヤ3の機能
- リンクアグリゲーション（レイヤ3）
- IPアドレス
- ルーティング（OSPF）
- HSRP

## 8.3 各機器の設定

ここでは、8.2節のネットワーク構成に基づいて各機器での設定について解説します。どの機器でどのような機能を設定するかがポイントです。

### 8.3.1 VLANの設定

まず、**VLANの設定**を考えます。VLANの設定を考えるのは、次の機器です。

- ASW1
- DSW1
- DSW2
- SFSW

VLANの設定手順は以下になります。

1. VLANの定義
  スイッチ内にVLANを作成します。

2. ポートの設定
  スイッチ内のVLANとポートの対応付けを行います。
  ・アクセスポートの設定
  ・トランクポート（タグVLAN）の設定

スイッチに新しくVLANを作成するためには、次のコマンドを使います。

```
Switch(config)#vlan <vlan-number>
Switch(config-vlan)#name <name>
```

2行目のVLAN名の設定<name>はオプションです。省略するとデフォルトでは、「VLANx」（x: 4桁のVLAN番号）という名前が付けられます。

スイッチのポートをスタティックなアクセスポートにして、所属するVLANを

決めるには**インタフェースコンフィグレーションモード**で次のように設定します。

```
Switch(config-if)#switchport mode access
Switch(config-if)#switchport access vlan <vlan-number>
```

スイッチのポートを**スタティックトランクポート**として設定するには、次のように設定します。

```
(config-if)#switchport trunk encapsulation {dot1q | isl}
(config-if)#switchport mode trunk
```

* IEEE802.1Q、ISLの両方のトランクプロトコルをサポートしているときのみ、`switchport trunk encapsulation` コマンドが必要です。

各機器で定義するVLANとインタフェースをまとめたものが次の表です。

表8.4 VLANの設定のまとめ

| 機器 | VLAN |
|---|---|
| ASW1 | 10、20 |
| DSW1 | 10、20 |
| DSW2 | 10、20 |
| SFSW | 100 |

表8.5 インタフェースの設定のまとめ

| 機器 | インタフェース | 設定内容 |
|---|---|---|
| ASW1 | FastEthernet0/1 | VLAN10のアクセスポート |
| | FastEthernet0/9 | VLAN20のアクセスポート |
| | GigabitEthernet0/1 | トランクポート |
| | GigabitEthernet0/2 | トランクポート |

表 8.5　インタフェースの設定のまとめ（続き）

| DSW1 | GigabitEthernet0/1 | トランクポート |
| --- | --- | --- |
|  | GigabitEthernet0/3 | トランクポート |
|  | GigabitEthernet0/4 | トランクポート |
| DSW2 | GigabitEthernet0/1 | トランクポート |
|  | GigabitEthernet0/3 | トランクポート |
|  | GigabitEthernet0/4 | トランクポート |
| SFSW | GigabitEthernet0/1 | VLAN100 のアクセスポート |
|  | GigabitEthernet0/2 | VLAN100 のアクセスポート |

## ●● ASW1 の設定

ASW1 での VLAN の作成とポートの設定は次のように行います。

リスト 8.2　ASW1 の VLAN の設定

```
vlan 10,20   …①

interface FastEthernet0/1   …②
 switchport mode access
 switchport access vlan 10

interface FastEthernet0/9   …③
 switchport mode access
 switchport access vlan 20

interface GigabitEthernet0/1   …④
 switchport mode trunk

interface GigabitEthernet0/2   …⑤
 switchport mode trunk
```

＊これ以降の各機器の設定には、CLI モードを示すプロンプトは省略しています。

　上のリストの①のコマンドで ASW1 内に新しく VLAN10 と VLAN20 を作成します。そして、②では FastEthernet0/1 を VLAN10 のアクセスポートとしています。同様に③では FastEthernet0/2 を VLAN20 のアクセスポートとしています。また、

④⑤ では DSW1 および DSW2 に接続される GigabitEthernet0/1 と GigabitEthernet0/2 をトランクポートとしています。ここで ASW1 は「Catalyst 2960」を想定しています。Catalyst 2960 は IEEE802.1Q をサポートしているので、GigabitEthernet0/1 と GigabitEthernet0/2 は IEEE802.1Q のトランクポートになります。このリストの設定における ASW1 の VLAN とポートの対応を表したものが次の図です。

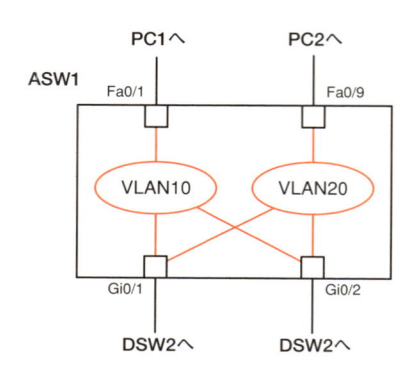

**図 8.6　ASW1 の VLAN とポートの対応**

この図にあるように PC1 が接続される FastEthernet0/1 は ASW1 内の VLAN10 のみに接続しています。FastEthernet0/1 は VLAN10 のフレームのみ転送します。また、PC2 が接続される FastEthernet0/2 は ASW1 内の VLAN20 に接続し、VLAN20 のフレームを転送します。DSW1/DSW2 に接続される GigabitEthernet0/1 と GigabitEthernet 0/2 には VLAN10 と VLAN20 の両方のフレームを転送する必要があります。そのため、トランクポートとして ASW1 内の VLAN10 と VLAN20 の両方の VLAN に接続しています。

\* Catalyst スイッチにはデフォルトで VLAN1 がありますが、図や説明では VLAN1 は考慮していません。

## 8.3 各機器の設定

### ●● DSW1/DSW2 の設定

DSW1 および DSW2 はすべてのポートをトランクポートにします。設定自体は次のリストのように、どちらの機器も同じ設定です。

リスト 8.3　DSW1/DSW2 の VLAN の設定

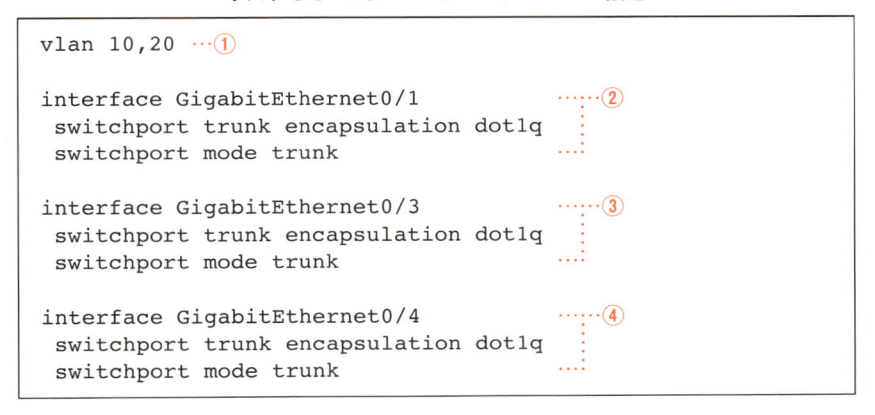

```
vlan 10,20   …①

interface GigabitEthernet0/1           ……②
 switchport trunk encapsulation dot1q
 switchport mode trunk

interface GigabitEthernet0/3           ……③
 switchport trunk encapsulation dot1q
 switchport mode trunk

interface GigabitEthernet0/4           ……④
 switchport trunk encapsulation dot1q
 switchport mode trunk
```

上のリストの①のコマンドで DSW1/DSW2 内に新しく VLAN10 と VLAN20 を作成します。そして、②③④の設定で GigabitEthernet0/1、GigabitEthernet0/3、GigabitEthernet0/4 を IEEE802.1Q のトランクポートとしています。DSW1/DSW2 は Catalyst 3560 を想定しています。Catalyst 3560 は IEEE802.1Q と ISL の両方をサポートしているので、`switchport trunk encapsulation dot1q` によって IEEE802.1Q のトランクにする設定を行っています。このリストの設定における DSW1/DSW2 の VLAN とポートの対応を表したものが次の図 8.7 です。

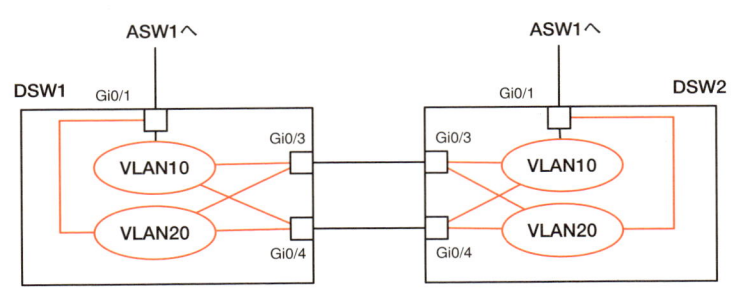

図 8.7　DSW1/DSW2 の VLAN とポートの対応

DSW1/DSW2 の GigabitEthernet0/1、GigabitEthernet0/3、GigabitEthernet0/4 は VLAN10 と VLAN20 の両方のフレームを転送します。そのため、トランクポートとして VLAN10 と VLAN20 の両方に接続しています。

## ●● SFSW の設定

　SFSW での VLAN の作成とポートの設定は次のように行います。

リスト 8.4　SFSW の VLAN の設定

```
vlan 100   …①

interface GigabitEthernet0/1   ……②
 switchport mode access
 switchport access vlan 100

interface GigabitEthernet0/9   ……③
 switchport mode access
 switchport access vlan 100
```

　上のリストの①のコマンドで SFSW 内に新しく VLAN100 を作成します。そして、②③では GigabitEthernet0/1 と GigabitEthernet0/2 を VLAN100 のアクセスポートとしています。このリストの設定における SFSW の VLAN とポートの対応を表したものが次の図 8.8 です。

8.3 各機器の設定

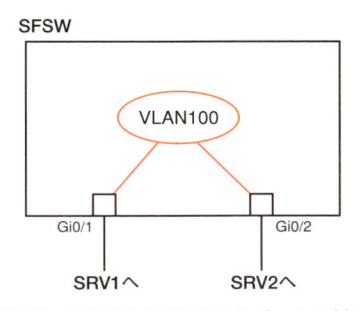

```
                    SFSW
            ┌─────────────────────┐
            │                     │
            │      VLAN100        │
            │                     │
            │    Gi0/1    Gi0/2   │
            └─────┬─────────┬─────┘
                  │         │
                SRV1へ    SRV2へ
```

**図 8.8 SFSW の VLAN とポートの対応**

　SRV1 と SRV2 が接続される GigabitEthernet0/1、GigabitEthernet0/2 は VLAN100 のアクセスポートとして、VLAN100 のフレームの転送を行うことができます。

## 8.3.2 リンクアグリゲーション（レイヤ 2）

　DSW1-DSW2 間は 2 つのギガビットイーサネットのリンクで接続しています。ただし、ループ構成になるので**スパニングツリー**によって、このままでは 1 つのギガビットイーサネットリンク（GigabitEthernet0/3）しか使われなくなります。そこで**リンクアグリゲーション**によって、DSW1-DSW2 間の 2 つのギガビットイーサネットリンクを 1 本にまとめます。

　リンクアグリゲーションの設定は、スイッチ内部での接続によってレイヤ 2 とレイヤ 3 に分かれます。ここでは、まずレイヤ 2 のリンクアグリゲーションの設定を行います。レイヤ 3 のリンクアグリゲーションの設定は、DSW1/DSW2 と BBSW 間で行います。**レイヤ 2 のリンクアグリゲーションの設定手順**は次のようになります。

1. ポートチャネルの設定
   スイッチ内部に複数のポートをグループ化するための仮想的なポート（ポートチャネル）を作成します。

2. ポートのグループ化
   ポートチャネルと実際のポートを関連付けてグループ化します。

**スイッチの内部にポートチャネル**を作成するには、次のコマンドを使います。

```
Switch(config)#interface port-channel <number>
Swtich(config-if)#
```

1行目、<number> は任意の数値です。対向の機器とは合わせる必要はありませんが、合わせておいた方がわかりやすい設定になります。ポートチャネルには、グループ化する物理ポートと同じ設定を行います。たとえば、グループ化する物理ポートがアクセスポートであればポートチャネルにもアクセスポートの設定を行います。

そして、物理ポートをポートチャネルにグループ化するためには、物理ポートのインタフェースコンフィグレーションモードで次のコマンドを使います。

```
Switch(config-if)#channel-group <number> mode on
```

<number> はポートチャネルのものと同じ値にします。mode のあとには複数のオプションがありますが、今回は on のみの指定とします。mode on は、固定的に物理ポートをポートチャネルにグループ化します。

DSW1-DSW2 間のレイヤ2リンクアグリゲーションの設定についてまとめたものが次の表です。

表 8.6　DSW1-DSW2 間のリンクアグリゲーション

| 機器 | ポートチャネル | グループ化する物理ポート |
| --- | --- | --- |
| DSW1 | ポートチャネル 1 | GigabitEthernet0/3 |
|  |  | GigabitEthernet0/4 |
| DSW2 | ポートチャネル 1 | GigabitEthernet0/3 |
|  |  | GigabitEthernet0/4 |

## ●● DSW1/DSW2 の設定

DSW1 および DSW2 のレイヤ 2 リンクアグリゲーションの設定は、設定自体は同じものです。次のリストのように設定を行います。

リスト 8.5　DSW1/DSW2 の設定

```
interface port-channel 1                ……①
 switchport trunk encapsulation dot1q
 switchport mode trunk

interface GigabitEthernet0/3    ……②
 channel-group 1 mode on

interface GigabitEthernet0/4    ……③
 channel-group 1 mode on
```

上のリストの①のコマンドで DSW1/DSW2 の内部に仮想的なポートチャネル 1 を作成しています。グループ化する物理ポートと同じように IEEE802.1Q トランクの設定を行っています。そして、②③でグループ化する物理ポートに対して、ポートチャネル 1 との関連付けの設定を行っています。このリストの設定での DSW1/DSW2 内部のポートチャネルと物理ポート、VLAN の対応を表したものが次の図です。

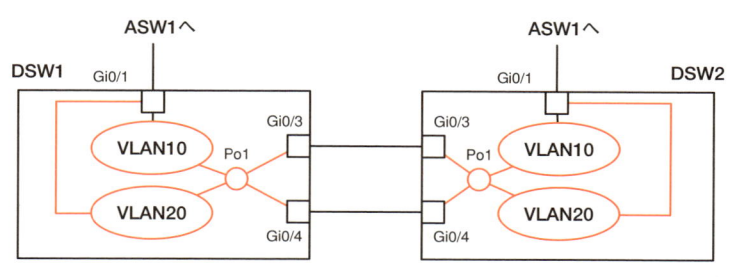

図 8.9　DSW1/DSW2 のポートチャネル、物理ポート、VLAN の対応

DSW1/DSW2 の内部に仮想的な port-channel1（Po1）インタフェースを作成しています。トランクポートなので Po1 と VLAN10、VLAN20 と接続しています。そして、Po1 は物理ポート GigabitEthernet0/3 と GigabitEthernet0/4 をグループ化しています。VLAN10 と VLAN20 のフレームは Po1 を通じて転送されます。Po1 を通じて転送されるフレームは、実際には物理ポート GigabitEthernet0/3 と GigabitEthernet0/4 に分散して転送されることになります。

### 8.3.3 スパニングツリーの設定

Catalyst スイッチはデフォルトでスパニングツリーが有効化されています。そのため、Catalyst スイッチの接続がループ構成になっていても特別な設定を追加することなく、ポートがブロックされフレームのループが起こらないようになります。ただし、デフォルトではルートブリッジが MAC アドレスによって決まるので、フレームの転送経路が適切ではない場合があります。

今回考えているネットワーク構成では、ASW1、DSW1、DSW2 において VLAN10 と VLAN20 がループ構成になっています。そのため、これらの 3 台のスイッチで VLAN10 のスパニングツリーと VLAN20 のスパニングツリーを考えることになります。VLAN 間ルーティングを考えると、DSW1 または DSW2 がルートブリッジになるようにすれば、フレームを適切な経路で転送できるようになります。PVST で負荷分散を考えて、スパニングツリーのルートブリッジとセカンダリルートブリッジを決めます。ルートブリッジの決定は、ブリッジプライオリティを設定することで制御できます。VLAN ごとのブリッジプライオリティの設定コマンドは、次の通りです。

```
Switch(config)#spanning-tree vlan <vlan-number> priority <priority>
```

なお、設定できる <priority> の値は 4096 単位です。

VLAN10 と VLAN20 で負荷分散できるように、DSW1 を VLAN10 のルートブリッジにして、DSW2 を VLAN20 のルートブリッジとして設定します。次の表に設定する DSW1/DSW2 の VLAN ごとのブリッジプライオリティをまとめています。

表 8.7　VLAN ごとのブリッジプライオリティ

| 機器 | VLAN | プライオリティ | 備考 |
|---|---|---|---|
| DSW1 | 10 | 0 | ルートブリッジ |
|  | 20 | 4096 | セカンダリルートブリッジ |
| DSW2 | 10 | 4096 | セカンダリルートブリッジ |
|  | 20 | 0 | ルートブリッジ |

## ●● DSW1 の設定

DSW1 のスパニングツリーの設定は、次のリストのように行います。

リスト 8.6　DSW1 の設定

```
spanning-tree vlan 10 priority 0     …①
spanning-tree vlan 20 priority 4096  …②
```

リストの①の設定で VLAN10 におけるブリッジプライオリティを 0 にしてルートブリッジになるようにしています。また、②の設定で VLAN20 におけるブリッジプライオリティを 4096 にしてセカンダリルートブリッジになるようにしています。

## ●● DSW2 の設定

DSW2 のスパニングツリーの設定は、次のリストのように行います。

リスト 8.7　DSW2 の設定

```
spanning-tree vlan 10 priority 4096  …①
spanning-tree vlan 20 priority 0     …②
```

リストの①の設定で VLAN10 におけるブリッジプライオリティを 4096 にしてセカンダリルートブリッジになるようにしています。また、②の設定で VLAN20 におけるブリッジプライオリティを 0 にしてルートブリッジになるようにしています。

DSW1/DSW2 でのブリッジプライオリティの設定を行うことで、VLAN10、VLAN20 のスパニングツリーの構成は次の図 8.10 のようになります。

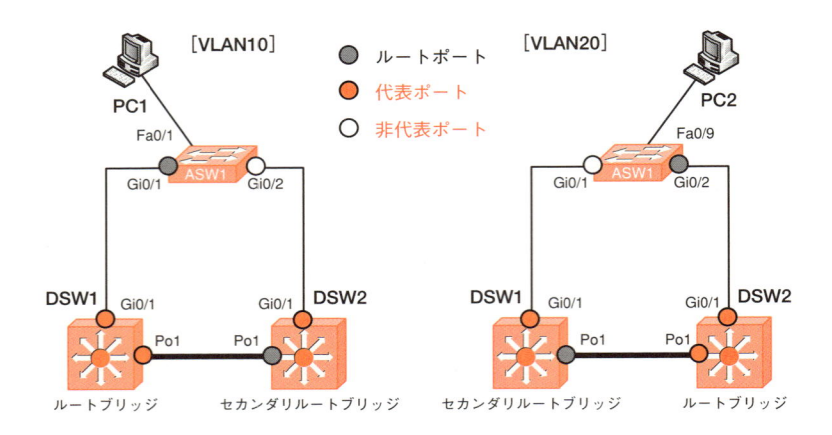

図8.10 VLANごとのスパニングツリーの構成

　図にあるように、DSW1-DSW2間はリンクアグリゲーションによってまとめたポートチャネルによって、スパニングツリーを考えます。

## 8.3.4 リンクアグリゲーション（レイヤ3）の設定

　DSW1-BBSW間、DSW2-BBSW間、SFSW-BBSW間の2本のリンクをリンクアグリゲーションによって1本のリンクにまとめます。物理的なポートをグループ化したポートチャネルを内部ルータに接続して直接IPアドレスを設定できるようにレイヤ3のリンクアグリゲーションの設定を行います。
　レイヤ3のリンクアグリゲーションの設定手順は次のようになります。

1. ポートチャネルの設定
　スイッチ内部に複数のポートをグループ化するための仮想的なポート（ポートチャネル）を作成します。そして、ポートチャネルを内部ルータと直結します。

2. ポートのグループ化
　ポートチャネルと実際のポートを関連付けてグループ化します。

　スイッチの内部にポートチャネルを作成して内部ルータと直結するには、次のコマンドを使います。

## 8.3 各機器の設定

```
Switch(config)#interface port-channel <number>
Swtich(config-if)#no switchport
```

<number>は任意の数値です。対向の機器とは合わせる必要はありませんが、合わせておいた方がわかりやすい設定になります。no switchport コマンドによってポートチャネルと内部ルータを直結します。

そして、物理ポートをポートチャネルにグループ化するためには、物理ポートのインタフェースコンフィグレーションモードで次のコマンドを使います。

```
Switch(config-if)#no switchport
Switch(config-if)#channel-group <number> mode on
```

グループ化する物理ポートの設定とポートチャネルの設定を合わせる必要があるので、物理ポートにも no switchport コマンドを設定します。<number>はポートチャネルのものと同じ値にします。mode のあとには複数のオプションがありますが、今回は on のみの指定とします。mode on は、固定的に物理ポートをポートチャネルにグループ化します。

DSW1、DSW2、BBSW、SFSW におけるレイヤ 3 リンクアグリゲーションの設定をまとめたものが次の表です。

表8.8　DSW1、DSW2、BBSW、SFSW レイヤ3リンクアグリゲーション

| 機器 | ポートチャネル | グループ化する物理ポート |
| --- | --- | --- |
| DSW1 | ポートチャネル 13 | GigabitEthernet0/5 |
| | | GigabitEthernet0/6 |
| DSW2 | ポートチャネル 23 | GigabitEthernet0/5 |
| | | GigabitEthernet0/6 |

表8.8 DSW1、DSW2、BBSW、SFSW レイヤ3リンクアグリゲーション（続き）

| | | |
|---|---|---|
| BBSW | ポートチャネル 13 | GigabitEthernet0/1 |
| | | GigabitEthernet0/2 |
| | ポートチャネル 23 | GigabitEthernet0/3 |
| | | GigabitEthernet0/4 |
| | ポートチャネル 34 | GigabitEthernet0/5 |
| | | GigabitEthernet0/6 |
| SFSW | ポートチャネル 34 | GigabitEthernet0/5 |
| | | GigabitEthernet0/6 |

## ●● DSW1/DSW2 の設定

DSW1 のレイヤ3リンクアグリゲーションの設定は、次のリストのように行います。

リスト8.8　DSW1 の設定

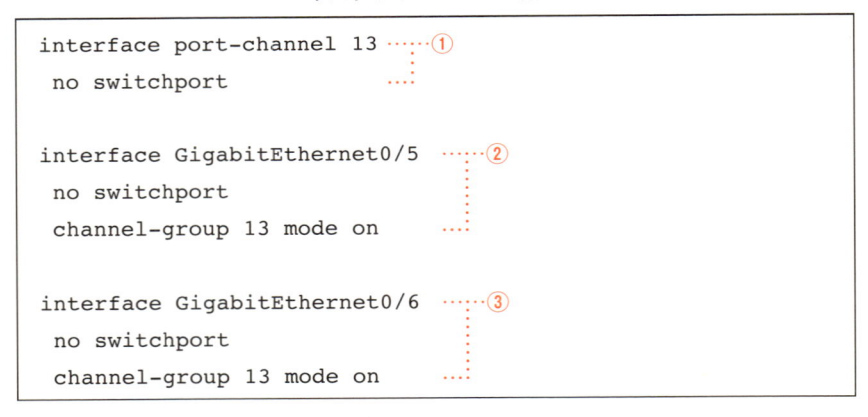

```
interface port-channel 13      ……①
 no switchport

interface GigabitEthernet0/5   ……②
 no switchport
 channel-group 13 mode on

interface GigabitEthernet0/6   ……③
 no switchport
 channel-group 13 mode on
```

上のリストの①のコマンドで DSW1 の内部に仮想的なポートチャネル 13 を作成しています。`no switchport` コマンドによって、ポートチャネル 13 と DSW1 の内部ルータを直結します。そして、②③でグループ化する物理ポートに対して、ポートチャネル 13 との関連付けの設定を行っています。物理ポートにも `no switchport` コマンドを設定することに注意してください。

DSW2 のレイヤ3リンクアグリゲーションの設定は、DSW1 とほとんど同じで次のリスト 8.9 のように行います。

## 8.3 各機器の設定

リスト 8.9 DSW2 の設定

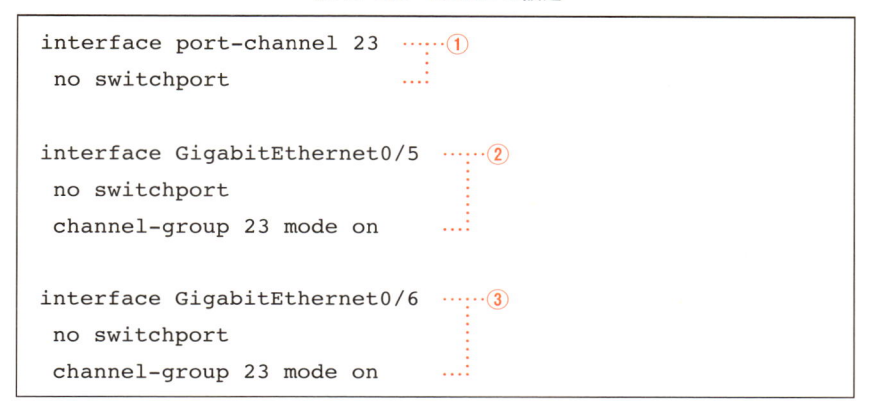

```
interface port-channel 23      ……①
 no switchport

interface GigabitEthernet0/5   ……②
 no switchport
 channel-group 23 mode on

interface GigabitEthernet0/6   ……③
 no switchport
 channel-group 23 mode on
```

### ●● BBSW の設定

BBSW のレイヤ 3 リンクアグリゲーションの設定は、次のリスト 8.10 のように行います。

リスト 8.10 BBSW の設定

```
interface port-channel 13      ……①
 no switchport

interface GigabitEthernet0/1
 no switchport
 channel-group 13 mode on

interface GigabitEthernet0/2
 no switchport
 channel-group 13 mode on
```

リスト 8.10　BBSW の設定（続き）

```
interface port-channel 23       ……②
 no switchport

interface GigabitEthernet0/3
 no switchport
 channel-group 23 mode on

interface GigabitEthernet0/4
 no switchport
 channel-group 23 mode on    ……

interface port-channel 34       ……③
 no switchport

interface GigabitEthernet0/5
 no switchport
 channel-group 34 mode on

interface GigabitEthernet0/6
 no switchport
 channel-group 34 mode on    ……
```

　リストの①では、DSW1 に対するレイヤ 3 リンクアグリゲーションの設定です。ポートチャネル 13 を作成して内部ルータに直結し、物理ポート GigabitEthernet0/1 と GigabitEthernet0/2 をグループ化しています。リストの②は、DSW2 に対するレイヤ 3 リンクアグリゲーションの設定です。ポートチャネル 23 を作成して内部ルータに直結し、物理ポート GigabitEthernet0/3 と GigabitEthernet0/4 をグループ化しています。リストの③は、SFSW に対するレイヤ 3 リンクアグリゲーションの設定です。ポートチャネル 34 を作成して内部ルータに直結し、物理ポート GigabitEthernet0/5 と GigabitEthernet0/6 をグループ化しています。

## ● ● SFSW の設定

SFSW のレイヤ 3 リンクアグリゲーションの設定は、次のリスト 8.11 のように行います。

リスト 8.11　SFSW の設定

```
interface port-channel 34
 no switchport

interface GigabitEthernet0/5
 no switchport
 channel-group 34 mode on

interface GigabitEthernet0/6
 no switchport
 channel-group 34 mode on
```

SFSW では対向の BBSW と同じようにポートチャネル 34 を作成して内部ルータに直結し、物理ポート GigabitEthernet0/5 と GigabitEthernet0/6 をグループ化しています。

次の図 8.11 は、DSW1、DSW2、BBSW、SFSW におけるレイヤ 3 リンクアグリゲーションの設定における内部ルータ、ポートチャネル、物理ポートの対応を表したものです。

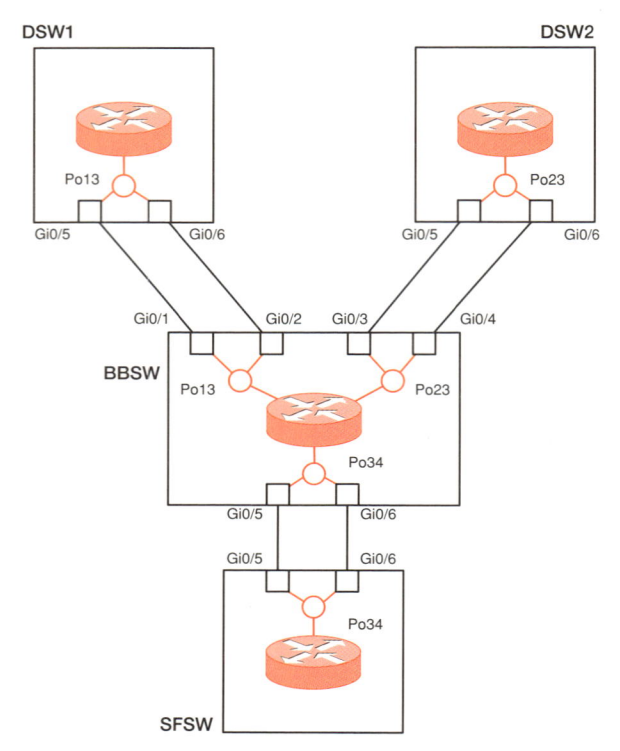

図 8.11 DSW1、DSW2、BBSW、SFSW のポートチャネル、物理ポート、内部ルータの対応

### 8.3.5　IP アドレスの設定

　レイヤ 3 スイッチ内の内部ルータに IP アドレスを設定することで、各ネットワークを相互接続できます。デフォルトでは、レイヤ 3 スイッチ内の VLAN と内部ルータはつながっていません。内部ルータと VLAN をつなげるために **SVI**（Switch Virtual Interface）を作成して、その SVI に IP アドレスを設定します。SVI を作成して IP アドレスを設定するためのコマンドは次の通りです。

```
Switch(config)#interface vlan <vlan-number>
Switch(config-if)#ip address <address> <subnetmask>
```

## 8.3 各機器の設定

<vlan-number> で指定した VLAN と内部ルータを接続する SVI を作成することができます。そして、`ip address` コマンドによって IP アドレスを設定します。

また、VLAN を経由せずにポートと内部ルータを直結するルーテッドポートの設定は次のコマンドを利用します。

```
Swicth(config)#interface <interface>
Switch(config-if)#no switchport
Switch(config-if)#ip address <address> <subnetmask>
```

IP アドレスの設定を行うのは、DSW1、DSW2、BBSW、SFSW の SVI またはルーテッドポートです。次の表に各機器で設定する IP アドレスをまとめています。

表 8.9 各機器で設定する IP アドレス

| 機器 | インタフェース | IP アドレス |
| --- | --- | --- |
| DSW1 | Vlan10（SVI） | 172.16.10.1/24 |
| | Vlan20（SVI） | 172.16.20.1/24 |
| | Po13（ルーテッドポート） | 172.16.1.1/24 |
| DSW2 | Vlan10（SVI） | 172.16.10.2/24 |
| | Vlan20（SVI） | 172.16.20.2/24 |
| | Po23（ルーテッドポート） | 172.16.2.2/24 |
| BBSW | Po13（ルーテッドポート） | 172.16.1.3/24 |
| | Po23（ルーテッドポート） | 172.16.2.3/24 |
| | Po34（ルーテッドポート） | 172.16.3.3/24 |
| SFSW | Po34（ルーテッドポート） | 172.16.3.4/24 |
| | Vlan100（SVI） | 172.16.100.4/24 |

## ●●DSW1 の設定

DSW1 の IP アドレスの設定は、次のリストのように行います。

リスト 8.12　DSW1 の設定

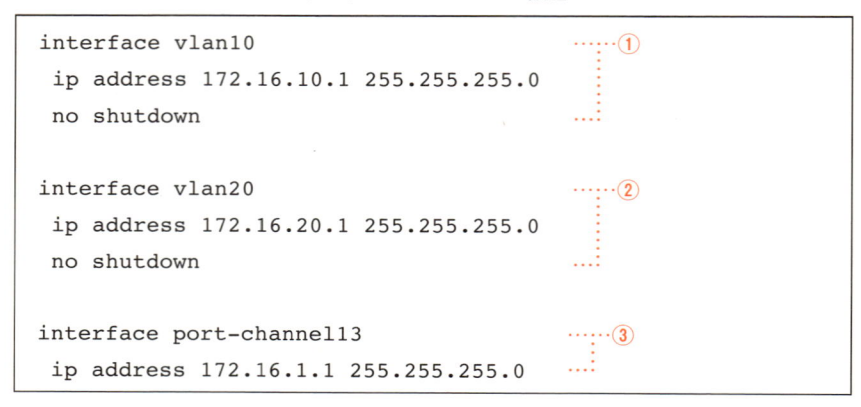

```
interface vlan10                          ……①
 ip address 172.16.10.1 255.255.255.0
 no shutdown

interface vlan20                          ……②
 ip address 172.16.20.1 255.255.255.0
 no shutdown

interface port-channel13                  ……③
 ip address 172.16.1.1 255.255.255.0
```

　リストの①によって、VLAN10 と内部ルータを接続する SVI を作成し、IP アドレスを設定しています。同様に②の部分では、VLAN20 と内部ルータを接続する SVI を作成して、IP アドレスの設定を行っています。リストの③のポートチャネル 13 は、レイヤ 3 リンクアグリゲーションの設定で内部ルータと直結しているので、IP アドレスの設定コマンドのみを入力します。

8.3 各機器の設定

DSW1の内部ルータ、VLAN、ポートの対応とIPアドレスをまとめると次の図8.13のようになります。

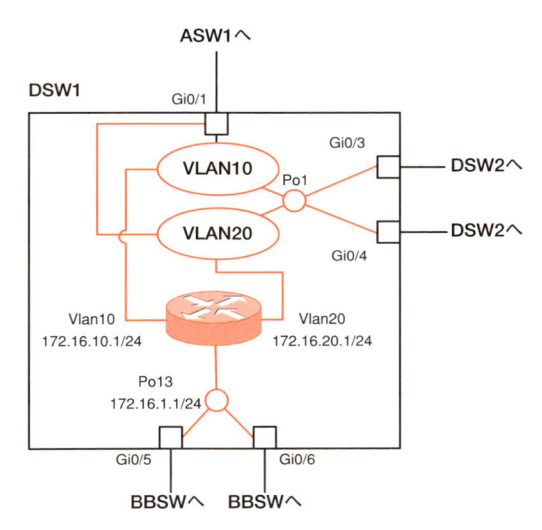

**図8.12 DSW1内部ルータ、VLAN、ポートの対応とIPアドレス**

## ●● DSW2の設定

DSW2の設定は、DSW1とIPアドレスの値が異なるぐらいでほとんど同じ設定です。設定は、次のリストのように行います。

リスト8.13 DSW2の設定

```
interface vlan10
 ip address 172.16.10.2 255.255.255.0
 no shutdown

interface vlan20
 ip address 172.16.20.2 255.255.255.0
 no shutdown

interface port-channel23
 ip address 172.16.2.2 255.255.255.0
```

DSW2 の内部ルータ、VLAN、ポートの対応と IP アドレスをまとめると次の図 8.13 のようになります。

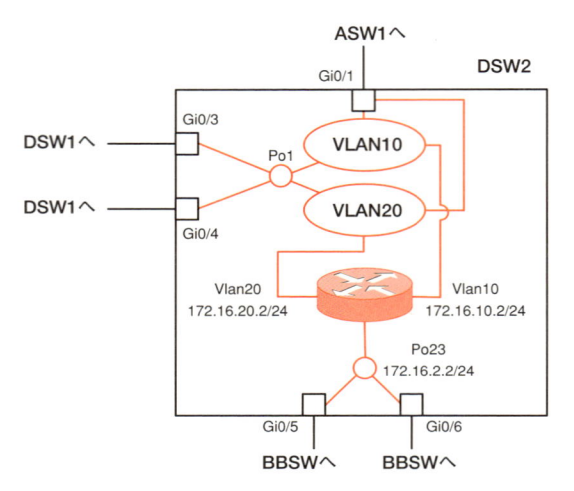

**図 8.13　DSW2 内部ルータ、VLAN、ポートの対応と IP アドレス**

## ●●BBSW の設定

BBSW の設定は、リンクアグリゲーションで作成したポートチャネルに対して次のリストのように IP アドレスの設定を行います。

リスト 8.14　BBSW の設定

```
interface port-channel13                    ……①
 ip address 172.16.1.3 255.255.255.0

interface port-channel23                    ……②
 ip address 172.16.2.3 255.255.255.0

interface port-channel34                    ……③
 ip address 172.16.3.3 255.255.255.0
```

リストの①の設定は、DSW1 に対するポートチャネル 13 に IP アドレスを設定しています。同様に、②では DSW2 に対するポートチャネル 23 に IP アドレスを

設定し、③ではSFSWに対するポートチャネル34にIPアドレスを設定しています。

BBSWの内部ルータ、ポートの対応とIPアドレスをまとめると次の図8.14のようになります。

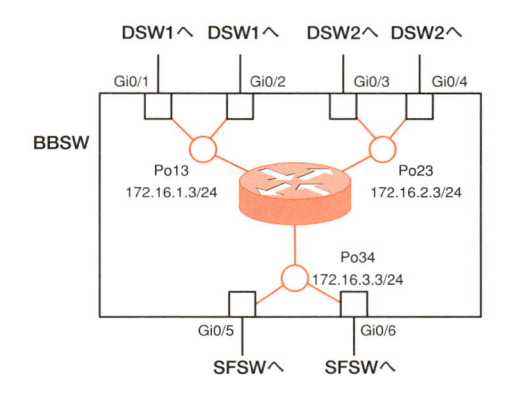

**図8.14　BBSW内部ルータ、ポートの対応とIPアドレス**

## ●● SFSWの設定

SFSWのIPアドレスの設定は、次のリストのように行います。

**リスト8.15　SFSWの設定**

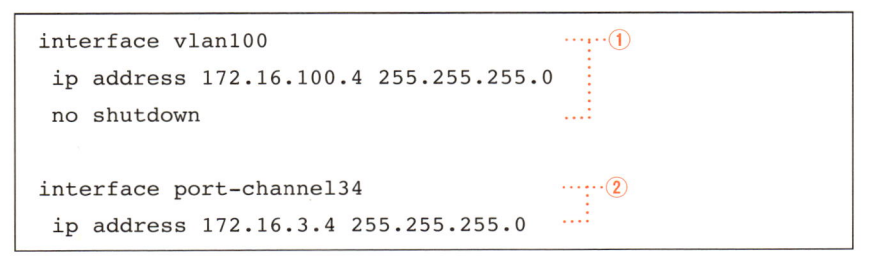

```
interface vlan100                         ……①
 ip address 172.16.100.4 255.255.255.0
 no shutdown

interface port-channel34                  ……②
 ip address 172.16.3.4 255.255.255.0
```

リストの①によって、VLAN100と内部ルータを接続するSVIを作成し、IPアドレスを設定しています。そして、リストの②のポートチャネル34は、レイヤ3リンクアグリゲーションの設定で内部ルータと直結しているので、IPアドレスの設定コマンドのみを入力します。SFSWの内部ルータ、VLAN、ポートの対応とIPアドレスをまとめると次の図8.15のようになります。

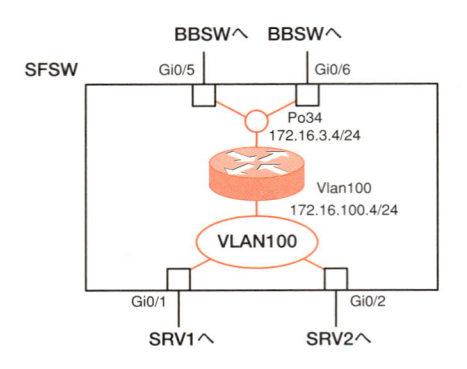

**図 8.15　SFSW 内部ルータ、VLAN、ポートの対応と IP アドレス**

　ここまでの設定によって、はじめに紹介（図 8.4）した物理構成に対応する論理構成の設定が完了です。改めて、**論理構成**を確認すると、次の図 8.16 のようになります。

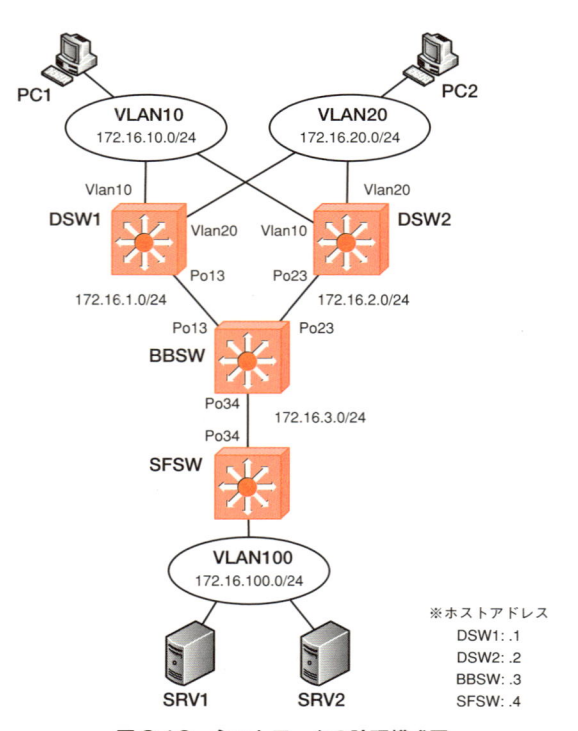

**図 8.16　ネットワークの論理構成図**

この図にあるように、論理構成図ではIPアドレスを設定しているSVIやルーテッドポートを中心にして各ネットワークの接続の様子を明確にします。このあとのルーティングの設定やHSRPなどレイヤ3以上の機能の設定は、論理構成図をベースにして考えます。

## 8.3.6 ルーティングの設定

DSW1、DSW2、BBSW、SFSWはIPアドレスの設定によって、直接接続のネットワークのルート情報をルーティングテーブルに登録します。直接接続されていないリモートネットワークあてのパケットをルーティングするためには、リモートネットワークのルート情報をルーティングテーブルに登録する必要があります。ここではOSPFによって、各機器にリモートネットワークのルート情報をルーティングテーブルに登録できるように設定します。

OSPFによるダイナミックルーティングを行うためには、次のように設定します。

#### 1. ルータ全体でのOSPFを有効化する

```
Router(config)#router ospf <process-id>
Router(config-router)#
```

#### 2. インタフェースでOSPFを有効化して、エリアに所属させる

```
Router(config-router)#network <address> <wildcard> area <area-id>
```

OSPFの場合、`network`コマンドのあとの`<address>`と`<wildcard>`によって有効化するインタフェースを指定します。たとえば`network 10.0.0.0 0.255.255.255 area 0`と設定すると、先頭1バイトが「10」のIPアドレスを持つインタフェースでOSPFが有効化されて、そのインタフェースはエリア0に所属します。今回の設定では、次の表8.10のように各機器のすべてのインタフェースでOSPFを有効化してエリア0に所属させるものとします。

表8.10 OSPFを有効化するインタフェース

| 機器 | OSPFを有効化するインタフェース | IPアドレス | エリア |
|---|---|---|---|
| DSW1 | Vlan10（SVI） | 172.16.10.1/24 | エリア0 |
| | Vlan20（SVI） | 172.16.20.1/24 | エリア0 |
| | Po13（ルーテッドポート） | 172.16.1.1/24 | エリア0 |
| DSW2 | Vlan10（SVI） | 172.16.10.2/24 | エリア0 |
| | Vlan20（SVI） | 172.16.20.2/24 | エリア0 |
| | Po23（ルーテッドポート） | 172.16.2.2/24 | エリア0 |
| BBSW | Po13（ルーテッドポート） | 172.16.1.3/24 | エリア0 |
| | Po23（ルーテッドポート） | 172.16.2.3/24 | エリア0 |
| | Po34（ルーテッドポート） | 172.16.3.3/24 | エリア0 |
| SFSW | Po34（ルーテッドポート） | 172.16.3.4/24 | エリア0 |
| | Vlan100（SVI） | 172.16.100.4/24 | エリア0 |

## ●● DSW1、DSW2、BBSW、SFSWの設定

　DSW1、DSW2、BBSW、SFSWのOSPFの設定は、すべて共通のコマンドで行うことができます。設定コマンドは次のリストの通りです。

リスト8.16　DSW1、DSW2、BBSW、SFSWの設定

```
router ospf 1
 network 172.16.0.0 0.0.255.255 area 0
```

　network 172.16.0.0 0.0.255.255 area 0によって、先頭2バイトが「172.16」で始まるIPアドレスを持つインタフェースでOSPFが有効化されて、エリア0に所属します。すべての機器には、「172.16」で始まるIPアドレスを設定しているため、上記のリストのような共通の設定が可能です。この設定によって、OSPFが有効となるインタフェースをまとめたものが次の図です。

8.3 各機器の設定

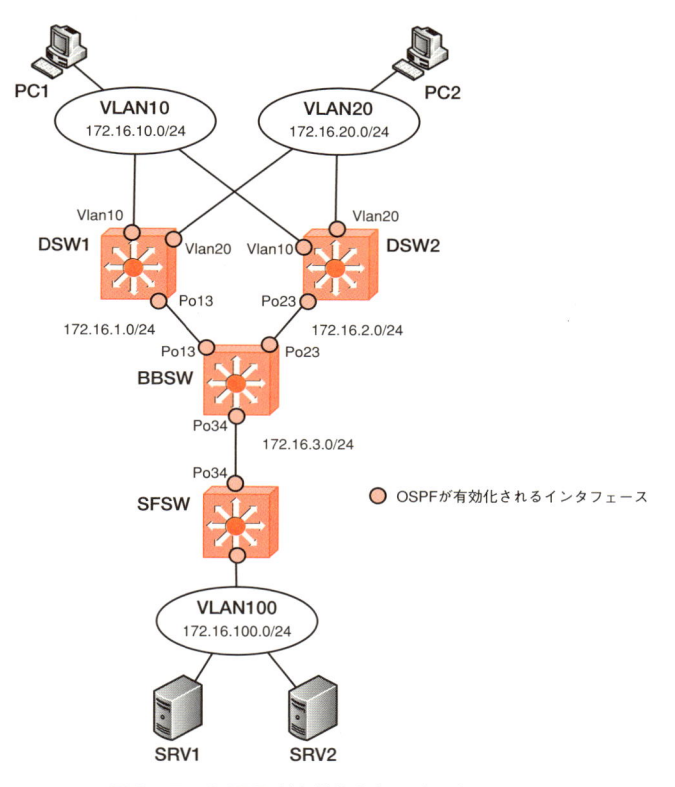

図8.17　OSPFが有効化されるインタフェース

　OSPFによって各機器はリモートネットワークのルート情報をルーティングテーブルに登録し、ルーティングできるようになります。

## 8.3.7　HSRP の設定

　**HSRP**（Hot Standby Router Protocol、▶ **7.3.4 項参照**）はデフォルトゲートウェイの冗長化を行うためのプロトコルで、VRRP（Virtual Router Redundancy Protocol、▶ **2.2.2 項参照**）と同等のプロトコルです。Catalyst スイッチのモデルや OS バージョンによっては VRRP をサポートしておらず、HSRP のみ利用できます。今回の構成では HSRP の設定を行います。HSRP の設定は、PC やサーバが接続されているインタフェースで行います。**HSRP を有効化**するには、インタフェースコンフィグレーションモードで次のコマンドを入力します。

```
Switch(config-if)#standby <group> ip <ip-address>
```

　<group> は HSRP グループ番号です。また、<ip-address> は仮想ルータの IP アドレスです。デフォルトゲートウェイの冗長化を行う複数のルータで同じグループ番号と仮想ルータの IP アドレスを設定します。仮想ルータに対するアクティブ/スタンバイを決定するためのプライオリティ値の設定は、次のコマンドで行います。

```
Switch(config-if)#standby <group> priority <priority>
Switch(config-if)#standby <group> preempt
```

　<priority> が最も大きいルータがアクティブルータになります。`standby <group> preempt` の設定は、プライオリティ値が大きいルータがすぐにアクティブルータになるようにするための設定です。

　今回の論理構成では、HSRP を設定するのは DSW1、DSW2 の Vlan10 および Vlan20 のインタフェースです。このインタフェース上に PC が接続されているためです。スパニングツリーとの連携を考えると、Vlan10 では DSW1 がアクティブルータになり、Vlan20 では DSW2 がアクティブルータになるように設定します。DSW1 と DSW2 での HSRP の設定をまとめたものが次の表 8.11 です。

8.3 各機器の設定

表8.11 DSW1、DSW2のHSRPの設定

| 機器 | HSRPを有効化するインタフェース | HSRPグループ番号 | 仮想ルータのIPアドレス | プライオリティ値 |
|---|---|---|---|---|
| DSW1 | Vlan10 | 10 | 172.16.10.254 | 150（アクティブ） |
|  | Vlan20 | 20 | 172.16.20.254 | 50（スタンバイ） |
| DSW2 | Vlan10 | 10 | 172.16.10.254 | 50（スタンバイ） |
|  | Vlan20 | 20 | 172.16.20.254 | 150（アクティブ） |

● ● **DSW1の設定**

DSW1のHSRPの設定は、次のリストのようになります。

リスト8.17 DSW1の設定

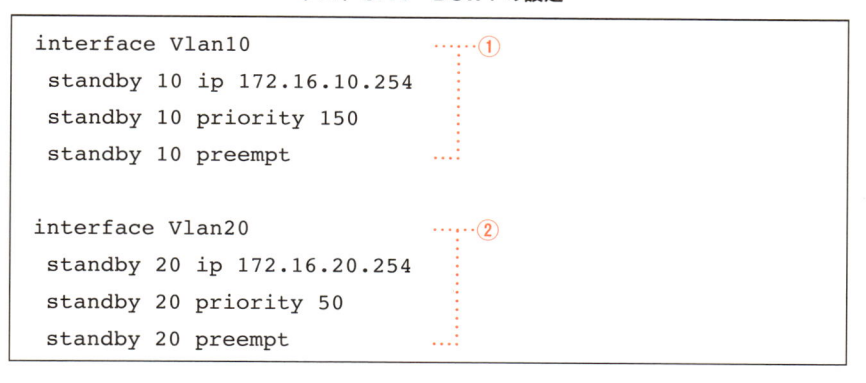

```
interface Vlan10                    ……①
 standby 10 ip 172.16.10.254
 standby 10 priority 150
 standby 10 preempt

interface Vlan20                    ……②
 standby 20 ip 172.16.20.254
 standby 20 priority 50
 standby 20 preempt
```

リストの①の部分はVlan10に対するHSRPの設定です。仮想ルータのIPアドレスを172.16.10.254、プライオリティ値を150にして自身がアクティブルータになるように設定しています。そして、②の部分はVlan20に対するHSRPの設定です。仮想ルータのIPアドレスを172.16.20.254、プライオリティ値を50にしています。

## ●● DSW2 の設定

DSW2 の HSRP の設定は、DSW1 の設定とプライオリティ値が変わるだけです。次のリスト 8.18 のように設定します。

リスト 8.18　DSW2 の設定

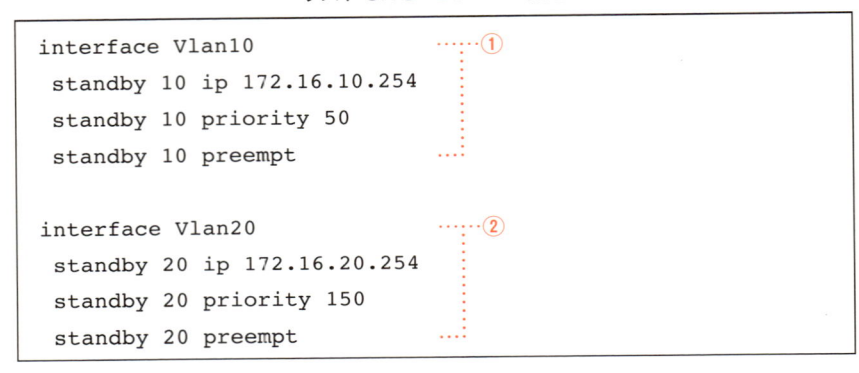

```
interface Vlan10                    ……①
 standby 10 ip 172.16.10.254
 standby 10 priority 50
 standby 10 preempt

interface Vlan20                    ……②
 standby 20 ip 172.16.20.254
 standby 20 priority 150
 standby 20 preempt
```

DSW2 では、DSW1 とは逆に Vlan20 ではアクティブルータになるようにプライオリティ値を 150 にしています。Vlan10 ではスタンバイルータになるようにプライオリティ値を 50 にしています。

DSW1 と DSW2 での HSRP についてまとめたものが次の図です。

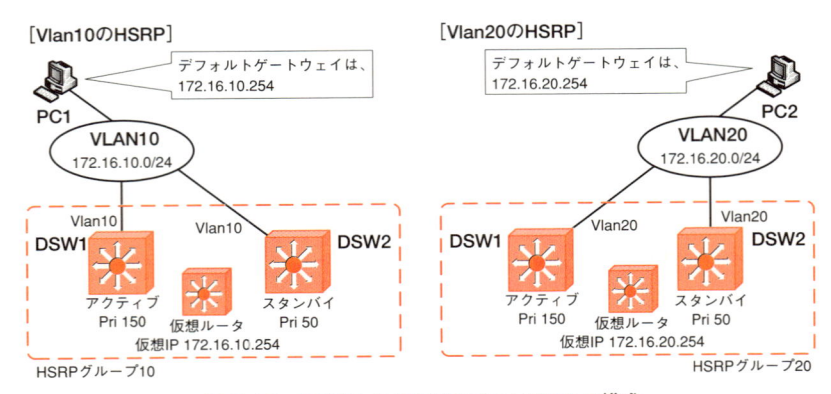

図 8.18　DSW1 と DSW2 での HSRP の構成

図にもあるように、PC のデフォルトゲートウェイには該当する Vlan の仮想ルータの IP アドレスを設定します。

## コラム　Cisco ルータのシミュレータ

CCNA など Cisco 認定資格のシミュレーション問題の対策として、実機を用意することが難しければ、シミュレータを利用することになるでしょう。Cisco ルータのシミュレータとして **Network Visualizer** というソフトウェアがあります。

Network Visualizer
http://www.dar.co.jp/Cisco/NV6/index.html

ただし、シミュレータなので実機そのままではありません。サポートしていないコマンドも多々ありますし、コマンドを入力したときの動作が実機と異なることもよくあります。

より実機に近い環境を作るために **IOS のエミュレータ** を利用することもできます。IOS というは、Cisco ルータの OS です。この IOS を PC 上で実行するための **Dynampis** というフリーのエミュレータが存在します。IOS を手に入れなければいけないというハードルがありますが、IOS さえ手に入れることができれば、実機と操作するのと同じ構成を PC 上で再現することができます。Dynamips があると、試験勉強だけに限らずいろんな検証をやってみたいときにとても便利です。筆者の自宅には検証用の Cisco ルータが 15 台ぐらいありますが、最近ではほとんど Dynamips だけですませるようになりました。Dynamips は英語のソフトウェアで慣れないと難しく感じるかもしれません。日本人の有志の方が解説しているサイトがあるので Dynamips を利用する際は、参考にしてください。

「Dynamips とは」ーネットワークエンジニアとして＝
http://www.infraexpert.com/info/dynamipsindex.html

# 索引

## 記号

\# ················································ 247
(config)\# ································· 247
(config-if)\# ·················· 247, 249
(config-router)\# ···················· 247
/（プレフィクス表記）·············· 26
:（IPv6）···································· 47
::（IPv6）··································· 47
\> ················································ 247

## 数字

1000BASE-T ······ 89, 100, 115
1000BASE-X ························ 100
100BASE-FX ························ 100
100BASE-T4 ························ 100
100BASE-TX ······ 89, 99, 114
10BASE-T ···················· 98, 114
10BASE2 ······························· 98
10BASE5 ························ 96, 98
10Mbps イーサネット ········· 99
10 ギガビットイーサネット ··· 102
1 つのネットワーク·············· 33
2001（IPv6）························· 48
802.1Q Trunk ···················· 131

## 英字

AES ·········································· 147
ARP ······················ 104, 105, 214
ARP キャッシュ ···················· 106
BGP ············································ 45
BPDU ···························· 181, 182
Catalyst ································ 244
CCMP ···································· 147
CCNA ···································· 210
CD ············································· 95
Cisco ····································· 244
Cisco HSRP ························ 250
Cisco ルータの OS ············· 285
CLI モード···························· 247
configure terminal コマンド
················································ 249
CoS ········································· 163
CRC ································ 82, 94
CS ·············································· 95
CSMA/CA
················· 84, 125, 128, 132
CSMA/CD ········ 84, 94, 102
CST ········································· 195
DHCP ······································ 10
DIX 仕様 ······················ 93, 98
DoS ········································· 143
Dynampis ···························· 285
EAP ········································· 120
EIGRP ······························ 44, 45

| | | | |
|---|---|---|---|
| ESSID | 129 | IEEE802.3u | 99 |
| Ethernet | 93 | IEEE802.3z | 100 |
| F（イーサネット） | 97 | IETF | 4 |
| Fast Ethernet | 55, 99 | IFS | 133 |
| FCS | 94 | IOS のエミュレータ | 285 |
| FDDI | 82 | IPv4 | 14, 46 |
| FE80（IPv6） | 48 | IPv4 ネットワーク | 51 |
| FLP バースト | 116 | IPv6 | 14, 46 |
| HSRP | 241, 282 | IPv6 アドレス | 47 |
| HTML | 11 | IPv6 ネットワーク | 51 |
| HTTP | 5, 10 | IPv6 パケット | 51 |
| I/G ビット | 86 | IPv6 ルーティングテーブル | 49 |
| ICANN | 29 | IP アドレス | 14 |
| ICMPv6 | 107 | IP アドレスの構成 | 18 |
| IDS/IPS | 143 | IP アドレスの特徴 | 22 |
| IEEE802.11a | 122, 126 | IP 電話 | 9 |
| IEEE802.11b | 122, 125 | IP 電話機 | 60 |
| IEEE802.11g | 122, 126 | IP ルーティング | 32 |
| IEEE802.11i | 144, 147 | ISL | 158, 163 |
| IEEE802.11n | 122, 127 | IV | 145 |
| IEEE802.1D | 180, 200 | LACP | 207 |
| IEEE802.1Q | 158, 162, 164 | LAN | 78 |
| IEEE802.1Q トランク | 132 | LAN スイッチ | 56 |
| IEEE802.1w | 201 | LAN 内に設置する主なサーバ | 61 |
| IEEE802.1x | 119 | LAN の規格 | 80 |
| IEEE802.1x のユーザ認証 | 157 | MA | 95 |
| IEEE802.3 | 96, 98 | MAC | 81, 84 |
| IEEE802.3a | 98 | MAC アドレス | 81, 85 |
| IEEE802.3ab | 100 | Man-in-the-middle 攻撃 | 145 |
| IEEE802.3ad | 207 | MDI | 89 |
| IEEE802.3ae | 102 | MDI-X | 89 |
| IEEE802.3i | 98 | MIC | 146 |

| | | | |
|---|---|---|---|
| MIMO | 127 | RTS/CTS | 133 |
| MST | 203 | SIFS | 133 |
| MST インスタンス | 203 | SMTP | 5 |
| MTU | 94 | SNMP | 56 |
| NAT | 31 | SSID | 129, 130, 145 |
| NDP | 186 | standby <group> preempt コマンド | 282 |
| Network Visualizer | 285 | subnet mask | 25 |
| NIC | 79, 93 | SVI | 228, 272 |
| NLP | 117 | switchport trunk encapsulation dot1q コマンド | 259 |
| no switchport コマンド | 267 | T（イーサネット） | 97 |
| OSI 参照モデル | 2 | TC | 189 |
| OSPF | 44, 45, 237 | TCI | 164 |
| OSPFv3 | 49 | TCP | 9 |
| PIM-SM | 170 | TCP/IP | 4 |
| PLCP | 133 | TCP/IP の階層構造 | 4 |
| PoE | 56 | TKIP | 146 |
| POP3 | 5 | TPID | 164 |
| PSK | 146 | U/L ビット | 86 |
| PVST | 195 | UDP | 9 |
| PVST の仕組み | 198 | Unknown ユニキャストフレーム | 108 |
| QoS | 68 | UTP ケーブル | 88, 116 |
| QoS 制御 | 132 | UTP ケーブルのカテゴリ | 88 |
| RADIUS サーバ | 119, 157 | Virtual LAN | 55, 113 |
| RC4 | 145 | VLAN | 55, 65, 113, 150, 214 |
| RFC | 4 | VLAN インタフェース | 228 |
| RFC1918 | 30 | VLAN 間ルーティング | 216 |
| RIP | 35, 42 | VLAN の仕組み | 152 |
| RIPng | 49 | VLAN の設定 | 255 |
| RIPv1 | 45 | VLAN メンバーシップ | 156 |
| RIPv2 | 45 | | |
| RJ-45 | 81, 89 | | |
| RSTP | 201 | | |

索 引

VRRP ...... 70, 232, 241, 250
VRRP のメッセージ ............ 233
WAN ルータ .................. 64, 74
Web ブラウザ ....................... 9
WEP ................................ 145
Wi-Fi ............................... 127
WPA ........................ 144, 146
WPA2 .............................. 144

## あ行

アイドル信号 ..................... 117
アクセススイッチ
............... 63, 65, 205, 250
アクセスポート .................. 156
アソシエーション ............... 129
アドホックモード ............... 123
アドミニストレーティブディスタンス
.......................................... 36
アドレス解決 ..................... 104
アプリケーション層 ................ 3
アプリケーションプロトコル
........................... 5, 10, 12
イーサネット ...... 82, 84, 93, 96
イーサネットタイプコード ...... 94
イーサネットヘッダ ............... 50
インターネット層 ................ 4, 7
インタフェースコンフィグレーション
モード .................. 249, 256
インフラストラクチャモード ... 123
エージングタイム ............... 110

エッジディストリビューション
スイッチ ...................... 63, 73
エンドツーエンド VLAN
.................. 166, 169, 174
エンドツーエンド通信 ........... 32
オーセンティケータ .............. 119
オートネゴシエーション ........ 116
オーバーヘッド .............. 8, 134
音声用 VLAN ..................... 170

## か行

隠れ端末問題 ..................... 133
仮想 LAN ......................... 150
カテゴリ 5 .......................... 89
カテゴリ 5e ........................ 89
カテゴリ 6 .......................... 89
カバレッジ ........................ 135
カバレッジエリア ................ 135
カバレッジホール ................ 137
カプセル化 VLAN ............... 163
管理・制御プロトコル ........... 12
ギガビットイーサネット ........ 100
企業 LAN ........................... 62
キャリアセンス ................... 132
クラス ................................ 19
クラス A ...................... 17, 20
クラス B ...................... 17, 21
クラス C ...................... 17, 22
クラスフルアドレス .............. 23
クラスレスアドレス ......... 23, 24
グローバルアドレス ......... 16, 29

289

グローバルアドレス（IPv6）… 48
グローバルコンフィグレーション
　モード…………………… 248
クロスケーブル………………… 89
経過時間………………………… 36
ケーブル……………………… 122
ゲスト用 VLAN ……………… 170
高可用性ネットワーク………… 178
構成管理……………………… 229
コネクション…………………… 8
コネクション型プロトコル……… 8
コネクションレス型プロトコル… 8
コネクタの形状………………… 81
コリジョンドメイン…………… 111
コンバージェンス時間… 187, 191
コンバージェンスする………… 191
コンフィグレーションモード… 248

## さ行

サーバファーム………………… 61
サーバファームスイッチ
　………………… 63, 72, 251
最大エージタイマ……………… 182
サイトサーベイ………………… 137
サブネッティング………… 24, 28
サブネット……………………… 28
サブネットマスク………… 25, 35
サプリカント………………… 119
シスコ………………………… 244
実効速度……………………… 134
シミュレータ…………… 210, 285

ジャム信号…………………… 111
収束する……………………… 191
周波数………………………… 130
集約…………………………… 24
出力インタフェース…………… 36
手動で登録したルート情報…… 40
冗長化……… 70, 232, 250, 282
冗長構成……………………… 178
シングルモード光ファイバ…… 91
スイッチ…………… 56, 79, 118
スイッチの内部……………… 153
スイッチポート………… 227, 228
スイッチングハブ……………… 56
スター型……………………… 82
スター型トポロジ……………… 99
スタティック VLAN ………… 157
スタティック WEP …………… 145
スタティックトランクポート… 256
スタティックルート……… 39, 40
ストレートケーブル…………… 89
スパニングツリー
　…… 55, 66, 76, 180, 200, 207,
　　237, 250, 261, 264
スパニングツリーコスト……… 185
スパニングツリーと VRRP の連携
　……………………………… 237
スパニングツリーのタイマ…… 187
スパニングツリープロトコル… 181
スループット………………… 134
制御・管理プロトコル………… 9
制御信号……………………… 130
セキュア MAC アドレス……… 118

セキュリティ……………………… 142
セグメント………………………… 13
セッション層……………………… 3
セル………………………………… 135
全2重通信 …………… 113, 114

## た行

ダイナミック VLAN ………… 157
ダイナミックルーティング…… 42
ダイナミックルート…………… 42
代表ポート……… 181, 184, 186
タギング VLAN ……… 163, 164
タグ VLAN …………… 65, 164
直接接続…………………………… 38
通信アーキテクチャ……………… 2
ディストリビューションスイッチ
　…………… 63, 69, 205, 250
データ……………………………… 13
データグラム……………………… 13
データの暗号化………………… 143
データの可用性………………… 142
データの機密性………………… 142
データの整合性………………… 142
データの盗聴…………………… 142
データリンク層……………… 3, 54
デフォルトゲートウェイ
　………………………… 231, 250
デュアルスタック………………… 51
転送状態………………………… 190
伝送速度…………………………… 96
転送遅延タイマ………………… 182

伝送媒体…………………… 79, 87
伝送媒体の最大長……………… 81
転送プロトコル……………… 7, 12
伝送方式…………………………… 96
伝送メディア……………………… 87
同軸ケーブル……………………… 97
トークンパッシング……………… 84
トークンリング…………………… 82
特権 EXE モード ……………… 248
ドット付き10進表記 ………… 14
トポロジ……………………… 81, 82
トラブル…………………………… 76
トランク…… 65, 167, 219, 242
トランクプロトコル…………… 158
トランクポート………… 158, 161
トランスポート層………… 3, 6, 7
トンネリング……………………… 51

## な行

内部ルータ………………… 64, 75
ナチュラルマスク………………… 27
認証機能………………………… 118
認証サーバ……………………… 119
ネイティブ VLAN …………… 165
ネイバー…………………………… 44
ネクストホップアドレス… 35, 41
ネットワークアーキテクチャ…… 2
ネットワークアドレス…… 18, 35
ネットワークインタフェース層
　…………………………… 4, 6, 7
ネットワーク構成図…………… 229

ネットワーク層............... 3, 6, 33
ネットワーク的な距離............ 35
ネットワークの冗長化... 55, 178
ノード........................... 79

## は行

ハードウェアアドレス............ 85
媒体アクセス制御............ 81, 84
パケット........................ 13
パケット認証.................. 143
パケットフィルタ............... 70
バス型.......................... 82
パスコスト.................... 182
バックアップ系................ 178
バックアップルータ............ 233
バックボーンスイッチ
 ................... 63, 71, 250
ハロータイマ.................. 182
半2重通信 ............ 96, 113
ビーコン................. 130, 145
光ファイバ..................... 91
非代表ポート.................. 186
標準STP ...................... 201
ファストイーサネット...... 55, 99
符号化.......................... 81
物理アドレス................... 85
物理構成................. 154, 250
物理構成図.................... 229
物理層...................... 3, 80
プライベートアドレス...... 16, 30
フラグ........................ 182
フラッディング........... 108, 112

ブリッジID ............... 182, 183
フレーム........................ 13
フレームの転送............... 191
フレームフォーマット...... 82, 93
プレゼンテーション層............. 3
プレフィクス.................... 48
プレフィクス表記............... 26
ブロードキャスト............... 87
ブロードキャストアドレス...... 15
ブロードキャストストーム...... 179
ブロードキャストドメイン
 ................... 87, 112, 150
ブロードバンド................. 96
ブロック状態............. 66, 190
プロトコル....................... 2
プロトコルスタック.............. 2
プロトコル変換................. 52
ベースバンド................... 96
ベンダコード（MACアドレス）
 ............................... 86
ポートID ..................... 182
ポートVLAN .................. 157
ポートセキュリティ...... 67, 118
ポートベースVLAN ............ 157
ホスト..................... 14, 79
ホストアドレス................. 18
ホップ.......................... 35
ボトルネック.................. 205
ポリシー...................... 130

## ま行

| | |
|---|---|
| マイクロセグメンテーション… | 114 |
| マスタルータ…………………… | 233 |
| マルチキャスト………………… | 87 |
| マルチキャストアドレス……… | 15 |
| マルチモード光ファイバ……… | 91 |
| マルチレイヤスイッチ………… | 57 |
| 無線 LAN ………………… | 84, 122 |
| 無線 LAN アクセスポイント | |
| ………………………… | 59, 128 |
| メジャーネットワーク………… | 23 |
| メッセージ……………………… | 13 |
| メトリック……………………… | 35 |

## や行

| | |
|---|---|
| ユーザ EXEC モード ………… | 248 |
| 有線 LAN ……………………… | 59 |
| ユニキャストアドレス………… | 15 |

## ら行

| | |
|---|---|
| ラーニング状態………………… | 190 |
| リスニング状態………………… | 190 |
| リモートネットワーク………… | 42 |
| リンクアグリゲーション | |
| ………………… | 66, 206, 261 |
| リング型………………………… | 82 |
| リンクローカルアドレス……… | 16 |
| リンクローカルアドレス（IPv6） | |
| ………………………………… | 48 |

| | |
|---|---|
| ルータ | |
| …… | 10, 14, 33, 58, 79, 217 |
| ルータオンアスティック……… | 220 |
| ルータの主な機能……………… | 34 |
| ルーティング………………… | 32, 34 |
| ルーティングテーブル………… | 34 |
| ルーティングテーブルの例…… | 37 |
| ルーティングプロトコル | |
| ………………… | 10, 39, 69, 71 |
| ルーティングを高速化………… | 57 |
| ルーテッドポート……………… | 228 |
| ルート ID ……………………… | 182 |
| ルート情報…………………… | 35, 38 |
| ルート情報の情報源…………… | 36 |
| ルートパスコスト……………… | 184 |
| ルートブリッジ… | 181, 183, 194 |
| ルートポート | |
| ………… | 181, 184, 186, 206 |
| レイヤ 2 スイッチ | |
| … | 50, 54, 108, 150, 217, 250 |
| レイヤ 2 ヘッダ ……………… | 35 |
| レイヤ 3 スイッチ | |
| … | 3, 33, 56, 217, 225, 250 |
| レイヤ 3 スイッチの内部レイヤ構造 | |
| ………………………………… | 226 |
| ローカル VLAN | |
| ………………… | 166, 167, 174 |
| 論理構成……………………… | 154, 252 |
| 論理構成図……………………… | 229 |

著者略歴
**Gene（ジーン）**
2000年よりメールマガジン、Webサイト「ネットワークのおべんきょしませんか？」
(http://www.n-study.com/) を開設。「ネットワーク技術をわかりやすく解説する」ことを目標に日々
更新を続ける。2003年 CCIE Routing & Switching 取得。2003年8月独立し、ネットワーク技術
に関するフリーのインストラクタ、テクニカルライターとして活動中。

**STAFF**
カバーデザイン：primary inc.
本文デザイン　：マッキーソフト 株式会社
制　作　　　　：マッキーソフト 株式会社

本書の内容に関するご質問は下記のメールアドレスまで、書籍名を明記のうえ書面にてお送りくだ
さい。電話によるご質問には一切お答えできません。また、本書の内容以外についてのご質問にも
お答えすることはできませんので、あらかじめご了承ください。
メールアドレス：pc-books@mynavi.jp


## ネットワーク構築の基礎

2009年11月24日 初版第1刷発行
2013年 7月15日　　第3刷発行

著　者　　Gene
発行者　　中川信行
発行所　　株式会社 マイナビ
　　　　　〒100-0003 東京都千代田区一ツ橋1-1-1 パレスサイドビル
　　　　　TEL：048-485-2383（注文専用ダイヤル）
　　　　　　　 03-6267-4477（販売）
　　　　　　　 03-6267-4431（編集）
　　　　　URL：http://book.mynavi.jp
印刷・製本　　図書印刷 株式会社

© 2009 Gene, Printed in Japan.
ISBN978-4-8399-3380-7

・定価はカバーに記載してあります。
・乱丁・落丁はお取り替えいたします。乱丁・落丁のお問い合わせは「TEL：048-485-2383（注
　文専用ダイヤル）、電子メール：sas@mynavi.jp」までお願いいたします。
・本書は著作権法上の保護を受けています。本書の一部あるいは全部について、著者、発行者の許
　諾を得ずに、無断で複写、複製することは禁じられています。